오 감 도 시   **오 감 건 축**

오감도시, 오감건축

초판 1쇄 인쇄일 2025년 11월 20일 • 초판 1쇄 발행일 2025년 11월 27일
지은이 유재득
기획   정도준
펴낸곳 도서출판 예문 • 펴낸이 이주현
등록번호 제307-2009-48호 • 등록일 1995년 3월 22일 • 전화 02-765-2306
팩스 02-765-9306 • 홈페이지 www.yemun.co.kr

ISBN 978-89-5659-495-8 03540
ⓒ 유재득, 2025

저작권법에 따라 보호받는 저작물이므로 무단전재와 복제를 금하며,
이 책 내용의 전부 또는 일부를 이용하려면 반드시 저작권자와
(주)도서출판 예문의 동의를 받아야 합니다.

오감으로 음미하는 도시·건축 이야기

유재득 지음

오감도시
五感
오감건축
悟感

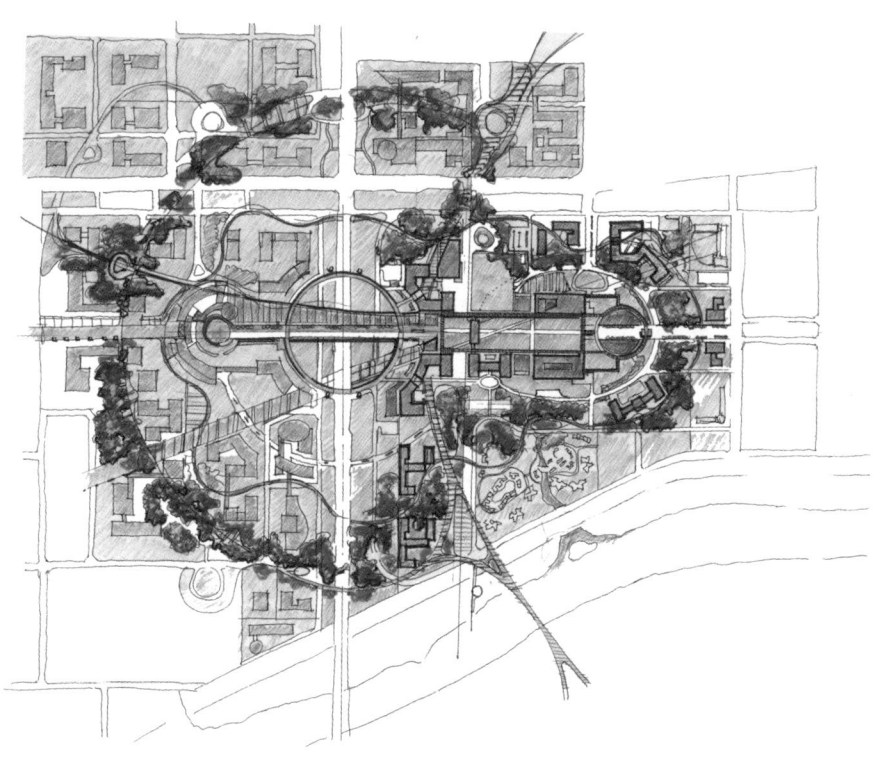

들어가는 글

나는 오늘도
도시·건축을
오감五感한다

우리는 너무 오랫동안 도시를 '보는 것'에만 익숙해져 있었다. 도시는 하나의 풍경이 되었고, 우리는 그것을 감상자의 눈으로 바라보며 살아왔다. 마치 도시 전체가 하나의 커다란 캔버스인 양, 시각적 인상을 중심으로 도시를 인식하고 경험해 온 것이다. 하지만 도시는 단순히 이미지로 환원될 수 없다. 도시란, 소리와 냄새, 촉감, 맛과 같은 다양한 감각이 교차하는 복합적인 장場이며, 우리 삶을 입체적으로 구성하는 살아 있는 유기체다. 이러한 도시에 온전히 다가가려면 오직 오감을 동원한 '몸의 경험'을 통해서만 가능하다.

우리가 도시를 제대로 경험하지 못한 데에는 근대 도시계획의 접근법이 가진 한계도 한 몫 한다. 근대 도시계획은 산업혁명 이후의 급격한 도시화 문제에 대응하기 위해 기능과 효율을 최우선 가치로 삼았다. 이는 반듯한 파사드, 선명한 스카이라인과 같은 시각적 질서로 나타났지만, 동시에 공공 공간의 체계화라는 긍정적 측면도 있었다. 그러나 문제는 도시가 '기능'이라는 단일 기준으로 재단되면서 사람들의 일상적 경험이 소외되기 시작했다는 점이다. 예를 들어 CIAM국제근대건축회의의 아테네헌장1933은 도시를 주거·작업·여가·교통으로 구분해 효율성을 높였지만, 이는 공간 간 단절을 심화시켜 보행자의 감각적 경험을 축소시켰다.

이 기능주의에 의한 '단절'은 도시가 삶의 무대가 아닌 소비되거나 이미지화, 전시되는 배경으로 전락했다는 문제 제기의 출발점이 된다.

원래 도시는 그렇지 않았다. 고대와 중세의 도시는 보행자의 속도와 신체에 맞춰 설계되었고, 거리의 리듬은 사람의 발걸음에서 탄생했다. 그러나 19세기 이후 전차와 자동차가 등장하며 도시의 성격은 근본적으로 변질되었다. 속도와 효율이 도시의 주인이 되자, 보행자는 중심에서 밀려났다. 철학자이자 도시연구가인 폴 비릴리오Paul Virilio는 "속도는 새로운 형태의 권력"이라며 경고했다. 그는 현대 도시가 질주하는 기계에 인간을 종속시킴으로써 감각과 공동체를 파괴했다고 분석했다. 스마트 시티와 유비쿼터스 기술 역시 편리함을 내세우지만, 오히려 데이터와 알고리즘에 의한 통제로 인간의 주체적 경험을 약화 시킨다는 비판을 받는다. 그 결과 도시는 점점 본연의 색채와 결을 잃은 채 기능적 덩어리가 되었다. 그리고 우리의 감각은 희미해졌다.

오늘날 우리의 일상은 도시 이동의 효율화에 따라 '집'제1공간과 '직장'제2공간 사이를 반복하는 구조로 수렴되고 있다. 그 사이를 연결해 주던 광장, 거리, 골목, 공원, 공공 장소와 같은 제3공간은 점차 활력을 잃고, 더 빠른 연결과 디지털 네트워크로 대체되는 중이다.

하지만 도시가 다시 살아 숨쉬기 위해서는, 이 제3공간을 단순히 물리적으로 되살리는 것만으로는 부족하다. 그 공간이 인간의 감각을 중심으로 재구성되어야 하며, 도시설계의 패러다임 역시 시각과 효율성 중심에서 오감을 고려한 감각 중심으로 전환되어야 한다.

이러한 도시계획의 한계에도 불구하고 우리는 도시를 걸으며 보도블록의 질감, 골목길의 바람, 벽에 반사된 빛의 흔적, 공중에 흩어진 냄새 등을 잡아 모든 것을 온몸으로 받아들여야 한다. 그래야만 비로소 도시의 숨겨진 표정과 층위를 인식할 수 있다. 이를 통해 도시의 시간과 공간이 연결되고 우리가 기억하는 장소가 되는 것이다. 오래된 골목길을 따라 이어진 카페와 작은 가게들은 보행자에게 시간의 켜와 데이터로 측정할 수 없는 정서적 가치를 남긴다. 이 과정에서 자동차 창문을 통해서는 결코 발견할 수 없는 섬세한 감각들이 깨어난다.

도시는 단순한 물리적 공간이 아닌, 인간이 감각으로 경험하고 창조하는 생동하는 유기체다. 현대 도시와 건축은 효율과 기능 중심의 사고에 매몰되어 인간의 오감을 소외시켰으나, 이제 그 감각을 깨우고 도시를 재해석해야 한다. 도시와 건축의 구석구석에 오감의 언어가 있고, 우리가 그것을 발견할 때 도시는 삶의 이야기가 담긴 존재로 거듭난다.

이 책에서 도시와 건축의 과거를 탐구하는 데서 나아가, 오감을 통해서 장소를 회복하고 새로운 도시건축의 가능성을 모색하고자 한다.

그래서 나는 오늘도 도시·건축을 오감五感 한다.

차례

들어가는 말 나는 오늘도 도시·건축을 오감한다 005

PART 1 **도시는 어떻게 시작되었을까?**

도시, 감각에서 시작되다 016
도시의 성장과 도시계획 021
미래 도시, 새로운 가능성을 향한 여정 028
팬데믹은 도시와 건축을 어떻게 바꾸었나? 032
스마트시티를 넘어, 감각의 도시로 036

PART 2 **도시건축에 오감이 필요한 이유**

환경을 인지하는 첫 번째 언어, 오감 046
감각이 돌아오면 공간은 어떻게 변할까? 054
장소를 경험하는 새로운 리듬, 걷기 059
걷기, 오감을 가장 잘 느끼는 방법 063
오감으로 완성되는 도시와 건축 066

PART 3 **공간은 어떻게 특별한 장소가 되나?**

감각의 문턱에서 장소는 시작된다 072
우리는 왜 '장소'를 갈망하는가? 075
감각이 공간을 전환시키는 순간 079
장소력과 공간력, 무엇이 다를까? 083
공간에 오감을 더하면 특별한 장소가 된다 091

PART 4 **눈으로만 본 도시에서 벗어나기 _ 시각**

시각, 도시를 인식하는 첫 감각 098
시각의 철학과 시각중심주의 유산 101
도시는 어떻게 '보이게' 되었는가 106
도시의 눈을 깨우는 다섯 개의 창 111
시각을 넘어, 도시를 다시 '보다' 129

PART 5 **들리는가? 도시의 속삭임이 _ 청각**

감성과 분위기를 좌우하는 청각 134
청각으로 도시를 쾌적하게 136
소리를 고려한 도시디자인의 힘 138
도시의 귀를 열다: 청각 건축의 가능성 140
도시를 '듣는다'는 것의 의미 158

PART 6 걸으면 걸을수록 향기가 느껴지는 이유? _ 후각

도시는 어떻게 냄새로 기억되는가 162
쾌적성의 새로운 조건, 후각 168
눈에 보이지 않는 감각의 힘 171
옥상 위에서 피어나는 향기 175
도시의 향기를 디자인할 수 있을까 182
시간의 결이 묻어 있는 감각적 풍경 202

PART 7 도시를 만지면 어떤 변화가 일어날까? _ 촉각

도시, 이제 손으로 느끼자 208
촉각이 만드는 새로운 쾌적성 215
건축의 새로운 패러다임, 촉각 건축 223
손끝에서 시작되는 도시경험 227
촉각, 따뜻한 포옹의 건축 233
도시를 다시 만지다 253

PART 8 도시와 건축이 품은 진한 '멋' _ 미각

미각, 도시공간의 총체적 경험 258
오감의 융합이 만들어내는 도시의 '맛' 261
도시와 건축, 맛을 디자인하다 266
감각으로 기억되는 공간 269
도시는 결국 맛으로 기억된다 290

PART 9 **공간과 장소는 어떻게 도시를 성장시키나?**

공간이 장소로 바뀌는 순간 294

오감을 고려한 도시와 건축의 감성디자인 299

감각적 건축 경험은 어떻게 만들어지는가 302

감각으로 읽는 도시, 장소가 된 공간들 305

장소는 어떻게 도시를 성장시키는가 322

PART 10 **따뜻한 건축, 똑똑한 도시를 향하여**

길 위에서 다시 시작하다 328

도시의 맛을 어떻게 설계할 것인가? 335

기술과 감각이 교차하는 도시의 미래 338

미래 도시를 위한 질문, 다시 사용할 수 있는가? 342

물리적 도시를 넘어, 따뜻하고 똑똑한 도시를 향하여 345

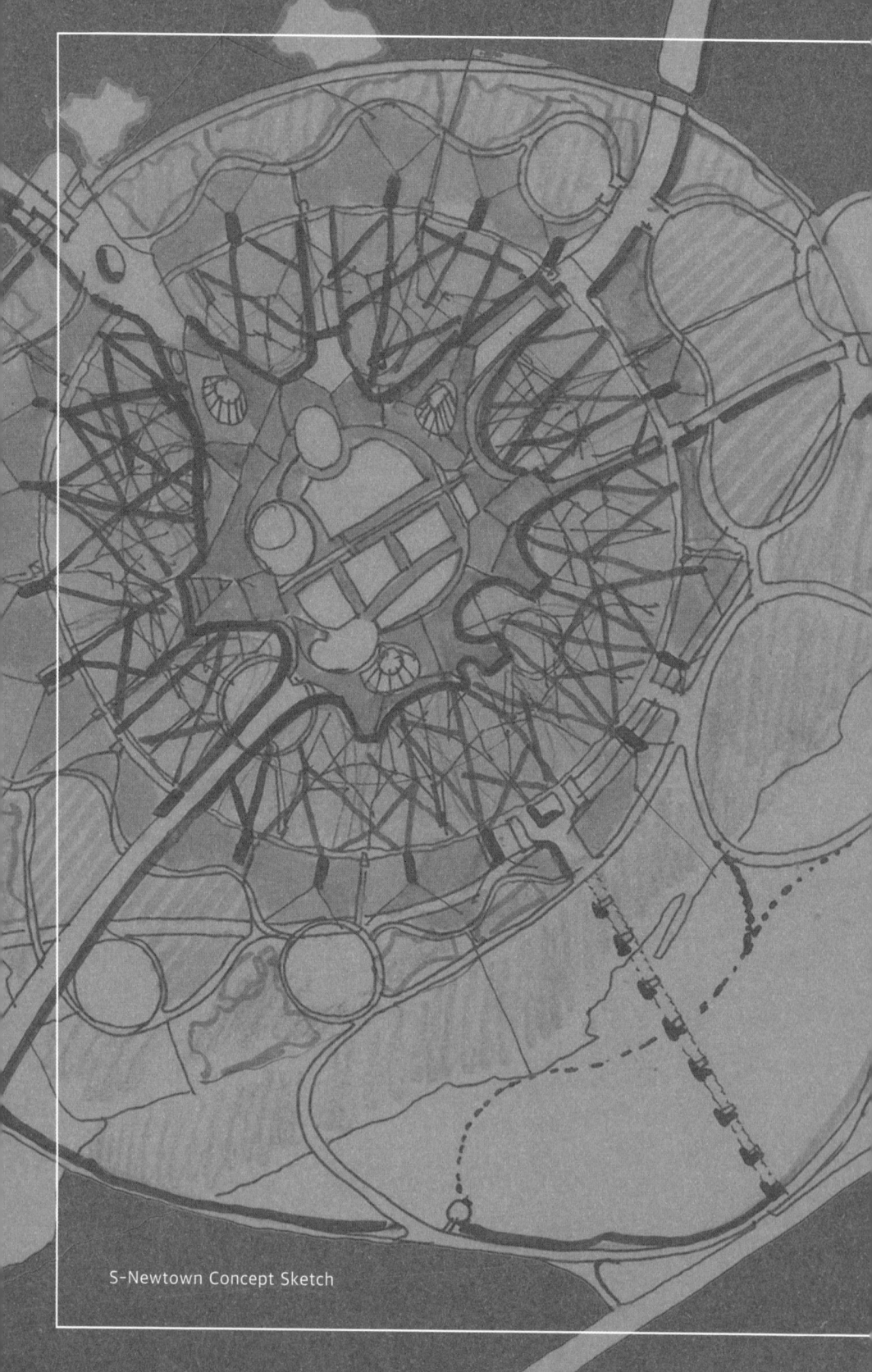
S-Newtown Concept Sketch

도시는 언제, 어떻게 시작되었을까?
왜 인간은 흩어지지 않고, 특정한 장소에 모여 살기 시작했을까?

도시는 단순한 건물의 집합이 아니다. 그것은 생존과 교류, 권력과 질서, 기술과 문화가
중첩된 인간 문명의 결정체다. 고대의 정착지부터 중세의 방어 도시, 산업혁명과 함께
폭발적으로 팽창한 근대도시, 그리고 이제는 인공지능과 데이터를 기반으로 재편되는
스마트시티까지—도시는 끊임없이 진화해왔다.
하지만 모든 변화가 성공적인 것은 아니다.
기술로 무장한 도시가 반드시 살기 좋은 도시를 보장하지는 않는다.
그렇다면 도시는 어떤 원리로 성장하고, 무엇이 그 진화를 가능하게 할까?

도시의 기원을 이해하는 것은,
도시의 미래를 상상하는 데 있어 출발점이 된다.
이 장에서는 도시의 탄생과 성장, 도시계획의 역사적 전환점,
그리고 도시가 스스로 진화해온 자생력의 근원을 살펴본다.

PART 1

도시는
어떻게
시작되었을까?

도시, 감각에서 시작되다

도시는 언제, 어디서부터 시작된 것일까?

이 질문은 언뜻 단순해 보이지만, 생각보다 깊은 뜻을 가지고 있다. 이 질문을 들을 때, 우리는 보통 문명사 교과서에 나오는 이름들을 떠올린다. 메소포타미아, 이집트, 인더스, 황허 같은 고대 문명의 근거지들 말이다. 하지만 도시의 시작을 단순히 '처음 사람들이 모여 살았던 장소'로만 해석하면, 도시가 지닌 본질 중 가장 중요한 한 가지를 놓치게 된다. 도시의 진짜 시작은 사람들의 감각과 관계가 얽히고 쌓이기 시작한 순간부터였는지도 모른다.

함께와 교류를 표현하는 도시의 도해

고대 이집트에서 '도시'를 의미했던 상형문자는 이런 점에서 매우 흥미롭다. 원○과 십자×의 조합으로 구성된 이 기호는, 각각 '함께 Together'와 '교류 Communication'를 뜻한다. 이것은 도시에 대한 고대인의 인식이 물리적 구조보다는 사람과 사람 사이의 관계성에 중심을 두고 있었음을 보여준다. 단순히 건물이나 거리의 조합이 아닌, "함께 살아가며 소통하는 감각의 장場"으로서 도시를 이해한 것이다.

이와 유사한 개념은 고대 중국의 갑골문에도 나타난다. 도시를 나타내는 글자는 건물과 길, 그리고 사람들이 함께 존재하는 장소를 그려내고 있다. 이미 수천 년 전부터 도시는 물리적 구조를 넘어서 공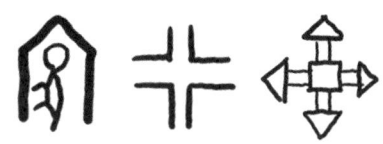

갑골문자의 집, 길, 도시의 도해

동체의 감각적 응집체로 인식되어 왔다는 것이다. 인류가 정착 생활을 시작한 농업혁명은 이러한 감각의 도시가 태동하는 결정적인 전환점이 된다. 고고학자 고든 칠드Gordon Childe는 농업혁명을 인류 문명의 핵심적 분기점으로 보았다. 사람들은 이동을 멈추고, 특정한 땅에 뿌리를 내리기 시작했다. 곡식을 심고, 계절의 흐름을 읽으며, 손으로 흙의 질감을 익히고, 귀로 물소리를 듣고, 코로는 비 오는 냄새를 맡았다. 이것은 단지 생존 기술의 변화가 아니라, 감각의 삶으로 이행하는 과정이었다.

도시란 그렇게 자연을 감각으로 해석하고 기록하는 인간의 집단적 기억에서부터 시작된 것이다. 정착이 길어지자, 농업은 단순한 식량 생산을 넘어 잉여의 축적으로 이어진다. 식량이 남기 시작하면서 모든 사람이 생존을 위한 노동에만 매달릴 필요가 없게 되었고, 일부는 정치, 종교, 예술, 상업 같은 새로운 활동에 몰두할 수 있게 된다. 이로 인해 도시 안에는 다양한 역할과 기능이 생겨났다. 도시는 점점 더 복잡하고, 다양하며, 역동적인 존재로 진화했다. 그런데 여기서 흥미로운 점은, 이러한 분화 역시 감각의 다양화와 맞물려 있다는 것이다. 도시 공간은 특정한 역할과 감각이 분할되고 겹치는 장소가 되었고, 그 속에서 사람들은 서로 다른 경험과 기억을 축적하며 도시를 만들어 왔다.

이 시기에 문자가 탄생하고, 정보와 지식이 기록되기 시작한 것도 단순한 기술 진보가 아니다. 문자는 공동체의 기억을 감각적 질서로 고정하고 보관하는 장치였다. 도시라는 공간은 이제 기술과 기억, 그리고 감각이 중첩되는 구조로 자리 잡기 시작했다. 도시의 벽에는 이야기들이 새겨졌고, 광장에는 소리들이 울려 퍼졌으며, 골목에는 냄새와 흔적들이 축적되었다.

도시란 그렇게 감각의 켜가 쌓인 장소였다

고대 그리스의 도시에서 우리는 도시가 얼마나 감각적이면서도 정치적인 공간이었는지를 잘 보여주는 장면을 발견하게 된다. 그 중심에 있는 아고라Agora는 단순한 광장이 아니었다. 아리스토텔레스는 도시를 "공동 생활을 선택한 자유로운 개인들이 함께 정치체제를 형성하며 살아가는 공동체"라고 정의했다. 이 말은 도시가 단지 주거의 장소가 아니

그리스 아테네 아크로폴리스 사진 : Christophe Meneboeuf

라, 삶의 방향을 함께 정하는 장이라는 뜻이다. 아고라에서는 시민들이 함께 모여 정책을 토론하고, 삶에 대해 논의하며, 논쟁하고, 설득하고, 때로는 연대했다. 이 모든 과정은 청각, 시각, 촉각, 후각이 얽히는 총체적 감각의 무대였다. 사람의 말소리, 시장의 냄새, 햇살의 따사로움, 군중의 몸짓. 고대 그리스의 도시는 이처럼 살아 있는 감각의 연극장이었다.

중세로 넘어오면, 도시의 중심은 권력과 종교가 장악하게 된다. 성과 신전은 단지 기능적 건축물이 아니라, 도시 권력의 감각적 상징이었다. 도시 구조는 더 위계적이 되었고, 권위는 시각적으로 부각 되었으며, 신전과 왕궁은 높은 지대에서 도시를 내려다보는 배치로 설계되었다. 권력은 이제 공간을 통해 감각을 통제하는 방식으로 작동한다. 도시는 단지 거주지를 넘어 통치의 무대가 되었고, 도시의 감각은 점차 획일화되기 시작했다.

그러나 도시의 진화는 늘 직선적인 방향으로만 흐르지는 않는다.
14세기 유럽을 휩쓴 흑사병은 도시 구조에 결정적인 충격을 준 사건이었다. 쥐벼룩을 매개로 퍼진 이 질병은 밀집된 도시 구조와 열악한 위생 환경을 통해 확산되었고, 도시는 단숨에 죽음의 감각이 가득한 공간으로 전락했다.
베네치아는 전염병 격리소를 만들고, 밀라노는 도시의 문을 닫고 감염자를 고립시켰으며, 런던은 거리 청소와 쓰레기 수거 제도를 마련했다. 이는 단지 방역이 아니라, 도시를 '살 수 있는 공간'으로 다시 설계하

흑사병에 시달리는 사람들과 동물의 모습을 그린 마르칸토니오 라이몬디의 작품 '흑사병The Plague, 1520' 출처 : thorvaldsensmuseum

려는 시도였다. 위생, 냄새, 거리감, 청결과 같은 도시를 유지하는 기초 요소들은 이후 근대 도시계획의 중심 개념이 된다.

결국 도시의 시작은 단순히 사람들이 한곳에 모여 살기 시작한 지리적 사건이 아니었다. 그것은 사람의 몸과 감각, 관계가 모이고 응축되며 형태를 갖춘 집단적 장소의 탄생이었다. 도시는 "기능"뿐만 아니라 "느낌"과 "경험"의 총체로 이루어진다. 우리는 도시의 효율적 기능에 따른 생산과 분배와 더불어 도시를 통해 햇살을 느끼고, 골목의 냄새를 기억하며, 누군가의 발걸음을 따라 걷는다. 도시는 그렇게 우리의 몸 안에, 감각 속에 존재하는 공간이다.

도시의 성장과 도시계획

도시는 태초부터 감각이 모이는 그릇이었다. 도시는 처음부터 그렇게 감각적인 삶(흙의 촉감, 바람 소리, 햇살의 따스함)의 집합체로 시작했다. 하지만 시간이 흐르면서, 도시는 점차 다른 방식으로 진화하게 된다. 인구의 도시집중에 대한 해결방안으로 "더 정확하고, 더 효율적이며, 더 보기 좋은 도시"를 만들고자 했던 근대의 도전은, 결과적으로 도시의 감각적 다양성을 서서히 탈색시켜 나갔다.

그 시작점은 15세기 르네상스 시기의 도시계획에서 찾을 수 있다. 르네상스는 고대 로마의 이상을 복원하려는 시도였고, 이는 곧 도시 공간에 '기하학적 질서'를 부여하려는 운동으로 나타났다. 사람들은 도시를 보기 좋게 만들고 싶어 했다. 그 과정에서 눈에 보이는 축선과 대칭, 비례가 공간의 기본 언어가 되었다. 도시의 골격은 점점 더 직선으로 뻗어나갔고, 그 끝에는 기념비적인 조형물이나 광장이 배치되었다. 시각이 공간의 중심 감각으로 부상한 것이다. 이러한 변화는 단지 미적인 변

The Piazza del Campidoglio
출처 : commons.wikimedia.org

화만을 의미하지 않았다. 그것은 사람들의 이동 방식과 경험 방식 자체를 재구성하는 일이었다.

마차가 주요 교통 수단으로 등장하면서 도시는 더욱 기능적이고 기계적인 구조로 탈바꿈했다. 간선도로망은 직선화되었고, 보행자는 길 가장자리로 밀려났다. 사람들은 더 이상 몸으로 느끼는 도시를 걷기보다는, 빠르게 지나치는 효율적 도시를 보게 되었다. 도시의 감각이 더 이상 '느끼는 것'이 아니라 '보는 것'에 맞춰 조정된 것이다.

그 흐름은 19세기 중반, 파리에서 더욱 극적으로 구현된다. 조르주 오스망Georges Haussmann의 대규모 재개발 프로젝트는 도시계획의 패러다임을 완전히 뒤바꿔놓았다. 나폴레옹 3세는 파리를 더 아름답고 건강한 도시로 만들고자 했고, 오스망은 이를 위해 직선대로와 통일된 파사드, 밝고 넓은 광장, 녹지와 공공시설의 배치를 대대적으로 설계했다.

당시 파리를 둘러싼 구호는 매우 상징적이다. "대로, 빛, 공기, 건강." 도시를 구성하는 요소들이 시각적 질서와 위생적 기능으로 재편되었다는 뜻이다. 좁고 복잡한 중세 도시의 골목들은 사라지고, 햇살이 건물 벽을 타고 깊이 들어오는 넓은 거리들이 탄생했다. 도시의 피부가 바뀌었고 감각이 구조화되었다.

오늘날의 개선문 주위 도시 모습
사진 : pexel.com

걷는 리듬, 시선의 방향, 거리의 폭, 빛의 흐름까지도 설계되었다. 사람들은 도시를 '느끼는' 것이 아니라 '보는' 방식으로 재 교육되었다.

하지만 우리는 여기서 한 가지 질문을 던져야 한다. 보기 좋은 도시가 과연 '살기 좋은 도시'였을까? 오스망의 도시계획은 분명 시각적 도시 공간을 의식한 결과였다. 그는 물리적 위생을 넘어, 도시를 구성하는 시각적 요소들을 적극적으로 다루려 했다. 밝음과 통풍, 거리의 너비, 시선의 투과성은 도시의 경험에 결정적인 영향을 주는 조건들이다. 이러한 점에서 오스망의 도시계획은 계획적 측면에서 큰 성과를 이룬 것은 분명하다. 하지만 그것은 어디까지나 시각과 기능이라는 이중 구조 속에서만 감각을 다룬 방식이었다. 시각 중심의 도시 계획은 다른 감각들을 점점 소외시켜 나가기 시작했다.

오스망이 만든 파리는 아름다웠지만, 동시에 모든 것이 통제되고 예측 가능해진 도시였다. 거리의 너비는 정해져 있었고, 건물의 높이는 규정되었으며, 파사드의 재료와 색감마저도 통일되었다. 도시는 정돈되고 쾌적했지만, 그 안에서 사람들의 몸이 느낄 수 있는 우발성과 다양성, 비정형적인 감각의 여백은 점점 사라져갔다. 감각은 살아 숨 쉬는 도시의 변수를 만드는 요소이지만, 근대 도시계획은 그것을 통제의 대상으로 보았다. 그래서 도시의 감각은 서서히 '표준화'되고 '지워지기' 시작했다.

그럼에도 오스망의 유산은 오늘날까지도 깊은 영향을 미치고 있다. 그의 "대로-빛-공기-건강"이라는 네 가지 원칙은 현대 도시계획에서도 여전히 유효한 핵심 요소로 작용한다. 특히 팬데믹 이후, 도시의 공기 순환과 보행 공간의 중요성이 다시 조명되면서, 우리는 다시금 그의 도시계획에서 배울 지점을 발견하게 된다. 그러나 동시에, 오스망의 파리가 놓쳤던 감각들—소리, 촉감, 냄새, 느린 속도의 관계들—이 지금 우리 도시에서 얼마나 중요한지를 다시 돌아봐야 할 시점에 와 있다.

근대 도시계획은 우리에게 기능적이고 효율적인 도시를 남겼지만, 그 대가로 사람들은 도시를 보는 데 익숙해졌지만, 느끼는 데에는 점점 무뎌져 갔다.

이제 우리는 지금 다시 질문해야 한다. 도시는 과연 '보는 대상'으로 한정해야 하는가? 아니면, 다시 '느끼는 장소'로 되돌아가야 하는가?

도시계획의 전환점

도시계획의 역사는 한 편의 거대한 드로잉과도 같다. 처음에는 선 하나를 긋는 일이었고, 점차 선이 면을 만들고, 면은 공간이 되어 사람들의 삶을 담는 그릇이 되었다. 하지만 그 드로잉에는 언제나 한 방향성이 있었다. 질서, 그리고 기능. 도시를 잘 정돈된 기하학적 구조로 만드는 것, 그것이 근대 이후 도시계획의 가장 확고한 미덕처럼 여겨져 왔다.

르네상스는 그 전환의 시발점이었다. 고대 로마의 비례와 축선, 시각적 조화가 부활했고, 도시는 점점 보는 대상이 되어갔다. 광장은 정방형으로 정리되고, 직선 도로는 시선을 한 점에 모이게 했다. 사람들은 더 이상 도시를 '살며 느끼는 곳'이 아니라, '조망하고 감상하는 무대'로 경험하게 되었다. 도시의 가치는 기능과 효율, 그리고 미적 질서에 따라 평가되었고, 감각의 결은 점차 단조로워졌다.

그 뒤를 이은 산업혁명은 도시의 감각을 거의 해체하다시피 만들었다. 팽창하는 도시, 밀려드는 인구, 기계화된 생산 시스템은 사람을 도시 속 톱니바퀴처럼 작동하게 했다. 공장은 소리를 뒤덮었고, 연기로 하늘은 가려졌으며, 거리엔 악취와 진흙, 어두운 방에선 햇빛 한 줄기조차 드물었다. 후각은 참아야 했고, 청각은 포기해야 했고, 촉각은 무시되었고, 시각조차 피로해졌다. 사람들은 도시를 느끼는 것이 아니라, 견뎌내야 하는 공간으로 받아들였다. 그 절망 속에서 도시의 감각을 회복하려는 움직임이 싹트기 시작한다. 1858년 뉴욕의 센트럴파크는 그 상징적인 시작이었다. 울창한 녹음과 휘어진 산책로, 나무 냄새와 물소리, 시야를 가로막지 않는 녹지와 조망은 단지 '공원'이라는 기능을 넘어, 감각의 쉼터를 제공했다. 도시 한복판에서 다시 '자연을 감각하는 공간'을 경험할 수 있다는 사실은 사람들에게 놀라운 위안을 주었다. 공원은 단지 도시의 여백이 아니라, 감각을 되살리는 도시의 커다란 숨구멍으로 작용했다.

이후 도시계획은 더 이상 땅을 나누는 기술이 아니게 된다. 감각을 설계하는 실험실

뉴욕의 센트럴파크,
뉴욕이라는 거대 도시의 숨구멍 출처 : CVB Lab

이자, 삶의 리듬을 조율하는 악보로서 바라보기 시작한다. 19세기 후반 도시미화운동은 그 흐름을 확장시켰다. 하수도와 정화 시스템, 가로등과 치안, 공공건축물의 정비는 단지 인프라의 문제가 아니라, 도시가 냄새나지 않고, 불안하지 않고, 들리지 않는 위험으로부터 보호받는 공간이 되기 위한 시도였다. 조경은 시각의 아름다움만을 위한 것이 아니었다. 발걸음이 닿는 땅의 재질, 빛이 닿는 벽의 질감, 바람이 흐르는 골목의 너비는 모두 계획의 대상이 되었다.

런던의 수정궁, 철의 구조로 개방성 구현
출처 : Palacio de Cristal, Madrid

동시에, 박람회장이라는 새로운 도시 실험실이 열렸다. 1851년 런던의 수정궁Crystal Palace은 투명한 유리와 철의 구조로 감각적 개방성을 구현했고, 1889년 파리의 에펠탑은 도시가 얼마나 시각적으로 상징화될 수 있는지를 보여주었다. 1933년 시카고 만국박람회는 더 나아가 '주거-교통-상업'을 통합 배치하며 오늘날 복합개발의 원형을 실험했다. 박람회장은 도시계획의 실험장인 동시에, 중첩되는 공간의 미래를 시연하는 무대였다.

이런 흐름은 우리가 지금 익숙하게 사용하는 도시의 단위—복합단지, 스마트시티, 공공 공간—의 근원이 되었으며, 도시계획이 단순한 형태 설계나 기능 분배를 넘어 인간의 감각과 기억, 관계를 어떻게 배치할 것인가를 고민하게 된 전환점이 되었다.

산업화는 도시를 기계처럼 만들었지만, 그 반작용으로 도시계획은 다시 인간 중심의 감각적 공간을 설계하려는 흐름을 낳았다. 공원, 대로, 광장, 복합단지 —이 모든 공간은 단지 이동과 휴식의 장소가 아니라, 사람들이 다시 도시와 연결되고, 감각을 회복할 수 있는 구조물이었다. 도시계획이 하나의 기술적 영역이 아닌, 삶의 리듬과 감각의 밀도를 설계하는 '문화적 실천'이 되어가는 순간이었다. 결국, 이 시기 도시계획의 전환점은 하나의 질문으로 요약된다. 도시는 "기능을 어떻게 배분하고 배치할 것인가?"에서, "사람의 감각을 어떻게 회복할 것인가?"로 우리에게 다시 묻는다.

    오늘의 도시는, 우리 몸의 감각을 얼마나 느끼고 환대하고 있는지? 눈만이 아닌 손으로, 귀로, 코로, 입으로 도시를 느낄 수 있는지? 도시는 다시 '보는 대상'에서 '느끼는 장소'로 돌아올 수 없는지?

미래도시, 새로운 가능성을 향한 여정

기술의 도시를 넘어서, 감각의 도시를 향하여 도시는 항상 미래를 담는 그릇이었고, 새로운 가능성을 여는 여정이었다.

오늘 우리가 걷고 있는 거리, 바라보는 건물, 타고 있는 교통수단은 모두 누군가의 '미래'였던 공간이다. 20세기 초, 인류는 기술의 눈부신 진보를 마주하며 도시의 미래를 본격적으로 상상하기 시작했다. 상상은 구체적이었고, 때로는 몽환적이었다. 개인용 비행기와 이동식 주택, 하늘 위 고속도로, 공중 정원, 자동으로 움직이는 도시. 이런 미래도시는 단순한 공상과학의 소재가 아니라, 기술이 인간의 삶을 얼마나 풍요롭게 바꿀 수 있을지에 대한 믿음의 형상화였다. 20세기 중후반, 많은 도시가 이것을 현실에 구현하려는 시도를 했다. 영국의 대런던 계획, 파리의 대개조 사업은 교통 중심, 기능 분리, 집약 개발이라는 그 당시의 미래도시 언어를 적극적으로 반영했다.

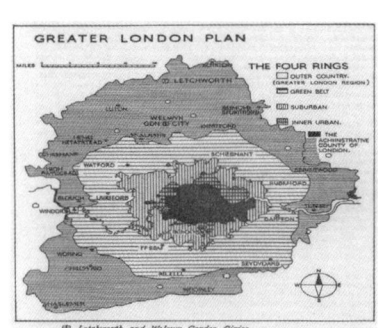

영국의 대런던계획 출처 : Professor Sir Patrick Abercrombie's Greater London Plan 1944

르 코르뷔지에Le Corbusier의 '빛나는 도시Ville Radieuse'는 그 대표적인 예다. 기능이 분리된 고층 도시, 넓은 대로와 통합된 교통체계, 초록으로 둘러싸인 거주 단지. 그는 도시를 수직적으로 조직함으로써 산업화 도시의 혼잡과 비위생을 극복하고 집약적 고밀구조와 교통 중심축을 통한 수직도시의 가능성을 제시했다.

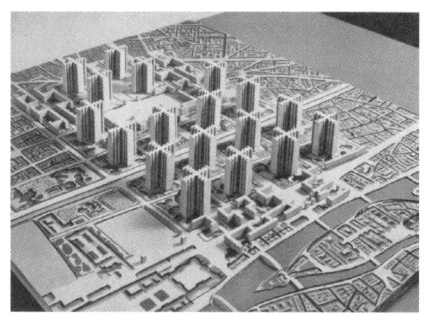

빛나는도시, "Le Corbusier, Plan Voisin for Paris, 1925, Model."

기술은 질서와 위생을 가능케 하는 도구였고, 도시계획은 그 질서와 기능, 효율을 정리하는 설계 행위였다. 그러나 오늘날 우리가 마주한 도시 문제는 그보다 훨씬 복잡하다. 우리는 아직도 이 결과물 속에 살고 있다.

반면 아키그램은 완전히 다른 상상을 펼쳤다. 그들은 기계처럼 걷는 도시 '워킹시티Walking City'를 통해 고정된 도시 개념을 뒤엎고, 도시 그 자체가 유기체처럼 진화하는 감각적 존재가 되길 꿈꿨다.

이러한 미래 도시의 서사는 건축가나 도시계획가의 도면을 넘어, 대중문화의 상상력 속에서도 더욱 풍부하게 구현되었다.

아키그램의 워킹시티, "Ron Herron (Archigram), Walking City, 1964."

영화 『메트로폴리스』

1927년 영화 『메트로폴리스』에서 묘사된 미래 도시는 그야말로 기술 찬가의 극치였다. 공중 고속도로와 거대한 마천루, 효율적으로 분리된 계층 구조. 그러나 그 화려한 도시의 지하에는, 감각이 억압된 노동자들이 살아간다. 빛은 지배층의 것이었고, 어둠과 소음은 피지배층의 몫이었다. 도시의 감각은 철저히 분리되고 통제된다.

2002년 영화 『마이너리티 리포트』는 도시가 점점 예측 가능하고 감시 가능한 공간이 되어가는 미래를 보여준다. 감정은 자동 광고에 노출되고, 동선은 데이터에 의해 선제적으로 분석된다. 모든 감각은 계산되고, 경험은 설계된다.

『엘리시움』2013에서는 그 분리가 극단에 달한다. 지구는 가난한 자들의 황폐한 감각으로 남겨지고, 상류층은 우주에 떠 있는 엘리시움이라는 감각적으로 정제된 인공 천국으로 도피한다. 기술은 도시를 효율적으로 만들었지만, 그 효율은 감각을 분리시키는 새로운 계층 구조를 만들었다. 이러한 미래 도시의 상상은 이상으로 머무르지 않고 현실로서 다가오고 있다.

기후 변화, 에너지 고갈, 사회적 불평등, 감정의 고립된 도시는 이제 단지 '기능을 어떻게 배치할 것인가'의 문제가 아니라, '어떻게 감각을 회복할 것인가'의 문제에 직면하고 있다. 기술은 이제껏 도시를 정밀하게 제어할 수 있게 했지만, 그 과정에서 인간의 몸과 감각은 종종 도시에서 소외되었다.

우리는 이제 도시가 다시 사람의 오감에 반응하는 공간, 즉 살아있는 장소로 회복되어야 함을 서서히 인식하기 시작했다.

콤팩트시티, 스마트시티, 그린시티, 웰빙시티 등 다양한 도시 미래 전략이 제시되고 있지만, 이들이 진정한 미래가 되기 위해서는 한 가지 전제가 필요하다.

바로 기술이 감각과 공존해야 한다는 것이다. 기술은 보이지 않는 인프라가 되어 사람들의 삶을 보조해야 하고, 감각은 도시를 체험하고 기억하게 만드는 구조가 되어야 한다. 효율과 데이터가 설계의 중심이 되면서 잃어버린 것—향기, 소리, 표면, 공기의 밀도, 거리에서 만나는 타인의 움직임—이 회복되지 않는다면, 도시는 여전히 차가운 공간으로 남을 것이다.

미래의 도시는 기계처럼 빠르고 효율적이면서도, 동시에 사람의 오감을 환대할 수 있어야 한다. 우리는 더 이상 도시를 기능의 총합으로만 그릴 수 없다. 도시를 설계한다는 것은 기술을 다루는 일이 아니라, 감각을 다시 길어 올리는 작업이다.

우리는 도시를 구성하는 다섯 개의 감각이 어떻게 도시 공간을 '장소'로 변화시키는지, 그리고 우리가 그 감각을 통해 어떻게 도시와 연결될 수 있는지를 탐색해야 한다. 미래는 멀리 있는 것이 아니다. 도시를 어떻게 '느낄 것인가'의 문제, 그것이 도시의 진짜 미래다.

팬데믹은 도시와 건축을 어떻게 바꾸었나?

팬데믹Pendemic이라는 단어는 단지 전염병의 확산을 뜻하는 기술적 용어가 아니라, 도시와 건축, 그리고 사람과 공간이 함께 맞닥뜨린 거대한 감각의 단절을 의미한다는 점에서 우리는 이 단어를 다시 읽어야 한다. 그리스어에서 '모두'를 뜻하는 Pan과 '사람'을 뜻하는 Demos에서 유래한 이 단어는, 전 지구적으로 연결된 인간 공동체에 닥친 총체적 위기를 드러내며, 감염이라는 문제를 넘어 도시라는 구조물 자체가 과연 인간이 살아갈 수 있는 구조인가라는 질문을 다시 던지게 만든다.

14세기 유럽을 휩쓴 흑사병, 그리고 20세기의 스페인 독감처럼, 역사의 전환점마다 등장한 팬데믹은 도시라는 공간에 가장 직접적이고도 깊은 흔적을 남겨왔다.

밀집된 골목과 비위생적인 생활환경, 빠르게 확산되는 교통망과 집단주거 시스템은 전염병의 확산 경로가 되었고, 이로 인해 도시는 일시적 봉쇄가 아니라 물리적, 감각적, 존재론적 재편을 강요받아야 했다. 페스트 이후에는 공공 하수도와 위생 설비가 도시계획의 일부가 되었고, 스페인 독감 이후에는 군중이 모이는 공공장소의 위생과 통풍, 감염 통제 체계가 도시 인프라의 기준으로 떠올랐으며, 이는 지금 우리가 당연히 누리고 있다고 생각하는 도시적 '쾌적성'의 기원에 해당한다.

2020년, "코로나19"는 이러한 역사적 흐름을 단절이 아닌 연속의 형태로 다시 소환하며, 우리가 당연하게 여겨왔던 도시의 작동 원리를 근본부터 뒤흔들었다.

"교류와 집합", "속도와 밀도", "효율성과 접촉"이라는 도시의 핵심 언어들이 오히려 위협의 구조로 전환되며, 우리는 도시라는 공간의 가장 근본적인 가치—즉, 사람과 사람이 만나고 스치는 것의 의미—에 대해 다시 묻게 되었다. 사무실은 집 안의 화면으로 축소되었고, 학교와 시장은 알고리즘과 배달 앱으로 대체되었으며, 공공 공간은 일시적으로 폐쇄되거나 거리두기 스티커로 파편화되었고, 도시의 풍경은 한순간에 정지된 듯 고요했지만, 그 고요 속에는 익숙한 감각들이 사라져버린 깊은 공허가 스며 있었다.

그러나 이 침묵의 시간은 동시에, 우리가 도시를 어떻게 '살았는가'보다 어떻게 '살고 싶어하는가'에 대한 내면의 질문을 이끌어낸 시간이기도 했다.

사람들은 밀폐된 공간을 벗어나 거리로 나섰고, 평소에는 잘 인식하지 못했던 동네 공원, 자전거길, 골목의 벤치 같은 야외적 감각 자원들을 새롭게 재발견하기 시작했다.

뉴욕은 도심의 일부 도로를 시민에게 개방했고, 파리와 런던은 자동차를 배제한 거리 실험을 통해 보행과 자전거의 감각을 회복하려 했으며, 이러한 흐름은 단순한 일시적 대응이 아니라, 도시 설계가 기능 중심에서 감각 중심으로 이동할 수 있는 가능성을 열어준 상징적 전환이었다.

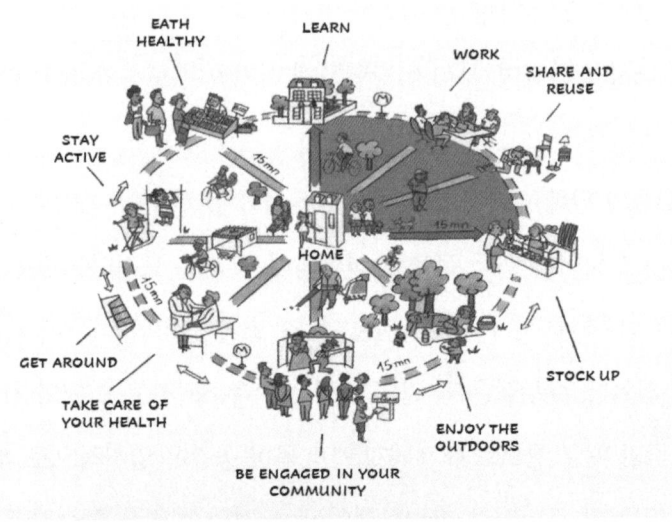

파리의 15분도시 개념도,
걷기를 통한 일상의 리듬을 재구성하는 도시구조 Diagram : Micaël

'15분 도시'라는 개념이 이 시점에 다시 주목받기 시작한 것은 단순히 공간적 효율성 때문이 아니라, 도시라는 복합적 구조 안에서 인간의 걷기와 감각의 복원을 동시에 상상할 수 있는 모델이었기 때문이다. 도보 15분 거리 안에 직장, 병원, 상점, 공원이 배치되는 이 모델은, 도시를 재배치하는 것이 아니라 일상의 리듬을 재구성하는 작업이며, 걷는 행위가 회복되면 자연스럽게 냄새, 소리, 촉감, 공기 같은 도시의 잊혀진 감각들도 함께 되살아난다는 점에서 의미 있는 감각의 복원 장치라 할 수 있다. 이와 함께 도시 외곽과 소규모 근린 중심지에 대한 관심이 증가하면서, 고밀 중심의 일방향 도시 구조는 다핵 구조로 재편되기 시작했고, 소형 병원, 커뮤니티 상점, 지역 인프라가 분산 배치되며 도시는 보다 촘촘한 감각 네트워크를 구성해가기 시작했다.

이는 도시를 해체하는 것이 아니라, 도시의 감각을 중앙에서 주변으로, 기능에서 관계로, 획일에서 다양성으로 분산시키는 실험이기도 했다.

팬데믹이 남긴 가장 큰 유산은 단지 방역 시스템이나 기술 인프라가 아니라, 우리가 그동안 무의식적으로 믿어왔던 도시의 당위에 균열을 내고, 그 안에서 '감각 없는 도시가 얼마나 위험한가'를 직시하게 만들었다는 점에 있다.

"만지고, 걷고, 부딪치고, 머무는 경험"이 줄어들자, 도시와 사람 사이의 정서적 연결 또한 함께 희미해졌고, 도시는 어느새 관계없는 기능의 총합처럼 느껴지기 시작했으며, 이것이야말로 '기술로 만들어진 도시의 한계'이자 '감각이 사라진 도시의 비극'이라 할 수 있다.

이제 도시계획은 다시 인간의 몸과 감각, 리듬과 관계를 중심으로 재설계되어야 한다.

단지 거리를 넓히고, 공원을 늘리고, 자전거 도로를 확보하는 것이 아니라, 그 안에서 사람이 서로를 인식하고, 머무르고, 연결될 수 있는 감각적 구조를 마련해야 한다.

도시는 더 이상 속도와 효율로만 평가되지 않고, 얼마나 감각적인지, 얼마나 감정적인지, 그리고 얼마나 공감 가능한지를 기준으로 다시 설계되어야 하며, 그것이야말로 팬데믹이 우리에게 남긴 진짜 도시의 미래다.

스마트시티를 넘어, 감각의 도시로

4차 산업혁명이 불러온 변화는 단지 기계가 똑똑해졌다는 의미가 아니라, 도시라는 시스템 자체가 새로운 작동 방식을 갖게 되었다는 점에서 중요하다.

중앙에서 모든 것을 통제하고 배분하던 산업사회의 도시 모델은 점차 분산과 자율, 유연성과 연결을 핵심 원리로 삼는 플랫폼 기반 도시로 이동하고 있으며, 이 흐름은 스마트폰과 인공지능AI, 5G, 클라우드 시스템과 같은 기술들이 일상 속 깊숙이 파고들면서 더욱 가속화되고 있다. 이제 도시는 더 이상 하나의 중심을 향해 집약되는 구조가 아니라, 사람과 사람, 공간과 공간이 다양한 방식으로 연결되고 분산되는 유기체처럼 작동하고 있으며, 그 속에서 '집'은 단순한 주거지를 넘어 업무, 교육, 건강, 여가가 동시에 이루어지는 다기능 플랫폼으로 진화하고 있다. 이러한 변화는 스마트시티가 단지 기술적 도시가 아니라, 삶의 구조 자체를 재편하는 도시라는 점을 시사한다.

IoT 기반의 스마트 가전, 원격 진료 시스템, 인공지능 기반의 생활 관리 기술은 모두 한 개인이 자신만의 도시 경험을 구성하는 데 필요한 기반이 되고 있으며, 특히 코로나19 팬데믹은 이 흐름을 더욱 가속화시켜, '집'이라는 사적인 공간이 '도시 속의 또 하나의 작은 도시'로 전환되는 계기가 되었다. 재택근무와 원격 교육, 비대면 소비와 진료는 모두 도시의 중심과 기능을 분산시키는 기술적 경험이었고, 이를 통해 도시의 공간 구조는 단일 중심에서 다핵 구조로, 기능적 구획에서 네트워크적 연결로 점차 변형되기 시작했다. 그 중심에는 '모빌리티'라는 새로운 도시 인프라가 자리잡고 있다. 자율주행차, 전기차, 스마트 교통망은 단순히 이동 수단을 바꾸는 것이 아니라, 도시 내부의 시간 구조와 에너지 흐름, 공간 간의 관계를 새롭게 엮어내는 인프라로 기능하고 있으며, 이는 과거 로마의 아피아 가도나 파리의 하수도처럼, 새로운 도시의 생태계를 가능하게 하는 물리적 조건이 되고 있다.

스마트 모빌리티는 도시의 이동성을 높이고 접근성을 개선하는 동시에, 지역 간 불균형을 해소하고 도시 경험을 보다 포용적이며 감각적으로 열려 있는 방향으로 재편할 수 있도록 도와주는 도구이기도 하다. 그러나 스마트시티가 진정한 '도시'가 되기 위해서는, 기술 그 자체의 성능보다도 더 근본적인 조건—사람의 감각, 공동체의 연결, 정서적 관계에 대한 배려—이 먼저 고려되어야 한다. 기술이 아무리 정교해도 그것이 사람의 삶과 감정을 담아내지 못한다면, 그 도시는 살아 있는 도시라 말할 수 없으며, 공공성과 감각이 빠진 도시계획은 결국 사람과 사람, 사람과 공간 사이의 거리만 더 넓히는 결과를 낳게 된다. 오늘의 스마트시티도 기술로 도시를 지배하는 것이 아니라, 기술을 통해 도시를 다시 감각할 수 있는 구조로 만드는 것이 되어야 한다.

구글의 자회사 사이드워크랩Side Walk Lab이 주도했던 캐나다 토론토의 '퀘이사이드Quayside 프로젝트'는 기술 기반의 스마트시티 실험이 "사람 중심의 도시"라는 철학 없이 진행될 경우 어떤 한계에 부딪히게 되는지를 보여주는 대표적인 사례다.

이 프로젝트는 자율주행, 고층 목조 건축, 에너지 최적화 시스템, 스마트 조명, 로봇 가구 등 혁신적인 기술이 총동원된 도시설계였지만, 정작 시민들의 삶과 감각, 공동체적 신뢰를 설계의 중심에 놓지 못했고, 특히 데이터수집과 개인정보 활용에 대한 불신이 증폭되며 프로젝트는 결국 중단되고 말았다. 기술적 완성도와 야심은 있었지만, 시민과의 공감이 없었고, 삶의 온도가 배어 있지 않았으며, 도시를 공공의 장소가 아닌 기업의 실험실로 만들려 했다는 비판을 피할 수 없었다. 퀘이사이드는 첨단 기술만으로는 도시가 될 수 없다는 점, 그리고 사람 중심의 감각과 공공성 없이는 그 어떤 혁신도 정착하지 못한다는 사실을 명확하게 보여준다.

결국 스마트시티의 핵심은 기술의 진보가 아니라, 사람의 감각을 회복시키는 데에 있다.

기술은 도시를 더 빠르게 만들 수 있지만, 그 도시가 좋은 도시가 되기 위해서는, 사람들이 그 안에서 마주치고, 걷고, 멈추고, 머무르고, 연결될 수 있는 장소적 구조를 갖추어야 한다.

감시가 아닌 환대의 기술, 통제가 아닌 확장의 감각, 효율이 아닌 공감의 도시—이것이 사람 중심 스마트시티가 나아가야 할 철학과 방향이다. 우리는 이제 기술을 중심에 두기보다, 사람의 오감을 중심에 두고 도시

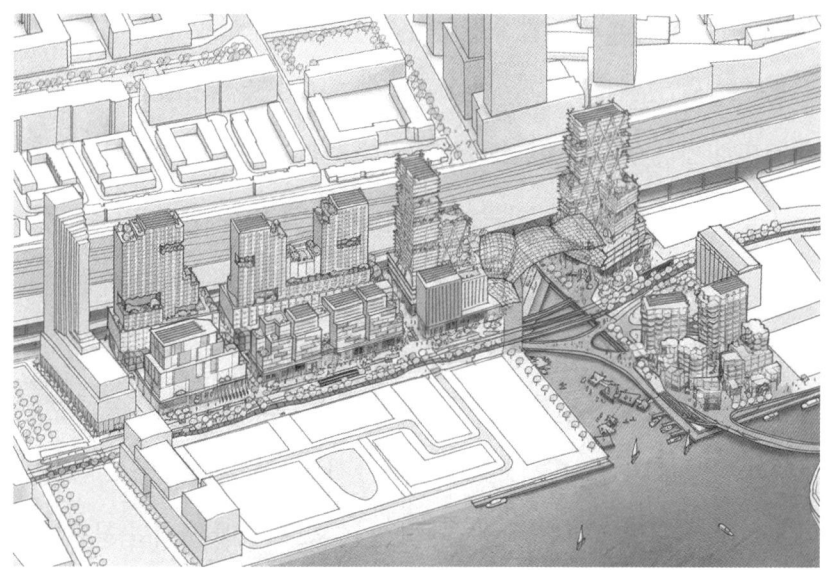

구글의 퀘이사이드 조감도 "Sidewalk Labs, Quayside Development Project, Toronto."

를 다시 설계해야 한다.

스마트시티가 진정 '스마트'해지기 위해서는 기술이 감각을 대체하는 것이 아니라, 감각을 더 풍부하게 만들어주는 조력자가 되어야 하며, 그렇게 도시는 기술과 삶, 효율과 공감이 만나는 새로운 감각의 공간이 되어야 한다. 그곳에서 우리는 다시 도시를 '살게' 될 것이며, 스마트시티는 '체험 가능한 미래'로 진화하게 될 것이다.

도시는 단숨에 만들어지지 않는다

도시는 수십 년, 아니 수백 년 동안 켜켜이 쌓인 시간의 결이 축적된 결과이며, 경제적 이해관계, 사회적 충돌, 문화적 실험들이 반복적으로 각인되며 완성되어 온 집합적 산물이다.

영국의 산업도시들이 귀족과 지주의 자본에 의해 형성되고, 노동자들의 이동과 갈등, 그리고 그 속에서 일어난 사회운동과 도시 개선 운동이 도시의 고유한 정체성을 만들어갔다면, 한국의 많은 산업도시는 정부 주도의 계획 아래 급속히 형성되면서 시간의 축적보다는 구조적 효율에 집중했고, 이로 인해 자생성과 회복력이라는 도시의 깊이는 상대적으로 얕을 수밖에 없었다. 결국 도시의 진정한 지속가능성은 외부의 개입이 아니라, 내부로부터 자발적으로 일어나는 사람들의 경험과 시도, 충돌과 화해를 통해 형성된 복합적 생태계에 달려 있으며, 이 축적의 시간이야말로 도시를 '살아 있는 유기체'로 만드는 가장 근본적인 요소다.

오늘날 세계 도시들은 이 자생성과 회복력을 새로운 기준으로 삼아 도시계획을 재구성하고 있다.

뉴욕은 '강하고 공정한 도시One NYC 2050'라는 비전을 통해 기후위기에 대응하면서도 사회적 형평성과 미래 세대를 고려한 계획을 세우고 있으며, 런던은 '좋은 성장Good Growth'이라는 이름으로 환경, 경제, 사회의 균형을 추구하며, 다양한 인종과 문화가 뒤섞인 도시의 다중적 특성을 도시 전략의 중심에 놓고 있다.

파리는 'Plu+PADD 2032'를 통해 삶의 질 향상을 도시계획의 중심 가치로 삼고 있으며, 더 이상 개발 자체가 목적이 아니라, 일상의 결을 따라 사람들의 삶을 풍요롭게 하는 방향으로 도시를 재설계하고 있다.

또한, 우리나라 서울은 〈2040 서울 도시기본계획〉에서 "살기 좋은 나의 서울, 세계 속에 모두의 서울"이란 미래상을 설정하고 삶의 질 향상과 도시경쟁력 강화에 목표를 두고 있다.

이처럼 도시계획은 물리적 구조를 설계하는 기술적 작업에서 점점 더 사람의 삶의 질, 감각과 관계, 기억과 정체성을 함께 엮는 예술적 행위로 전환되고 있다.

그러나 정작 오늘날 도시가 직면한 가장 깊은 위기는 기술 부족이나 자본의 결핍이 아니라, '중간이 사라진 도시'라는 구조적 문제이다.

사람들의 삶은 여전히 주거와 직장이라는 이분법적 공간 사이에 놓여 있지만, 그 둘 사이를 잇고, 사람과 사람 사이를 연결해주던 '제3공간'—골목, 서점, 카페, 광장, 공원과 같은 완충적 공간—은 점차 도시에서 자취를 감추고 있다.

팬데믹은 이러한 변화에 더욱 가속을 붙였고, 도시 공간은 '목적지와 경로'만 남은 비감성적 구조로 변화해가고 있다. 소규모 상점과 동네 카페는 사라지고, 이동은 단지 소비를 위한 도구가 되었으며, 사람들은 이제 도시를 '경험하는' 존재가 아니라, '이동하는' 존재로 축소되고 있다. 그 결과 도시는 점점 더 기능적으로 효율적이지만, 감정적으로는 고립된, 비인간적인 환경으로 퇴화하고 있다.

이제 도시를 다시 "감각의 장소"로 회복해야 할 때

그 시작은 바로 제3공간의 복원이며, 이는 단순한 물리적 공간의 재배치가 아니라, 사람의 일상이 머무르고 연결되는 '감각의 무대'를 다시 도시 속에 세우는 작업이다.

향기를 품은 동네 빵집, 물소리를 들을 수 있는 작은 광장, 서로 다른 질감의 벽과 바닥이 얽힌 거리, 어깨를 부딪히며 걷는 좁은 골목, 낯선 사람과 말을 트게 되는 벤치 하나 —이 모든 것이 도시에 감각을 불어넣고, 기억을 새긴다.

도시는 결국 수많은 감각과 기억이 교차하는 장소이며, 제3공간은 그 감각의 축적이 자연스럽게 이루어지는 여백이자, 삶의 진동이 울리는 진짜 공간이다.

감각의 도시란, 인간의 감각을 자극하는 도시이면서 동시에 사람들의 관계를 촉진하고, 머무름과 만남이 자연스럽게 일어나는 공간이다.

이제 도시계획은 이러한 감각적 장면들을 다시 도시 속에 복원하는 작업이 되어야 하며, 효율과 기술을 넘어, 느낌과 기억, 관계와 정서의 회복을 그 중심에 두어야 한다.

살기 좋은 도시는 보이는 풍경이 아니라, 감각의 층위가 살아 있는 장소이고, 감동을 주는 도시는 빠른 길이 아니라, 우연한 마주침과 잠시의 멈춤이 허용된 거리다.

도시는 인간의 감각과 기억이 머무는 그 자체로 살아 있는 공간이며, 공간을 통한 인간의 감각 회복은 그 도시를 진정한 장소로 만들어주는 가장 근본적인 방법이다.

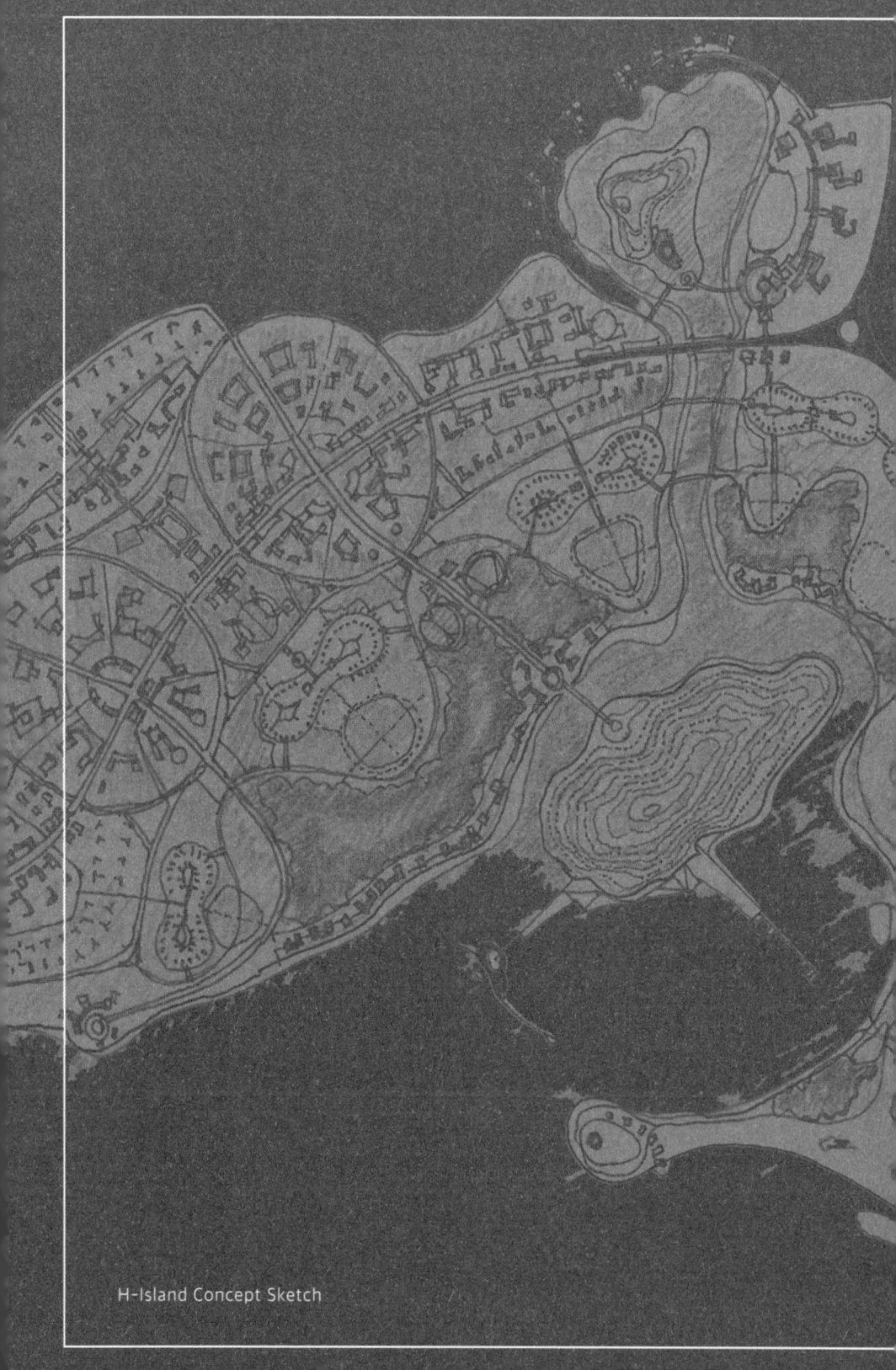
H-Island Concept Sketch

우리는 도시를 어떻게 경험할까? 눈으로 건물을 보고, 소리를 듣고,
향기를 맡으며, 표면을 만지고, 공기의 변화를 감지한다.
즉, 우리의 다섯 가지 감각, 오감을 통해 도시를 느끼고 기억한다.
하지만 현대 도시와 건축은 시각에만 의존하는 경향이 강하다.
그렇다면 다른 감각들은 도시 경험에서 어떤 역할을 할까?
오감은 단순한 감각이 아니라, 도시 환경과 소통하는 중요한 수단이다.
우리는 촉각을 통해 거리의 재질을 느끼고, 청각을 통해 장소의 분위기를 파악하며,
후각을 통해 공간의 개성을 기억한다.

오감을 활용한 특별한 장소들은 어떻게 형성될까?
그리고 현대 건축과 예술에서는 어떻게 오감을 되살리고 있을까?
걷기는 단순한 이동이 아니다. 도시에 대한 감각적 경험을 확장하는
중요한 행위다. 걸으며 우리는 오감을 통해 공간을 수용하고,
도시와 더 깊이 연결된다. 그렇다면 우리는 어떻게 오감으로
도시를 새롭게 경험할 수 있을지에 대해 알아본다.

PART 2

도시건축에
오감이
필요한 이유

환경을 인지하는 첫 번째 언어, 오감

우리는 종종 도시를 설계할 때 도면 위의 선과 면, 숫자와 규격으로 모든 것을 설명할 수 있다고 믿는다. 그러나 그 도면을 따라 만들어진 도시를 실제로 살아가는 사람들의 몸은, 그보다 훨씬 더 섬세하고 복합적인 방식으로 세상을 읽어낸다. 그 시작점에 있는 것이 바로 '오감五感'이다. 인간은 태생적으로 감각적 존재다. 우리가 세상을 처음 만나는 순간부터, 공간을 인식하고 기억하고 받아들이는 모든 과정은 오감을 통해 이뤄진다.

시각, 청각, 후각, 촉각, 미각. 이 다섯 가지 감각은 단지 생물학적 기능이 아니라, 환경을 해석하는 최초의 언어이다. 원시시대의 인간은 글자도, 지도도 없었지만, 어둠 속에서 움직임을 감지하고, 나뭇잎의 향기로 물 근처를 예측하며, 땅의 온기로 피난처를 찾았다. 눈으로 적을 확인하고, 귀로 위협을 듣고, 손으로 땅을 짚으며 안전을 확인하고, 코로 위험을 맡고, 혀로 독을 구별했다. 감각은 생존의 조건이었고, 동시에 공간을 이해하는 총체적 수단이었다.

이 감각의 총동원은 현대 도시에서도 여전히 유효하다. 다만 차이가 있다면, 지금 우리는 그것을 너무도 '무의

오감 : 인간의 다섯가지 감각

식적으로' 경험한다는 점이다. 시각은 여전히 공간을 인지하는 가장 강력한 도구다. 우리는 건물의 형태, 색, 비례, 조명의 뉘앙스로 공간을 해석한다. 정보화 사회에서는 시각적 이미지가 곧 도시의 브랜딩이 되기도 한다. 그러나 도시를 구성하는 것은 눈으로 보는 것만이 아니다.

공간은 눈으로만 읽는 게 아니라, 몸 전체로 받아들이는 것이다.

우리가 도시를 경험할 때 가장 먼저 반응하는 것은 생각이 아니라 감각이다. 길을 걷다 무심코 머무르게 되는 벤치, 눈길을 사로잡는 벽면의 질감, 코끝에 스며드는 빵 굽는 냄새, 저 멀리서 들려오는 아이들의 웃음소리. 이 모든 것은 오감을 통해 공간이 우리 안으로 들어오는 순간들이다.

이러한 다섯 가지 감각은 단순히 환경을 '인지'하는 수단을 넘어, 우리가 장소를 기억하고, 그 장소에 감정을 갖게 만드는 매개체이다. 오감은 각기 독립적인 역할을 하면서도 서로 긴밀하게 연결되어 있어, 어느 하나만으로는 도시의 복합적 경험을 충분히 설명하기 어렵다. 마치 오케스트라의 각 악기가 조화롭게 어우러져야 비로소 한 곡의 음악이 완성되듯, 감각 역시 "오감"이라는 매개체를 통해 "도시"라는 무대를 완성해 간다.

시각, 도시를 읽는 첫 번째 창

도시 경험에서 시각은 가장 빠르고 직관적인 통로이며 가장 기초적이며 기본적인 감각이다. 건물의 형태, 도로의 패턴, 간판의 배열, 사람들의 움직임까지 모두 시각을 통해 포착된다. 우리는 광장의 개방감, 골목의 밀도, 천장의 높이, 입면의 재료를 눈으로 읽어내며 공간을 이해한다. 더불어, 색은 단순한 장식이 아니라 분위기를 결정짓는 도구다. 붉은 벽돌의 따뜻함, 회색 콘크리트의 냉정함, 녹색 식재의 안정감은 모두 시각적 감각을 통해 인지된다. 외부 환경에서 들어오는 정보의 80% 이상은 눈을 통해 들어오며, 우리는 백만 가지 이상의 색을 구별할 수 있다. 색은 단지 장식이 아니다. 그것은 공간의 분위기와 감정을 좌우하는 언어다. 병원의 파스텔 톤이 불안을 완화하고, 식당의 따뜻한 색조가 식욕을 자극하는 이유가 여기에 있다.

조명의 온도와 밝기 또한 감정을 조율한다. 노란빛의 조명은 공간을 따뜻하게 만들고, 푸른빛은 차가운 인상을 준다. 도시의 밤은 이러한 인공조명을 통해 다시 태어난다. 우리가 느끼는 안전감이나 생동감 역시 이 빛의 연출과 깊이 관련되어 있다. 결국 시각은 도시의 '첫 인상'을 결정짓는 감각이며, 그 인상은 기억으로 남는다. 건축은 이러한 시각적 요소들을 통해 물리적 공간에 감정적 색채를 덧입힌다. 우리는 그것을 '느낌이 좋은 공간'이라고 부른다. 보이지 않는 설계 언어가 감정을 조율하는 것이다.

청각, 공간의 분위기를 형성하는 보이지 않는 감각

공간은 눈으로만 읽히지 않는다. 들리는 소리 또한 공간을 경험하는 중요한 통로다. 천장이 높고 딱딱한 재료로 둘러싸인 성당에서 들리는 잔향 긴 음성은 공간에 경건함을 불어넣는다. 반면 소음을 흡수한 도서관의 정적은 사람들의 목소리마저 속삭임으로 바꾸며, 조용한 집중의 리듬을 만든다.

도시는 다양한 소리로 구성된 풍경이기도 하다. 자동차 소리, 사람들의 발걸음, 시장의 상인들 목소리, 공원의 새소리와 아이들 웃음소리까지—이 모든 것이 하나의 청각적 풍경Soundscape을 만든다. 청각은 "공간의 온도"를 조절하는 감각이다. 청각은 시각과 달리 피할 수 없는 감각이다. 고개를 돌려 외면할 수 없고, 귀마개와 이어폰을 꽂기 전까지는 그대로 귀에 스며든다. 따라서 도시의 음향 설계는 매우 중요하다. 방음벽, 흡음재, 식재 설계는 물리적 소음을 줄이기 위한 수단이지만, 동시에 정서적 평온을 설계하는 과정이기도 하다. 또한 공간은 그 용도에 따라 고유의 소리를 갖는다. 성당은 높은 반향음을 통해 신성함을, 도서관은 고요함을, 산사의 풍경소리는 정결함을, 시장은 소란스러움을 통해 활기를 드러낸다. 청각은 공간이 '어떤 느낌을 주는가'를 결정하는 감각적 재료다.

산사의 풍경소리 사진 : 유재득(illo)

후각, 향기로 남는 장소의 기억

향기는 보이지 않지만, 가장 강한 인상을 남긴다. 인간의 후각은 다른 감각보다 뇌의 기억 중추와 더 가까이 연결되어 있어, 특정 향은 수십 년 전의 장면까지도 되살려낸다. 예를 들어, 갓 만들어낸 음식 냄새는 특정한 아침 풍경을, 젖은 아스팔트 냄새는 장마철의 도시를 떠올리게 한다.

이제까지 후각은 향수라는 매체를 통해 개인의 정체성을 드러내는 주요한 수단으로 사용되어 왔다. 하지만 이제 후각은 건축을 넘어 도시를 정체성 있게 만드는 중요한 감각적 요소로 대두되고 있다. 특정 향기가 공간의 고유성을 부여하고, 사용자는 그것을 통해 장소에 대한 정서적 애착을 형성한다. 글로벌 호텔 브랜드들이 자사의 고유 향을 로비에 퍼뜨리는 이유도 바로 이 때문이다. 도시 공간에서도 공원, 카페, 서점 등에서의 향기 설계는 점차 중요한 감각적 전략이 되고 있다. 후각은 공간을 '기억하게' 만들고, 그 기억은 곧 장소의 감정이다. 향은 보이지 않지만, 감정을 가장 빠르고 깊게 흔드는 감각이다.

촉각, 공간을 몸으로 만지는 감각

촉각은 가장 가까운 감각으로 공간과의 물리적 접촉을 통해 경험된다. 우리는 바닥을 걸으며 그 질감을 발로 느끼고, 벽을 스치며 재료의 표면을 손으로 감지한다. 난간의 차가움, 벤치의 따뜻함, 지붕 아래의 그늘과 바람 —이 모든 것이 촉각적 정보다. 촉각은 물리적 편안함을 판단하는 기준이 된다. 매끄러운 대리석은 시각적으로는 고급스럽지만 촉각적으로는 차갑고 긴장감을 줄 수 있으며, 운동장의 마사토나 나무 마감은 따뜻하고 안정된 느낌을 제공한다. 도시 공간에서 사용자의 머무름을 유도하고, 신체적 긴장을 완화하는 데에 촉각적 설계는 중요한 역할을 한다. 뿐만 아니라 기후 요소―바람, 온도, 습도, 일사 등―도 촉각의 영역에 포함된다. 그늘의 서늘함, 햇빛의 따스함, 미세한 바람이 흐르는 거리의 감촉은 감각적 도시 경험의 핵심이 된다.

입구의 문은 촉각을 느끼는 첫 인상
사진 : 유재득(illo)

　공간은 손과 발을 통해 우리 몸에 스며든다. 도시 인프라 역시 촉각적이다. 미끄럼 방지 포장재, 질감 있는 난간, 땀에 미끄러지지 않는 지하철 손잡이. 이런 세심한 설계는 시각을 넘어 '몸의 경험'을 배려한 결과다. 우리는 촉각으로 공간의 진심을 읽는다. 좋은 공간은 몸이 먼저 안다.

미각, 장소와 문화가 응축된 맛

　미각은 가장 내밀한 감각이자, 문화와 삶을 입 안에 담는 통로다. 도시의 미각은 그 지역의 식재료, 기후, 요리법, 공간의 분위기, 사람들의 일상과 깊이 얽혀 있다. 길거리 분식의 매운맛, 오래된 음식점의 국물 맛,

노천카페에서 마시는 커피 한 모금 —이 모든 것은 미각과 함께 공간의 정서를 만들어낸다.

　미각은 후각과 결합해 더 강한 감각 경험을 유도하며, 시각과 촉각이 더해질 때 '공간의 맛'으로 확장된다. 우리는 특정 장소의 맛을 통해 그곳의 문화를 기억하고, 그 경험은 장소에 대한 깊은 애정을 만든다. 그리고 무엇보다, 미각은 오감을 통합하는 감각이다. 예를 들어 병산서원에서의 '장소의 맛'은 수묵화 같은 풍경시각, 빗소리와 새소리청각, 나무의 향과 흙냄새후각, 마루의 감촉촉각이 모두 입 안에서 하나로 응축되는 경험이다. 이것이 공간을 '맛 본다'는 것의 진짜 의미이다. 따라서 미각은 오감의 완성을 뜻한다. 오감은 단지 개별적인 감각이 아니라, 도시와 인간이 소통하는 다층적 언어의 총체적 개념을 의미한다.

오감이 빚어낸 도시라는 예술

　우리는 도시를 단순히 '보는' 것 만으로 만족하는 단계를 넘어서 "듣고, 만지고, 맡고, 맛보며" 공간을 온전히 느끼며 관계를 맺고 살아간다. 도시건축이 인간의 감각과 더 깊이 만날 때, 비로소 공간은 '살아 있는 장소'가 된다.

　이처럼 좋은 공간은 눈에 보이는 형태를 넘어, 오감이 연결되는 총체적인 감각의 구성물이다. 좋은 도시와 건축은 단지 기능과 구조만으로는 완성되지 않는다. 눈으로 보고, 귀로 듣고, 코로 맡고, 손으로 만지고, 입으로 기억할 수 있을 때, 공간은 비로소 사람의 삶에 감정을 남긴다.

향기로운 커피향이 나는 거리, 나무 벤치의 따뜻한 촉감, 잔잔한 음악이 흐르는 카페, 그리고 혀끝에 남는 깊은 맛까지 —공간은 오감을 통해 비로소 살아 있는 장소가 된다. 도시와 건축이 감각을 통해 우리 삶에 더 가까워질 때, 그것은 단순한 기능을 넘어선, 사람의 삶을 풍요롭게 기억시키는 장소, 문화의 맛을 간직한 공간으로 거듭난다.

감각이 돌아오면 공간은 어떻게 변할까?

감각의 회복 : 현대 건축에서 오감이 깨어나다

　20세기 기능주의 건축은 오랫동안 시각 중심의 사고방식에 머물러 있었다. 효율성과 구조, 형태에 집중한 건축은 인간의 감각을 소외시키며, 공간을 기계처럼 다루었다. 그러나 21세기 들어 건축은 다시, 인간의 몸 전체와 감각의 총체를 향해 조용히 돌아서고 있다. 오감의 회복은 단순한 감상이나 미학의 문제가 아니라, 공간과 사람 사이의 감정적 접촉을 복원하려는 건축적 태도다.

페터 춤토르, 브루더 클라우스 채플
사진 : Hyemee PARK

　페터 춤토르Peter Zumthor의 건축은 이러한 감각적 전환의 흐름 속에서 가장 상징적으로 언급되는 사례 중 하나다. 그의 대표작 중 하나인 브루더 클라우스 채플2007은 감각을 일깨우는 건축의 방향성을 잘 보여주는 공간으로, 촉각, 후각, 청각, 시각의 층위가 건축물 안에서 깊은 울림을 만들어낸다. 이 채플은 감각의 구조화를 통해 공간과 사람 사이의 교감을 가능하게 한 대표적 실천으로 평가되며, 현대 건축에서 오감적 경험의 복원이 어떤 방식으로 구현되고 있는지를 선도적으로 보여준다. 본 사례는 이후 7장 촉각 건축에서 보다 자세히 살펴볼 것이다.

감각의 확장 : 디지털 예술 속 오감의 해방

감각의 회복은 예술에서도 두드러진다. 현대 예술은 물질의 한계를 넘어서, 기술을 통해 감각의 새로운 지평을 확장하고 있다. 일본의 아트 집단 팀랩teamLab은 디지털 기술을 활용하여 감각이 억제된 근대 예술의 틀을 깨고, 몰입적이고 다감각적인 체험을 만들어낸다.

대표작인 팀랩 보더리스teamLab Borderless는 관람자의 움직임에 반응하는 작품으로 구성된다. 관람자는 어둠 속을 걷고, 빛과 소리가 살아 움직이는 공간을 통과하면서, 자신이 작품 속을 '걷고', '부딪히고', '머무는' 존재가 됨을 체감하게 된다. 시각, 청각, 촉각을 넘나드는 경험은 공간 전체를 살아 있는 예술로 전환시킨다. 특히 팀랩 플래닛teamLab Planets에서는 관람객이 맨발로 물 위를 걷는다. 발바닥에 닿는 물의 움직임, 조명과 수면의 반사, 주위에서 울리는 사운드는 단순한 예술 감상이 아닌, 몸으

팀랩 플래닛 사진 : 김동근

로 '통과하는 예술'이다. 작품은 감각을 자극하는 장치이자, 관람자의 감각 자체를 작품화하는 경험을 제공한다. 팀랩의 세계는 감각을 통해 예술을 '공유하는' 새로운 방식이다. 예술은 이제 눈으로만 보는 것이 아니라, 몸 전체로 만지고 느끼고 반응하는 다감각적 참여로 바뀌고 있다. 이는 예술이 인간적 경험의 본질, 즉 감각으로의 회귀를 모색하고 있다는 증거다.

감각의 통합 : 공간환경디자인의 다감각 전략

이제 건축과 도시 디자인도 감각의 통합을 새로운 설계 전략으로 받아들이고 있다. 공간환경디자인은 시각, 청각, 후각, 촉각, 미각을 통합해 사용자 경험을 감성적으로 조직한다. 공간은 단순한 '기능'을 수행하는 기계가 아니라, 감정과 기억이 축적되는 '장소'로 다시 해석되고 있다. 예컨대 소매 환경에서는 조명의 색온도, 향기 마케팅, 배경음악, 재료의 촉감이 하나로 구성되어 소비자의 감정과 구매행동에 영향을 미친다. 교육 공간에서는 촉각적 교구, 색채 자극, 음향 설계 등을 통해 몰입감과 집중력을 향상시킨다. 병원이나 치유 공간은 자연광, 나무의 질감, 물소리와 향기로 사용자의 스트레스를 줄이고 회복을 돕는다.

건축가 스티븐 홀Steven Holl은 이 감각의 통합을 가장 뛰어나게 다루는 건축가 중 하나다. 그의 공간은 빛과 그림자의 흐름, 벽과 바닥의 재료감, 소리의 방향성과 반향을 통해 사용자의 감각과 깊이 있는 대화를 시도한다. 그는 최근에 이러한 감각의 통합을 음악을 통해 진행하고 있

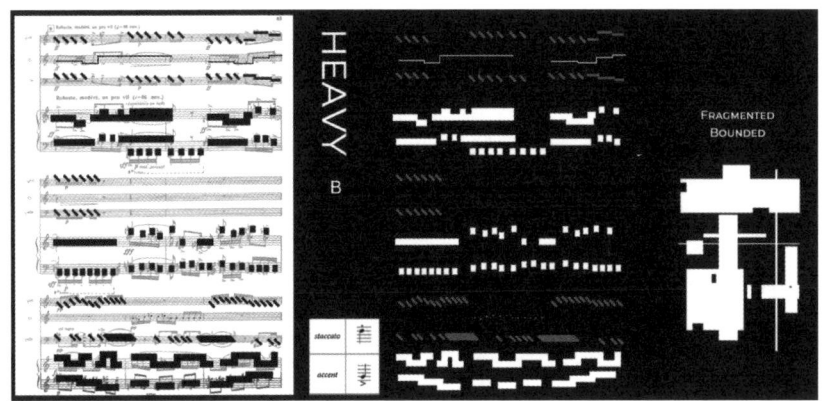
스티븐 홀의 "음악의 건축학" 수업 중 학생 발표사례 출처 : 스티븐 홀 홈페이지

다. 음악과 건축은 공간 속에서 우리의 온몸을 감싸 안는다. "음악의 건축학Architectonics of Music"을 통해 새로운 건축 언어에 대한 학제 간, 영감을 불러일으키는 작업을 개발하고 있다. 건축은 이제 더 이상 배경이 아니라, 감각을 구조화하는 적극적인 매체가 된다. 디지털 기술의 발전은 이러한 감각의 설계를 한층 정교하게 만들고 있다. 사용자의 움직임이나 기분 상태에 따라 반응하는 조명, 향기, 사운드 시스템은 감각을 단순한 요소가 아니라 공간의 '주체'로 끌어올린다. 감각은 이제 설계의 보조요소가 아니라, 공간의 주된 콘텐츠가 된다.

감각이 통합될 때, 공간은 살아난다

현대 건축과 예술, 공간 디자인은 다시 인간의 감각적 본성으로 회귀하고 있다. 시각에 집중되었던 근대적 디자인 사고는, 점차 몸 전체로 느끼는 경험으로 전환되고 있으며, 이는 도시와 건축이 사람과 관계 맺는 방식 자체를 변화시키고 있다.

특히 주목할 것은, '맛'이라는 감각이 단순한 미각을 넘어서, 공간과 장소의 총체적인 정체성을 상징하기 시작했다는 점이다. 어떤 도시의 맛은, 음식의 향기만이 아니라, 거리의 온기, 사람들의 몸짓, 소리, 재료의 감촉을 포함한다. 즉, 맛은 오감의 융합이며, 감각이 통합된 공간 경험의 결정체라 할 수 있다.

따라서 현대 건축과 도시 설계는 오감의 복원을 넘어, 오감의 통합적 설계로 나아가야 한다. 우리가 느끼는 도시의 진짜 아름다움은 눈으로만 볼 수 없다. 그것은 우리가 "들었고, 맡았고, 만졌고, 맛본 모든 것이 모여 만들어낸 '장소의 총체적 감각'"에 있다. 그 감각이 살아있을 때, 도시와 건축은 비로소 인간을 위한 예술이 된다.

장소를 경험하는 새로운 리듬, 걷기

일상에서 되살아난 걷기의 의미

걷는다는 것은 단순히 두 다리를 움직이는 일이 아니다. 그것은 "도시를 몸으로 읽는 행위"이다. 우리가 두 발로 걷는 동안, 도시도 우리를 향해 이야기를 건넨다. 조지프 A. 아마토Joseph A. Amato는 저서 『On Foot』2004에서 18세기 중산층의 부상과 함께 걷기가 단순한 이동에서 일상의 문화로 자리 잡았다고 설명한다. 걷기는 건강

『On Foot』 표지

을 위한 행위일 뿐 아니라, 사색과 치유의 통로였고, 사람과 장소를 이어주는 가장 본질적인 관계 맺기였다.

한때 자동차에 밀려 도시의 가장자리로 밀려났던 걷기는 이제 다시 중심으로 돌아오고 있다. 여유와 사색, 작은 일탈을 위한 걷기가 도시생활의 질을 가늠하는 기준이 되고 있다. 대중교통과 디지털 기술이 이동을 빠르게 만들수록, 걷기는 느림의 가치와 감각의 회복을 상징하게 된 것이다.

걷기의 즐거움은 개인적인 신체 감각에서 시작되지만, 그 깊이는 외부 환경과의 관계 속에서 결정된다. 발걸음을 옮길 때마다 달라지는 빛

과 그림자, 소리의 변화, 바람결과 바닥의 질감은 우리를 멈추게 하거나 조금 더 걷게 만든다. 매력적인 보행환경은 사람을 유혹하고, 장소에 대한 기억을 만들어내며, 다시 찾고 싶은 마음을 품게 한다.

오감으로 느끼는 보행의 즐거움

도시를 걷는다는 것은 결국 오감을 열어두는 일이다. 풍경을 보고, 소리를 듣고, 냄새를 맡고, 바닥을 느끼고, 맛을 음미하는 행위가 곧 도시를 경험하는 방식이 된다.

길 위의 첫인상은 보는 것에서부터 시작한다. 건물의 입면, 거리의 나무 그늘, 유리창에 비친 하늘과 사람들. 이 모든 요소는 발걸음의 속도를 조절하고 시선을 이끈다. 빛과 그림자가 얽히는 골목은 하나의 풍경화가 되고, 우리는 그 안을 천천히 통과한다.

청각은 거리의 표정을 결정한다. 바람에 흔들리는 나뭇잎 소리, 자전거의 바퀴 굴러가는 소리, 멀리서 들려오는 아이들의 웃음소리. 소리는 공간의 크기와 성격을 말해준다. 도시의 소리를 들으며 우리는 지금 이곳의 리듬에 동참하게 된다.

후각은 장소를 기억하게 한다. 특정한 냄새는 특정한 장소와 결합되어 감정을 이끌어낸다. 그 냄새를 따라가면, 낯선 도시도 익숙해지고, 익숙한 골목은 더 깊어진다.

촉각은 걷기의 물리적 체험이다. 발밑의 질감은 도로 포장의 종류마다 다르고, 나무 벤치나 철제 손잡이는 피부로 공간을 말해준다. 특히 걷는 속도에서 체감하는 바닥의 반응은 그 자체로 도시의 감각적 지형도다.

미각은 도시와 가장 깊이 있게 연결되는 감각이다. 걷다가 마시는 한 모금의 커피, 시장 노점에서 맛보는 지역 음식은 단지 배를 채우는 것이 아니라, 그 장소를 혀끝으로 기억하게 만든다. 미각은 오감 중 가장 후면에 있지만, 기억에서는 가장 오래 남는다.

결국 걷는다는 것은 도시를 오감으로 맛보는 일이다. 그 순간, 도시는 단순한 배경이 아니라, 나와 관계 맺는 유기체로 다가온다.

장소를 발견하고 공동체를 회복하다

걷기는 장소를 발견하는 행위이고, 장소는 걷기를 통해 비로소 살아난다. 길이 단순히 잘 포장되어 있다고 해서 걷고 싶어지는 건 아니다. 중요한 건 그 길 위에 어떤 이야기가 펼쳐지는가이다. 머무르고 싶은 장소가 있다는 것, 예상치 못한 장면을 마주할 수 있다는 것, 낯설고 익숙한 것이 교차하는 순간이 있다는 것. 그런 요소들이 있을 때, 걷기는 단순한 이동을 넘어 감각의 여행이 된다.

보행환경이 좋아지면 부동산 가격이 오른다는 통계는 결국 사람들이 감각적으로 '좋은 경험'에 더 많은 가치를 부여한다는 반증이다. 영국 CABE의 연구에 따르면, 감성적 만족과 감각적 환경이 경제적 가치와 밀접하게 연결되어 있다. 걷기 좋은 도시가 살기 좋은 도시인 이유는, 그곳이 감각적으로 기억될 수 있기 때문이다.

좋은 보행환경은 단지 편안한 동선이 아니다. 그것은 걷고 싶은 '이유'를 가진 장소들이 연결된 감각의 서사다. 사람들은 감각이 열리는 공간을 기억하고, 감정이 축적되는 장소에 애착을 갖는다. 보행 중심의 도시란 결국 사람 중심의 도시다. 사람의 감각, 기억, 취향을 존중하는 도시야말로 진정한 도시의 품격을 갖춘다. 장소의 결이 살아 있는 보행환경은 공동체를 다시 묶는 실마리가 되고, 감각적 흐름은 도시를 하나의 살아 있는 유기체로 되돌려준다. 도시는 결국 사람이 걷는 방식대로 변화한다. 그리고 그 변화의 시작에는 언제나, 오감으로 걷는 사람이 있다.

걷기, 오감을 가장 잘 느끼는 방법

걷기, 감각의 운동

걷는다는 것은 단순히 두 다리를 교대로 움직이는 반복적 행위가 아니다. 걷기라는 동작이 시작되는 순간부터, 우리의 신체는 정밀하고 유기적인 협응 시스템을 가동한다. 전두엽에서 '걷자'는 의지가 형성되면, 운동 피질이 활성화되고, 신경 신호가 척수를 따라 다리의 대퇴 사두근과 햄스트링, 둔근 등 주요 근육으로 전달된다. 이때 기저핵은 움직임의 시작과 멈춤을 조절하고, 소뇌는 균형과 속도를 정교하게 조율한다.

걷는인간, "Alberto Giacometti, L'Homme qui marche I (Walking Man I), 1960."

그러나 걷기는 단순한 명령 전달 이상의 과정이다. 감각기관의 작동이 운동 시스템과 긴밀히 연결되어, 공간을 감지하고, 환경에 반응하며, 신체의 상태를 실시간으로 조정한다. 걷기의 모든 순간은 신체 내부의 생리 반응과 외부 환경의 감각 자극이 상호작용하는 과정이다.

걷기의 감각적 해부

[시각 _공간을 읽는 눈] 걷는 동안 눈은 끊임없이 주변을 스캔한다. 시야에 들어온 풍경, 그림자의 움직임, 빛의 반사는 공간의 구조를 해석하고 위험을 예측하는 데 결정적인 역할을 한다. 탁 트인 광장에서는 자연스레 걸음이 가볍고 빨라지고, 좁은 골목에서는 걸음이 조심스러워진다. 공간이 시각을 자극하고, 시각은 다시 보행의 리듬을 만든다.

[청각 _공간의 깊이를 듣다] 귀는 공간의 밀도와 거리감을 읽는 수신기다. 자동차 소리, 사람들의 발걸음, 멀리서 들려오는 음악은 공간의 크기와 개방성을 말해준다. 빠르게 다가오는 소음은 경고로 작용하고, 잔잔한 자연음은 걸음에 안정을 부여한다. 우리는 들으면서 걷고, 들리는 대로 걷는다.

[촉각 _지면과의 대화] 발바닥은 가장 예민한 촉각 센서다. 아스팔트의 단단함, 자갈의 불균형, 흙길의 부드러움은 모두 다르게 전달되고, 그에 따라 보폭과 속도, 자세가 달라진다. 바람이 스치는 피부, 햇살의 따스함, 그림자의 시원함—촉각은 환경의 감도를 신체로 번역한다.

[후각 _공기 속의 장소성] 냄새는 장소를 구성하는 보이지 않는 구조물이다. 막 지은 밥의 향기, 나무 냄새, 갑작스레 풍겨오는 비 냄새는 순간을 각인시킨다. 코는 방향을 결정하고, 기억을 호출하며, 감정을 조율하는 감각의 중추다. 냄새를 따라 걷다 보면, 어느새 발길은 익숙하거나 그리운 곳으로 향해 있다.

[미각 _감정의 회복 장치] 마시는 차 한 잔, 길거리 음식의 한 입은 그 장소의 온도를 몸 안으로 들이는 일이다. 미각은 단순한 생리적 자극

을 넘어, 공간과의 감각적 관계를 회복시키는 장치가 된다. 때로는 미각이 그날의 도시를 결정짓기도 한다.

오감은 피드백을 만든다

걷기가 지속되면 신경계는 점점 더 민감해지고, 몸은 공간에 적응한다. 도파민과 세로토닌이 분비되어 기분이 안정되고, 해마는 방향을 기억한다. 걷기란 곧 몸과 공간의 피드백 순환이다. 시각은 길을 읽고, 청각은 주위를 조율하며, 촉각은 바닥과 대화하고, 후각과 미각은 감정의 층위를 덧입힌다. 이 감각의 순환 속에서 우리는 도시를 읽고, 반응하며, 감정적으로 소속된다. 걷는다는 건 단순한 이동이 아니다. 그것은 감각으로 세상을 맞이하는 가장 오래된 방식이다.

도시를 느끼는 신체의 언어

눈과 귀, 손과 발, 코와 입이 저마다의 방식으로 도시를 해석하고, 몸은 그 정보를 바탕으로 다시 도시와 호흡한다. 우리가 걷는 순간, 도시도 우리를 받아들인다. 좋은 도시는 걷고 싶은 도시고, 걷고 싶은 도시는 감각이 살아 있는 도시다. 보행 친화적 환경은 단지 길을 넓히는 일이 아니라, 사람의 감각을 환대하는 설계 철학이다.

오감으로 완성되는 도시와 건축

도시와의 감각적 대화

도시를 다시 걷는다는 것은 세상을 다시 느끼는 일이다. 발걸음을 옮기는 순간, 우리는 단지 공간을 지나치는 존재가 아니라 도시와 끊임없이 교감하는 감각적 주체가 된다. 걷기는 단순한 이동이 아니라, 감각의 흐름 속으로 몸을 던지는 행위다. 발바닥은 지면의 질감을 읽고, 눈은 빛과 그림자의 조율에 반응하며, 귀는 거리의 깊이를 측정하고, 코와 입은 도시의 공기를 기억한다. 이는 곧 도시와 우리의 몸이 주고받는 섬세한 감각의 대화다.

이 대화는 언제나 다층적이고 동시적이다. 바람의 방향이 바뀌면 피부가 먼저 반응하고, 스치는 말소리 속에서 우리는 공간의 너비를 느끼며, 햇빛의 강도에 따라 시선의 움직임도 자연스레 달라진다. 이렇게 감각의 흐름 속에서 도시의 리듬이 우리 몸에 스며들고, 우리는 그것에 맞춰 걷는 속도와 리듬을 조정하게 된다. 결국 도시는 배경이 아니라, 살아있는 감각의 무대가 된다.

감각은 공간을 장소로 만든다

장소는 단순한 위치가 아니다. 색, 소리, 향기, 바람의 온도, 빛의 각도와 같은 요소들이 감각을 자극할 때, 비로소 공간은 기억에 남는 장소로 바뀐다. 감각은 정보를 받아들이는 수동적 기능이 아니라, 감정을 불러일으키고 기억을 붙잡아두는 능동적 작용이다. 한 장소에서 느꼈던 감각은 마음속에 축적되며, 이는 장소에 대한 애착과 정체성으로 이어진다.

이를테면 나무 벤치에 앉아 바람결을 느끼고, 주변 벽면에 반사된 햇살을 바라보며, 어딘가에서 퍼지는 풀내음을 맡는 순간은 하나의 감각적 풍경이 되어 우리 안에 남는다. 감각이 축적된 장소는 단순히 머무는 공간이 아니라, 되돌아가고 싶은 기억의 장소가 된다.

감각적 설계는 머무름을 유도한다. 발바닥이 피로를 느끼지 않도록 배려한 바닥재, 손끝이 기억할 만한 질감을 지닌 재료, 바람결 속에 배어든 향기, 잔잔하게 울리는 소리는 감각적 긴장을 풀어주고, 회복을 가능케 한다. 도시의 정체성은 눈에 보이는 아이콘보다, 이처럼 복합적인 감각의 복합성 속에서 만들어진다.

몸으로 경험되는 도시

걷는다는 것은 곧 몸과 환경이 맞물리는 정교한 리듬이다. 전두엽에서 시작된 명령은 운동 피질과 신경계를 통해 전달되고, 소뇌는 균형을 잡고, 발은 지면을 감지하며, 감각기관들은 끊임없이 도시를 읽는다. 이러한 작동은 동적이고 복합적이며, 도시는 이 과정을 통해 신체와 감각이 반응하는 하나의 생태계가 된다. 특히 도시는 작은 요소 하나하나가 감각에 영향을 미친다. 포장이 일정하지 않은 골목, 벽에 부딪쳐 울리는 소리, 계절에 따라 달라지는 온도, 흐르는 공기의 방향은 우리의 보행 리듬을 변화시킨다. 걸음이 가벼워지거나 멈칫하고, 시선은 좁아졌다가 확장된다. 감각은 신체의 언어이고, 몸은 그 감각을 통해 도시를 해석한다.

이처럼 걷는다는 것은 단지 어떤 목적지를 향해 나아가는 일이 아니라, 도시와 감각적으로 관계를 맺으며 장소를 생성하는 과정이다. 몸과 감각이 동시에 반응할 때, 비로소 도시도 살아 있는 존재로 다가온다.

감각을 존중하는 도시, 걷고 싶은 장소

도시의 매력은 감각의 층위에서 결정된다. 우리가 걷는 거리에서 마주치는 시각적 요소, 바람과 향기, 촉감과 소리는 장소에 대한 감정적 인상을 형성한다. 그리고 감각이 잘 작동하도록 설계된 공간이 바로 다시 걷고 싶은, 다시 머무르고 싶은 도시다.

감각을 존중하는 도시는 사람의 리듬에 맞춰 조율된다. 빠르기만 한 이동을 강요하지 않고, 감정을 배려하며, 머물 수 있는 틈과 쉼을 제공한다. 복잡하거나 인상적인 장치가 아니라, 감각이 자연스럽게 머무를 수 있는 여백, 감각이 흐를 수 있는 구조가 중요한 이유다.

이러한 공간은 장소성과 공동체 정체성을 형성하는 토대가 된다. 사람들이 다시 찾고, 인연이 맺어지며, 기억이 공유되는 장소는 결국 감각이 작동하는 장소다. 걷기 좋은 도시는 감각을 존중하는 도시이며, 그 안에서 사람은 공간을 '소비'하는 존재가 아니라 '경험'하고 '살아가는' 존재가 된다.

감각을 설계하는 것이 도시를 설계하는 일이다

앞으로의 도시 설계는 단지 구조적 효율성과 기술적 완성도를 넘어, 사람의 감각과 경험을 중심에 두어야 한다. 좋은 도시는 기능적으로 완벽한 도시가 아니라, 감각의 리듬이 살아 숨 쉬는 도시다. 사람들은 그런 도시에서 자신의 삶을 표현하고, 기억하고, 감정을 축적한다.

감각은 공간을 장소로 바꾸는 가장 강력한 힘이다. 오감을 통해 경험한 장소는 더 오래 기억되고, 더 깊은 애착을 만든다. 이런 장소가 많아질수록 도시는 사랑받고, 지속 가능해진다. 감각을 설계한다는 것은 곧 사람의 존엄을 설계하는 일이며, 도시가 생명력을 되찾는 유일한 길이다.

이제 우리는 도시를 단순히 '짓는' 것이 아니라, '느끼게' 해야 한다. 감각은 도시의 본질이며, 오감을 수용할 수 있는 공간만이 진정으로 사람을 위한 도시가 된다.

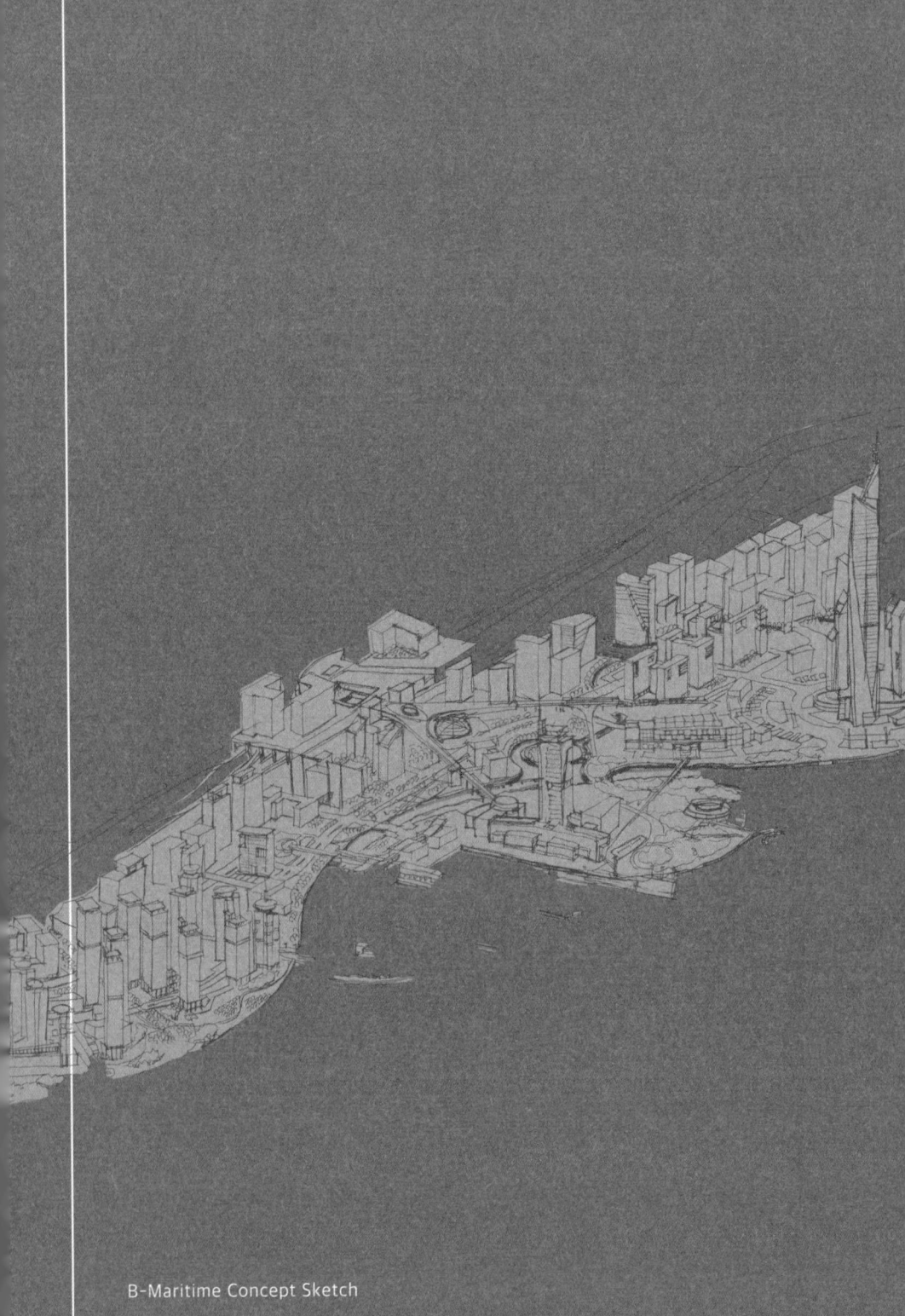
B-Maritime Concept Sketch

우리는 도시를 경험할 때 시각적 아름다움에만 의존하곤 한다.
하지만 진정한 장소력은 시각 외에도 청각, 촉각, 후각, 미각이 조화롭게 어우러질 때
발휘된다. 그럼에도 우리는 종종 시각 이외의 감각들을 간과하곤 한다.
이 장에서는 오감의 통합적 경험이 어떻게 특별한 장소를 만드는지 살펴 보고자 한다.

오감은 각각 독립적인 정보를 제공하면서도,
동시에 서로 상보적인 관계를 이루며 더 풍부한 공간 경험을 만든다.
촉각을 통해 느끼는 바닥의 질감, 청각으로 포착하는 시장의 활기찬 소리,
후각이 전하는 갓 구운 빵의 향기는 단순한 감각 정보를 넘어
그 공간의 역사와 문화적 맥락까지 연결해준다.
장소력을 가진 공간은 접근성, 다양한 활동 수용성, 편안함,
사회적 교류 촉진이라는 조건을 통해 "의미있는 공간"을 만들어 나간다.
런던의 버로우 마켓처럼 150년 된 시장이 여전히 사랑받는 이유는
오감이 어우러진 감각적 경험으로 인한
공간의 특별한 장소의 힘일 것이다.

PART 3

공간은
어떻게
특별한 장소가 되나?

감각의 문턱에서 장소는 시작된다

도시, 오감으로 열리는 문

우리는 도시를 '보는 것'으로만 경험하지 않는다. 그 거리는 걷는 순간부터 다르게 말을 건다. 발밑의 질감, 공기 중의 냄새, 스치는 대화의 소리, 입속에서 번지는 커피의 온기까지 —이 모든 감각들이 뒤엉켜 하나의 장소를 구성한다. 감각은 단순히 정보를 수용하는 수동적인 채널이 아니라, 공간에 생기를 불어넣는 능동적인 작동 장치다. 도시를 장소로 느끼게 하는 문은 바로 이 감각에서 열리기 시작한다.

감각의 중첩, 도시를 입체적으로 기억하게 하다

도시를 경험하는 다섯 감각은 각각 고유한 방식으로 공간의 결을 읽어내지만, 그것들은 결코 분리되어 작동하지 않는다. 시각은 도시와의 첫 마주침에서 가장 많은 정보를 제공한다. 건물의 높이, 재료의 표면, 거리의 구조는 눈을 통해 공간의 정체성을 암시한다. 하지만 시각은 감각의 시작일 뿐, 도시의 전체를 구성하기에는 조금 부족하다. 촉각은 그 감각의 틈을 메운다. 손끝으로 느껴지는 재질, 나무 벤치의 습기, 발바닥 아래 전해지는 바닥재의 요철은 공간을 몸으로 기억하게 만든다. 눈이 거리를 재는 감각이라면, 손과 발은 그 거리를 지워내는 감각이다.

청각은 공간의 크기와 분위기를 '듣는' 방식으로 드러낸다. 말소리의 반향, 차량의 흐름, 골목에서 들리는 생활 소리는 도시에 고유한 음향 배경을 만든다. 도시마다 다른 소리의 결은 그 자체로 장소를 인식하게 하는 청각적 풍경이 된다.

후각은 공기를 감정으로 바꾸는 감각이다. 음식 냄새, 젖은 흙, 찻잎의 향은 특정 장소의 기억을 순간적으로 환기시킨다. 냄새는 도시의 위생 상태와 상업 활동, 계절의 변화를 직관적으로 전달하는 동시에, 장소성과 깊이 연결된 기억의 열쇠가 된다.

그리고 마지막으로 미각. 도시의 맛은 음식이라는 물리적 행위를 넘어, 삶의 방식과 공동체, 시간의 리듬을 내면화한 감각이다. 길거리 음식, 지역의 식재료, 조리 방식은 도시의 정체성을 구성하는 또 하나의 언어이며, 그 맛은 감정을 타고 장소로 되돌아온다.

이처럼 오감은 각기 다른 방식으로 도시를 해석하면서도, 결국 하나의 몸 안에서 통합된 장소 경험으로 응축된다. 감각은 공간을 '지나치게 하지 않는 힘'이며, 우리를 그 자리에 머무르게 하는 가장 섬세한 장치다.

감각의 통합이 장소를 만든다

우리는 도시를 각각의 감각으로 따로따로 받아들이지 않는다. 오감은 늘 동시다발적으로 작동하며, 감정과 기억이 스며든 하나의 장소를 만들어낸다. 이처럼 오감은 각기 다른 경로를 통해 도시를 해석하며, 그 해석들이 통합될 때 비로소 공간은 '특정한 장소'로 변한다. 감각의 협력적

작용은 도시를 풍부하게 읽는 방법이자, 단순한 이동 경로가 아닌 기억과 감정이 작동하는 살아있는 환경으로 인식하게 만드는 열쇠가 된다. 감각은 공간을 그냥 스쳐 지나가지 않게 만든다. 그 안에 멈추고, 기억하고, 다시 찾게 만든다. 장소란 결국 감각이 모이는 자리이며, 도시란 그 감각들이 교차하며 서사를 만들어가는 무대다.

우리는 왜 '장소'를 갈망하는가?

공간이 의미를 얻는 순간

우리는 도시를 살아가며 수많은 공간을 지난다. 그러나 그 모든 공간이 기억에 남는 것은 아니다. 어떤 공간은 스쳐 지나가는 배경일 뿐이지만, 어떤 공간은 오래도록 마음에 남는다. 단지 '존재하는 곳'이 아니라, 내 삶의 한 장면을 구성하는 장소가 되는 것이다.

지리학자 이푸 투안Yi-Fu Tuan은 "공간은 인간이 이해하고 감정을 부여할 때 비로소 장소가 된다"고 말했다. 같은 맥락에서 에드워드 렐프Edward Relph는 인간의 행위와 경험, 그리고 정서가 결합될 때 비로소 공간이 장소로 전환된다고 보았다.

이처럼 장소란 단순한 물리적 구조가 아니라, 그 안에 스며든 감각과 기억, 사람의 경험이 더해져 만들어지는 감성적 실체다. 건축가 노르베르그-슐츠가 말한 '장소의 정신Genius Loci'도 이 지점에서 나온다. 건축의 본질은 단순히 구조물을 짓는 것이 아니라, 그 공간이 장소로 작동할 수 있도록 감각과 기억을 설계하는 데 있다는 것이다.

기억이 머문 공간, 장소가 된다

우리는 누구나 마음속에 하나쯤 떠오르는 장소가 있다. 오래된 골목

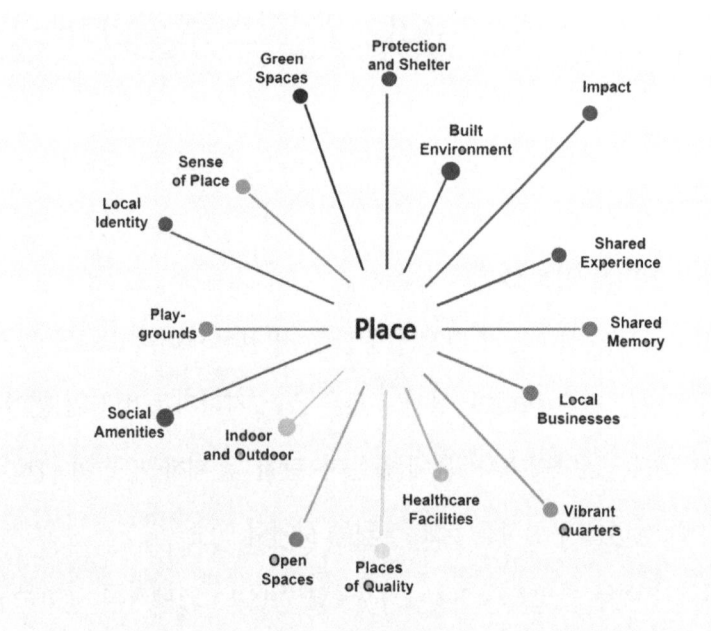

장소의 여러 의미, 네덜란드 건축그룹 UN Studio의 장소에 관한 정의

길, 자주 찾던 카페, 혹은 가족과 함께한 식당처럼. 그곳은 거대한 조형물도 없고, 특별히 아름다운 경관도 아닐지 모른다. 하지만 그 장소엔 나만의 기억이 있고, 사소하지만 소중한 감정이 스며 있다. 그래서 그곳은 물리적인 '공간'이 아니라, 감정이 머문 '장소'가 된다.

장소는 때로는 일상의 안식처가 되고, 때로는 회복의 기억이 되어 우리를 다시 그 자리로 이끈다. 어린 시절 뛰놀던 골목의 질감, 친구와 나눈 대화가 울리던 테라스의 소리, 가게 앞에 나란히 놓인 벤치의 온기 같은 것이 장소의 층을 이룬다.

좁고 낡은 골목이 때로는 반듯하고 화려한 신도시보다 더 매력적으로 다가오는 이유는 그 안에 켜켜이 쌓인 이야기와 감각 때문이다. 오래된 간판, 손때 묻은 창틀, 익숙한 향이 번지는 거리에는 삶의 온도와 결이 남아 있다. 장소는 우리 주위를 둘러싼 경제적, 사회적, 문화적, 환경적 가치를 갖고 있다.

그렇기에 도시를 구성할 때는 단지 기능과 효율로만 공간을 채우는 것이 아니라, 사람이 머물고, 감정을 걸고, 다시 찾고 싶어지는 장소를 만드는 것이 중요하다. 여백이 있는 거리, 무언가 일어날 수 있는 빈 마당, 개인적 이야기를 품을 수 있는 틈이 도시엔 필요하다. 장소는 결국, 시간과 기억이 스며든 삶의 일부이기 때문이다.

공간과 장소, 그 결정적 차이

우리는 일상 속에서 수많은 공간을 지나지만, 그중 특별한 의미를 지닌 공간만이 '장소'로 기억된다. 공간Space은 물리적이고 중립적인 조건, 즉 단순히 비어 있거나 활용 가능한 3차원의 영역을 의미한다. 반면 장소Place는 그 안에 인간의 경험, 기억, 감정이 스며들며 의미가 부여된 실존적 공간이다. 어느 도시든 공원이나 광장은 존재하지만, 내 어린 시절이 담긴 놀이터는 단순한 공간이 아니라 감정이 응축된 장소가 된다. 가족과 함께한 식당, 첫 만남이 있었던 거리처럼, 똑같은 공간도 거기에 머문 시간과 감정에 따라 전혀 다른 의미를 갖게 된다.

아무리 아름답고 거대한 건축물이라도, 그곳에 인간의 체험이 없다면 그것은 단지 공간일 뿐이다. 반대로 아무리 초라한 장소라도, 거기에 나의 이야기가 스며 있다면 그것은 잊을 수 없는 장소가 된다.

결국 공간을 장소로 전환 시키는 힘은 감각과 기억이다. 도시 설계란, 이러한 감각의 여운이 머물 수 있는 틈을 계획하는 일이다. 인간이 머무르고, 경험하고, 관계를 맺을 수 있도록 구성된 공간만이 진정한 장소가 된다.

감각이 공간을 전환시키는 순간

장소성은 어떻게 형성되는가?

장소성place-ness은 그 도시만의 고유한 정체성과 느낌을 형성하는 요소로, 크게 세 가지 방식으로 형성된다. 먼저, 도시 디자인과 경관 전략으로 도시계획, 건축, 조경 등을 통해 물리적인 경관을 형성하는 것이다. 이는 의도적이고 계획된 디자인과 전략을 통해 도시의 형상과 이미지를 의도적으로 설계하는 것이다. 둘째, 체험을 통한 장소감이다. 사용자가 그 공간에서 직접 겪는 경험, 즉 빛의 방향, 향기, 소리, 감정이 공간에 의미를 부여한다. 실제로 그 공간에서 생활하거나 방문하면서 얻는 다양한 감각적 경험과 추억이 장소감을 형성한다. 마지막으로는 미디어를 통한 간접 경험이다, 즉, 도시를 배경으로 한 소설, 영화, 회화, 뉴스 등 다양한 미디어를 통해 간접적으로 형성되는 이미지를 말한다. 미디어는 특정 도시의 이미지를 특정한 맥락으로 묘사하고 표현해 우리가 직접 가보지 않아도 장소처럼 기억되며, 특정한 분위기와 감정을 유도한다.

이렇게 만들어진 장소성은 시각 이미지의 조합만으로 기억되지 않는다. 도시는 '이야기'보다 '이미지'로, 그리고 '이미지'보다는 '감각의 잔상'으로 각인된다. 비오는 날의 냄새, 골목 끝의 희미한 불빛, 벽에 부딪힌 아이의 웃음소리 —이런 조각난 경험들이 모여 우리 안에 도시의 장소성을 구성한다. 그것은 사건의 연대기가 아니라, 감각의 파편이 만든 기억의 시퀀스다.

서사Narrative가 공간을 장소로 바꾼다

　장소는 단지 그곳의 외형에서 비롯되지 않는다. 오래된 건축물, 낡은 골목, 혹은 특별한 사건이 있었던 장소가 주는 감정은 대부분 '서사'에서 온다. 그 장소에 얽힌 이야기와 기억, 축적된 시간이 한데 엉켜 공간의 무게를 만들어낸다. 공간은 수직적이지만, 장소는 시간과 함께 수평적으로 확장된다. 그 안에서 사람들은 걷고, 머무르고, 이야기를 만든다.

　그래서 진짜 장소를 만들기 위해선 공간 그 자체를 설계하는 것만으로는 부족하다. 그 공간에서 어떤 일이 일어날 수 있는지를 설계해야 한다. 사람의 행위가 개입되고, 감각이 축적되고, 기억이 저장될 수 있도록 열려 있어야 한다. 다시 말해, 좋은 장소는 '사건이 일어날 수 있는 공간'이다. 기능이 아니라 가능성이 장소를 만든다.

장소력, 공간에 깃든 보이지 않는 힘

　'장소력'이란 단어는 아직 학문적으로 정제된 용어는 아니다. 하지만 우리는 직관적으로 그 의미를 알고 있다. 어떤 장소는 설명하기 어려운 매력을 품고 있다. 그곳에 서 있는 것만으로도 마음이 편해지거나, 무언가 특별한 감정을 불러일으키는 장소가 있다. 이것이 바로 장소력이다.

　장소력은 단순한 형태나 기능으로는 설명되지 않는다. 그것은 그 장소가 가진 정체성, 경험, 감정, 기억, 이야기들이 서로 얽히며 형성된 복합적인 힘이다. 그리고 이 힘은 그 공간에 머무는 사람에게 영향을 미친다. 사람들은 자신도 모르게 장소의 분위기에 반응하고, 그 안에서 새로운 감정을 형성한다. 장소력이 강한 공간은 삶의 배경이 아니라 주인공이 된다.

이 개념은 장소성이라는 보다 익숙한 단어와 깊이 연결된다. 장소성은 단순히 어떤 장소의 물리적 특성만을 말하지 않는다. 그것은 그 장소에 머물렀던 사람들의 경험과 감정, 그곳의 문화와 역사, 그리고 그 안에서 축적된 이야기들까지를 포괄하는 감각적 밀도다. 지리학자 이푸 투안이 말했듯, "공간은 감정이 개입될 때 장소가 된다." 장소성이란 결국 인간의 감각과 기억이 만들어낸 정서적 풍경이다.

이런 맥락에서 장소력은 장소가 가진 고유한 의미와 특성, 그리고 그곳의 정체성과 경험적 힘이 주변과 사람들에게 영향을 미치면서 형성되는 힘이다. 이러한 힘은 도시와 건축에 영향을 주며, 그곳에 머무는 사람들의 삶과 경험에도 파급된다. 쉽게 말해, 장소력이 강한 곳은 그 자체로 사람들에게 특별한 정체성과 분위기, 문화, 그리고 그에 따른 사회적 경험이 풍부하게 느껴지는 곳이다. 이 장소는 단순한 물리적 공간의 틀을 벗어나 사람들의 일상과 삶의 맥락에서 지속적으로 영향을 주며, 도시나 건축 공간의 성격을 규정하고 변화시킨다.

도시, 감각과 기억의 총합

도시는 눈앞에 보이는 건축물과 도로만으로 이루어지지 않는다. 도시란 결국, 그 안에서 살아간 사람들의 감정과 기억이 켜켜이 쌓인 존재다. 그래서 어떤 도시는 '따뜻하게' 느껴지고, 어떤 도시는 '차갑게' 다가온다. 이는 곧, 그 도시가 감각적으로 어떻게 작동했는가에 따라 결정된다. 우리가 도시를 바라보는 것은 단순한 시각적 관찰이 아니다. 그것은 감각을 통해 기억을 복원하는 과정이다. 마치 한 사람의 외모를 보는 것이 아니라 그의 성장 배경과 성격, 관계의 방식까지 함께 떠올리는 것처럼. 도시는 그 자체로 살아 있는 이야기이고, 감각과 기억을 통해 끊임없이 새롭게 쓰이는 텍스트다.

결국, 감각은 공간을 장소로 바꾸는 도구이며, 기억은 그것을 고정시키는 장치다. 도시를 설계한다는 것은, 기억이 스며들 수 있는 감각의 빈틈을 계획하는 일이다. 그래서 우리는, 더 많은 사람이 '자신의 장소'를 발견할 수 있도록 도시를 설계해야 한다. 도시가 사람을 기억하고, 사람도 도시를 기억하게 만드는 것—그것이 바로 장소를 만드는 건축의 시작이다.

장소력과 공간력 무엇이 다를까?

장소는 왜 '힘'을 가질까

우리는 어떤 장소에 끌린다. 그곳의 모양이 특별해서라기보다는, 그 공간이 풍기는 분위기, 머물렀던 사람들의 흔적, 켜켜이 쌓인 기억 때문일 것이다. '장소력Place Power'이란 바로 이런 것이다. 특정 장소가 사람들에게 미치는 감정적, 심리적, 문화적 영향력. 단지 멋진 조형물이나 넓은 마당이 아니라, 사람을 머물게 하고, 다시 오게 하고, 기억하게 만드는 보이지 않는 힘이다.

이 힘은 네 가지 핵심 요소로 구성된다. 첫째, 장소 고유의 성격과 분위기, 즉 '정체성'. 둘째, 그곳에서의 체험을 통해 느껴지는 '경험성'. 셋째, 시간이 축적한 의미, 곧 '역사성'. 마지막으로, 사람들을 그 장소로 끌어당기는 '인력引力'. 이 네 가지는 독립적으로 작동하지 않는다. 서로 얽히고 반응하며, 장소에 대한 감각적 몰입감을 만든다.

장소력을 설계한다는 것은 단순한 조경이나 건물의 배치가 아니다. 사람들의 감정을 자극하고, 이야기를 생성하며, 시간이 지날수록 더 깊이 있는 의미가 덧입혀지도록 설계하는 일이다. 그리고 그것이 가능한 이유는, 인간이 '공간'이 아니라 '장소' 속에서 살기 때문이다.

공간력은 '기능', 장소력은 '의미'를 향한다

공간력과 장소력은 모두 인간이 공간에서 경험하는 작용을 다룬다. 하지만 그 출발점이 다르다. 공간력은 흔히 마케팅에서 사용된다. 어디에 스타벅스를 열면 사람을 끌 수 있는가, 어떤 쇼핑몰이 유동 인구를 많이 끌어들이는가. 말하자면, 공간력은 경제적 주목성과 소비 잠재력에 초점을 둔 '기능적 힘'이다. 반면 장소력은 그것보다 더 오래 지속되고 깊은 힘이다. 장소에 쌓이는 시간, 기억, 감정, 이야기까지를 포함하는 '의미의 힘'이다. 공간력은 단기적인 반응을 얻지만, 장소력은 관계를 만든다. 하나의 공간이 '지나가는 곳'에서 '머무는 곳'으로 바뀌는 순간, 공간은 장소로 전환된다. 공간력은 현재의 흐름을 탄다. 장소력은 시간을 견딘다. 전자는 '트렌드'에 민감하고 후자는 '기억'에 민감하다. 화려하고 주목받는 공간이 일시적으로 사람을 끌어들이는 데 성공할 수는 있다. 하지만 그곳에 남을 이유가 없다면, 다시 찾을 필요도 없다. 좋은 장소란 다시 걷고 싶은 거리이고, 익숙한 골목이고, 그 자리에 가면 나를 기다리는 무언가가 있는 곳이다.

장소력은 정체성을 담는 그릇이다

도시는 수많은 공간으로 구성되지만, 사람의 기억 속에 남는 것은 언제나 '장소'다. 장소는 단순히 존재하는 공간이 아니다. 그곳에는 삶의 층위가 쌓이고, 정서와 감각, 의미가 교차하며, 관계가 이어진다. 그리고 그렇게 축적된 시간과 기억은 어느새 그곳만의 고유한 분위기와 힘, 즉 장소력place power을 만든다.

　장소력은 사람과 공간의 정체성을 형성한다. 오래 머물던 벤치 하나, 골목길 속 책방, 낡은 시장의 냄새까지—이들은 모두 삶의 배경이자 기억의 저장소가 된다. 우리는 그 장소를 통해 자라며, 그 안에서 나다움을 발견한다. 동시에 장소력은 공동체의 유대를 키우고, 지역의 경제적 경쟁력을 끌어올린다. 오래된 장소에 쌓인 감각은 관광객을 끌어들이고, 창업을 유도하며, 지역의 문화적 정체성을 구축한다.

　더 나아가 장소는 사회적 연대를 촉진하는 플랫폼이기도 하다. 광장, 공원, 동네 시장 같은 장소는 단순한 기능의 장이 아니라, 사람과 사람이 마주치고 이야기를 나누며 경험을 공유하는 무대다. 이런 장소는 공동체의 신뢰와 연결감을 확장시킨다. 그리고 무엇보다, 좋은 장소는 사람에게 영감을 준다. 창의성과 상상력은 감각적으로 자극받는 장소에서 나온다. 예술가, 창작자, 스타트업이 특정 지역에 모여드는 이유는 단순히 임대료 때문이 아니라, 그 장소에 스며 있는 감정과 기억 때문이다.

공간은 즉각적이지만, 장소는 지속된다

　반면, 공간력spatial power은 다른 종류의 힘이다. 공간력이란, 특정 공간이 시각적 매력이나 편의성, 디자인 등을 통해 사람을 끌어당기는 기능적 능력을 말한다. 대형 쇼핑몰, 테마 거리, 복합문화공간 등은 공간력을 극대화한 사례다.

　하지만 공간력은 몇 가지 결정적인 한계를 갖는다. 첫째, 공간력은 깊이가 없다. 감각은 있을 수 있어도, 서사가 부족하다. 둘째, 지속성이 떨어진다. 트렌드에 기반한 설계는 빠르게 사람을 끌어들이지만, 그만큼 빠르게 잊힌다. 마지막으로, 장소의 정체성과 진정성이 희박하다. 공간이 왜 존재하는지, 무엇을 말하고 싶은지에 대한 서사적 뿌리가 약하면, 사람은 그곳을 기억하지 않는다.

공간력은 기능적 설계에 치중한 나머지 사람과 장소 사이의 정서적 관계를 맺기 어렵게 만든다. 결국 공간은 배경이 되고, 사람은 소비자가 된다. 이 구조 속에서 장소는 브랜드의 하위 개념으로 전락하고, 공동체적 가치나 지역적 맥락은 사라진다. 우리가 다시 돌아가고 싶은 장소가 되기 위해선, 공간 이상의 것이 필요하다.

사례로 본 두 개념의 차이 : 관계의 깊이, 기억의 지속성

장소력과 공간력의 차이는 도시의 실제 사례를 통해 더욱 생생하게 드러난다.

첫 번째는 대학가 상권의 쇠퇴. 코로나19 팬데믹 이후 대학생들이 캠퍼스를 벗어나 비대면 수업과 온라인 활동에 집중하면서, 자연스럽게 대학가의 소비 공간은 방문자 수가 급감했다. 그러나 이는 단순한 상권 침체가 아니라, 장소로서의 역할 상실에서 비롯된 더 깊은 변화다. 과거의 대학가는 소비 공간이기 이전에, 학생들의 일상과 관계가 형성되는 공동체적 장소였다. 책방, 카페, 밥집은 친구들과의 대화, 고민, 성장의 무대였다.

하지만 프랜차이즈 위주의 획일화된 상권 구조는 장소의 개성과 기억을 지우며, 장소에 대한 애착을 약화시켰다. 결국 장소력이 사라진 공간은 팬데믹이라는 충격을 견디지 못하고 빠르게 붕괴되었다. 이는 의미가 없어진 공간은 위기에서 사람을 다시 부르지 못한다는 사실을 보여준다.

두 번째는 성수동 팝업 스토어의 예다. 성수동은 한때 가장 '힙한' 동네로 떠올랐다. 수많은 브랜드가 팝업스토어를 열었고, SNS는 그 공간들의 이미지로 넘쳐났다. 하지만 이 공간들에 다시 가고 싶은 사람은 많지 않다. 화려한 사진은 남았지만, 이야기는 남지 않았다. 오늘은 브랜드 A, 내일은 브랜드 B—공간은 있었지만, 장소는 축적되지 않았다. 관계가 형성되지 않았고, 기억도 남지 않았다. 공간력은 강했지만, 장소력은 부재했다. 앞으로 이 거리가 어떻게 장소성을 만들어갈지 눈여겨 볼 일이다.

마지막 사례는 스타필드와 같은 대형 쇼핑몰이다. 이들 공간은 흔히 허프의 중력모델을 바탕으로 설계된다. 허프 모델은 물리학의 중력 개념을 차용해, 사람들이 특정 상업 시설을 방문할 확률은 그 공간의 규모나 매력도중력가 클수록, 그리고 접

스타필드 별마당 도서관 사진 : unsplash.com

근성이 높을 수록 높아진다고 설명한다. 즉, 스타필드는 큰 규모, 다양한 기능, 뛰어난 접근성을 통해 사람을 모으는 방식으로 운영된다. 하지만 장소력의 관점에서 보면, 이런 공간은 왜 그곳이 중요한지, 어떤 이야기가 있는지, 어떤 기억이 남는지에 대한 질문에는 충분히 응답하지 못한다. 크고 잘 꾸며 졌지만 감정적 연결이 부족한 공간은 결국 피로감과 소외감을 남긴다. 최근들어 기억에 남기 위한 별마당 도서관과 같은 공간을 만들고 있다. 사람들은 결국 '어디'보다 '어떤 장소'에 머물고 싶어한다. 기능은 충실했지만, 감각은 연결되지 않았다. 공간은 분명 있었지만, 이야기는 없었다. 이처럼 공간력 중심의 전략은 빠른 주목과 소비는 가능하지만, 장소에 대한 감정적 귀속과 기억의 축적, 공동체적 관계 형성에는 한계를 드러낸다.

오감은 장소력을 만드는 가장 직접적인 통로

그렇다면 우리는 어떻게 장소를 '의미 있게' 만들 수 있을까. 그 해답은 감각에 있다. 오감은 장소와 인간 사이를 연결하는 가장 원초적인 매개다. 사람들은 시각적인 장면만으로 장소를 기억하지 않는다. 벤치의 따뜻한 촉감, 길모퉁이에서 풍기는 냄새, 바람이 머물다 가는 소리, 그리고 입에 남은 맛 —이러한 감각의 파편들이 장소에 대한 입체적 경험을 구성한다.

장소력은 감각이 동시에 작동할 때 비로소 생성된다. 오감은 결코 따로 작동하지 않는다. 시각적으로 아름답지만 청각적으로 소란스럽고, 냄새가 불쾌한 공간은 결코 완성된 장소가 될 수 없다. 감각의 총체성이 자리할 때 공간은 깊이를 얻는다. 청각과 후각, 촉각은 특히 시각이 포착하지 못하는 분위기와 정서를 전달하며, 사람들의 무의식에 작용해 장소에 대한 애착을 형성하게 만든다.

시간이 흐르며 반복되는 감각의 경험은 '기억'이라는 층위를 만든다. 이 기억은 다시 장소의 정체성을 형성하고, 장소는 점차 한 도시의 일부가 되어간다. 공간이 도시를 구성한다면, 장소는 그 도시를 '살게' 하는 단위다.

감각이 머무는 구조가 장소를 만든다

사람들은 결국 '어디'에 가는 것이 아니라, '어떤 장소'에 머무르고 싶어 한다. 감정이 머무를 수 있는 곳, 기억이 자연스럽게 쌓이는 곳, 관계가 만들어지는 그 어딘가. 장소력이란 결국, 이런 감정과 경험, 관계를 받아들이는 구조다.

도시는 이제 '작동하는 시스템'만으로는 지속될 수 없다. 감각이 구조 속에 머물 수 있도록 해야 하고, 서사가 흐를 수 있는 공간적 여백을 남겨야 한다. 장소는 사용되는 것이 아니라 살아지는 것이다. 그리고 우리가 진정으로 만들고 싶은 도시란, 그렇게 사람과 감각이 머무는 장소의 연속이어야 한다.

장소는 머무는 이유를 만든다

결론적으로, 공간력과 장소력은 서로 대립하는 개념이 아니라, 서로 다른 차원의 작용이다. "공간력"은 도시를 작동시키는 "실용의 힘"이라면, "장소력"은 도시를 살아 있게 만드는 "감성의 힘"이다. 도시가 지속 가능 하려면 둘 다 필요하다. 그러나 장소력이 빠진 공간력은 일회용 소비에 지나지 않는다. 사람과 관계를 맺지 못한 공간은 결국 잊히게 된다. 반면, 장소력은 사람을 기억하고, 사람도 장소를 기억하게 만든다. 도시는 점점 기능적으로 정제되어가고 있지만, 그 안에 살아 있는 감각의 틈을 남기는 일이 필요하다. 그래서 우리는 도시를 설계할 때, 어떤 공간이 사람들에게 기억될 수 있을지를 먼저 고민해야 한다. 장소력이란 결국, '감각이 머물 수 있는 구조'를 만드는 것이다.

공간에 오감을 더하면 특별한 장소가 된다

감각을 설계하는 장소를 만드는 원칙

좋은 장소는 단지 잘 만들어진 공간이 아니다. 그것은 사람의 감정이 머물고, 관계가 생기며, 시간이 흐를수록 이야기가 쌓이는 살아 있는 공간이다. 다시 말해, 장소력은 구조로 만드는 것이 아니라 감각으로 설계하는 것이다. 장소력을 가진 공간은 단순히 '예쁜 곳'이 아니라, 사람들이 자연스럽게 머물고 싶은 욕망을 느끼는 곳이다. 그곳은 쉽게 접근할 수 있어야 하며, 다양한 활동이 벌어질 수 있어야 하고, 무엇보다 정서적 편안함을 제공해야 한다. 그늘 아래 놓인 벤치, 부드러운 조명, 누군가 손질한 꽃길 하나가 머무는 이유가 된다.

또한 좋은 장소는 단일 기능에 고정되지 않는다. 아침에는 산책길, 낮에는 장터, 저녁에는 음악 공연이 열리는 다층적 공간은 다양한 감정과 관계가 뒤엉킬 수 있는 여지를 만든다. 그런 공간일수록 기억은 풍부해지고, 애착은 깊어진다.

무엇보다 중요한 건 장소만의 고유한 정체성이다. 복제된 디자인이나 유행을 따라 만든 공간은 빠르게 소비되고 잊힌다. 반면, 지역의 역사와 맥락, 공동체의 기억이 담긴 공간은 오래도록 사랑받는다. 장소는 결국 진정성과 고유성을 담는 그릇이다.

장소의 깊이는 오감이 만든다

사람은 공간을 눈으로만 보지 않는다. 우리는 몸 전체로 공간을 느끼며, 그 감각의 총체를 통해 장소를 기억한다. 이때 중요한 것은 오감이 "각각 작용"하는 것이 아니라, "상호작용"하며 하나의 경험을 만든다는 점이다.

시각은 도시의 형태와 구성을 빠르게 파악하게 해주지만, 그것만으로는 장소에 정서적으로 연결되기 어렵다. 오히려 바닥의 질감, 손에 닿는 벽의 온도, 공기의 습도 같은 촉각적 경험이 더 깊은 인식을 이끈다. 청각은 도시의 분위기를 결정한다. 사람들의 대화, 나뭇잎 스치는 소리, 카페에서 흘러나오는 음악은 그 장소만의 리듬을 만든다.

후각은 감정과 가장 가까운 감각이다. 시장의 향기, 낡은 건물의 먼지 냄새, 플랜터의 꽃냄새 하나가 우리의 기억 깊숙이 각인되며, 특정 장소를 다시 떠올리게 만든다. 미각은 장소의 문화를 체화하게 만드는 감각이다. 동네 분식집의 떡볶이, 골목의 카레집 냄새는 단지 음식의 기억이 아니라, 장소에 대한 감정의 기억이다.

장소는 이처럼 오감이 중첩되고 엮이면서 하나의 총체로 구성된다. 그리고 이 감각적 층위가 깊을수록, 공간은 장소로서의 힘을 가지게 된다.

결국 이러한 오감의 통합적 작용은 장소의 정체성을 구성하고, 우리가 공간을 이해하고 기억하는 방식을 결정짓는다. 이는 도시계획이나 건축 설계에서 시각 중심적 접근을 넘어, 감각 중심의 공간 구성이 왜 중요한지를 명확히 보여주는 것이다.

감각적 완성으로 만든 장소

런던의 버로우 마켓은 도시 안에서 감각이 설계된 공간의 전형이라 할 수 있다. 이곳은 1851년 빅토리아 시대에 만들어진 철제 구조물 아래에 자리 잡고 있으며, 오늘날까지도 오감의 향연이 펼쳐지는 살아 있는 장소다.

런던 버로우 마켓 사진 : unsplash.com

하루는 이곳을 아침 일찍 방문한 적이 있다. 시장의 하루는 커피 그라인더가 돌아가는 소리로 시작된다. 상인들이 부르는 목소리, 과일을 정리하는 손길의 속도, 바닥을 닦는 수레의 미끄러지는 소리—이 모든 순간들이 한데 어우러져 리드미컬하고 감각적인 멜로디를 만들어 그 어떤 간판에서도 찾아볼 수 없는 방식으로 방문객을 맞이한다.

그리고 이곳을 특별하게 만드는 또 하나의 감각은 후각이다. 신선한 채소의 향, 스파이스 향신료 가게에서 풍겨오는 진한 냄새, 갓 튀긴 음식의 기름내음까지, 그 어떤 가이드북보다 풍부한 정보를 이 마켓은 '냄새'로 전달한다.

시각적으로도 이곳은 빅토리아 시대의 철제 구조와 현대의 밝은 색채가 조화롭게 어우러진다. 오래된 붉은 벽돌과 알록달록한 과일 상자가 어우러져 만들어내는 풍경은 시간의 층위를 드러내며, 건축물은 단지 배경이 아니라 이야기를 품은 주인공이 된다.

버로우 마켓은 단순한 상업 공간이 아니다. 그것은 런던의 문화, 시간,

사람들의 생활이 오감으로 뒤엉켜 살아 숨 쉬는 도시의 '심장' 같은 공간이다.

공간에 오감을 더하면 특별한 장소가 된다

우리가 도시의 특정 장소에 특별한 감정을 느끼는 이유는 단지 시각적으로 예쁘기 때문만은 아니다. 오히려 그곳에서 느꼈던 냄새, 소리, 촉감, 맛 같은 감각의 총합이 기억에 남고, 그것이 정서적으로 이어지기 때문이다. 그런 장소는 시각적으로 아름다우면서도, 청각적으로 익숙하고, 촉각적으로 따뜻하며, 후각적으로 정겹고, 미각적으로 만족스러운 복합 경험의 산물이다. 이제는 도시를 다시 바라봐야 한다. 눈으로만 보는 도시가 아닌, 모든 감각으로 느끼고 기억하는 도시. 사람의 삶이 깃든 감각의 장소야말로, 진정한 도시다. 앞으로의 도시계획은 시각 중심의 효율적 구조에서 벗어나, 청각적 흐름, 촉각적 안락함, 후각적 정체성까지 고려하는 다감각적 설계로 나아가야 한다.

그럴 때 공간은 단지 구조물이 아니라, 삶을 품은 장소가 된다. 그리고 그 장소는 시간과 사람의 감정을 품으며 살아 숨 쉰다.

앞으로의 도시설계와 건축 디자인은 시각적 조형성과 기능적 효율성을 넘어서야 한다. 도시는 예술 작품이 아닌, 사람들이 살아가며 느끼고 기억하는 복합적 감각의 장이다. 청각적 환경Soundscape, 후각적 풍경Smell scape, 촉각적 경험Tactile scape 등을 고려하는 감각 중심의 도시 설계는 장소에 생명력을 부여하고, 사람과 장소 사이에 깊은 유대감을 형성하게 한다. 결국 공간에 오감을 더하면, 우리는 단지 구조물로서의 공간이 아니라, 삶이 깃든 진정한 장소를 얻게 된다. 그 장소는 시간이 흘러도 사랑받고 기억되며, 살아 있는 도시의 심장으로 남을 것이다.

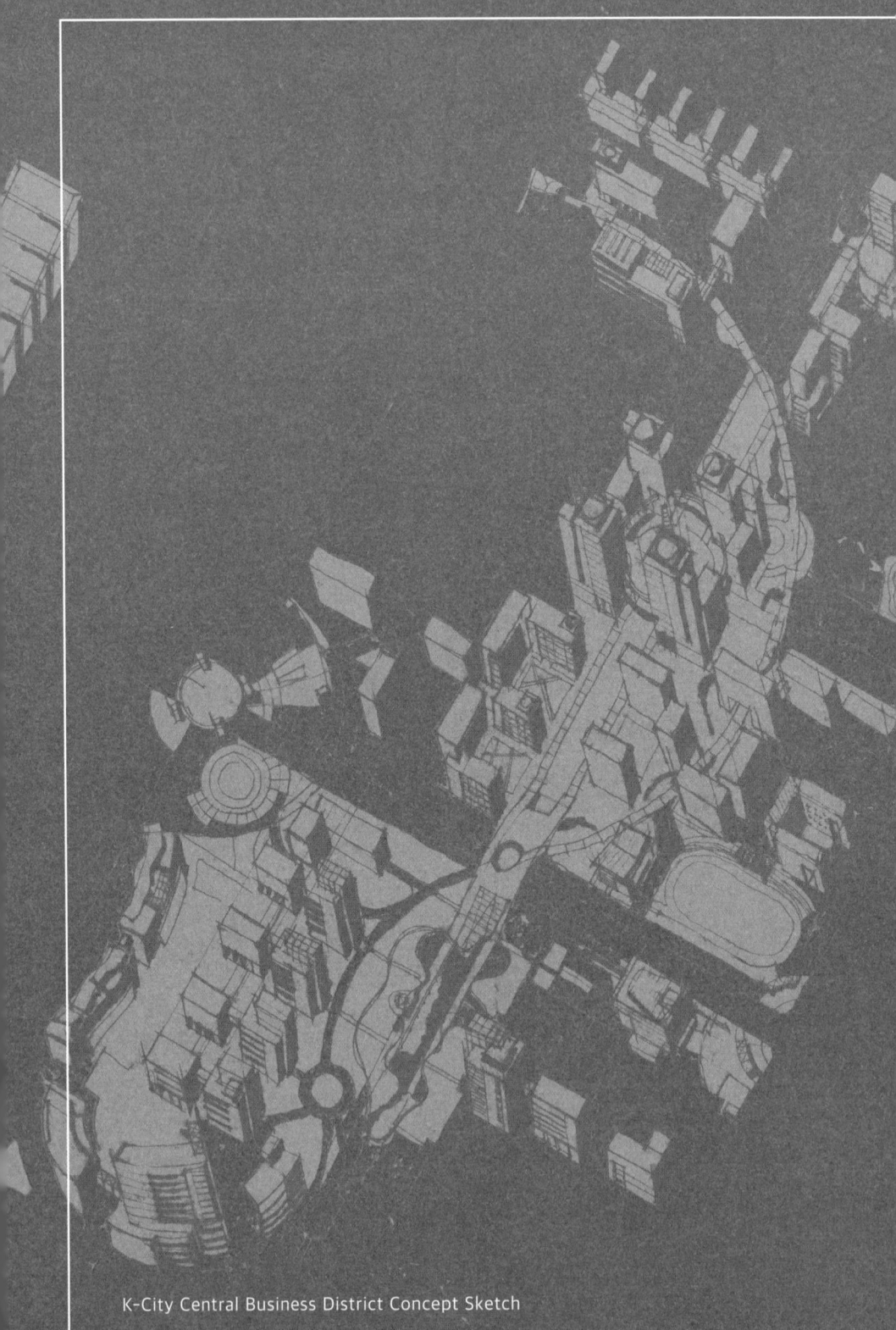
K-City Central Business District Concept Sketch

비트루비우스가 말한 건축의 세 요소—구조, 기능, 미—중에서도
'미'는 오랫동안 시각 중심으로 해석되어 왔다.
도시와 건축은 늘 '보이는 것'을 중심으로 이해되어 왔으며,
사람들은 대체로 시각을 통해 공간의 분위기와 인상을 먼저 받아들인다.
하지만 시각은 공간 경험의 전부가 될 수 있을까?
시각 중심주의는 도시계획과 건축 설계에 강력한 영향을 미쳤지만,
인간의 삶은 단지 시각적 정보만으로는 담아낼 수 없다.
도시의 실존적 의미는 눈에 보이지 않는 감정,
기억, 관계 속에서도 형성된다.

이 장에서는 시각이 도시를 이해하는 데 어떤 방식으로 작용해 왔는지를 살펴보고,
시각 중심 인식의 한계를 짚는다.
동시에 시각을 감각의 일부로 재 위치시키는 새로운 접근을 모색한다.
전 세계 건축가들은 시각에 감정과 기억을 더한 방식으로
도시 공간을 새롭게 설계하고 있으며,
이는 도시 경험의 질적 전환을 가능하게 하고 있다.

PART 4

눈으로만 본
도시에서 벗어나기
_ 시각

시각, 도시를 인식하는 첫 감각

도시의 첫인상, 시각이 만든다

도시를 처음 만나는 감각은 대개 '시각'이다. 우리는 도시를 걷기 전, 냄새를 맡기 전, 누군가의 이야기를 듣기 전부터 이미 그 도시를 보고 있다. 거리의 질서와 건물의 형태, 파사드의 재료감과 간판의 배치, 하늘과 스카이라인의 대비까지—이 모든 시각적 정보들은 도시의 첫인상을 결정짓는 단서들이다. 우리가 어떤 도시를 '좋다'고 느낄 때, 첫눈에 반했다는 말처럼 그 판단의 대부분은 시각적 경험을 통해 무의식적으로 이루어진다.

시각은 한순간에 많은 정보를 구조화하고 인지하게 만드는, 인간 감각 중 가장 직관적이고 영향력 있는 수단이다. 눈은 빛을 감지하고, 색과 형태를 판별하며, 공간의 깊이와 거리감을 파악하는 감각기관이다. 밝기와 색채, 조명의 방향과 그림자의 밀도는 특정 장소의 분위기를 결정짓는 핵심 요소가 된다. 여행자가 찍고 싶은 도시의 풍경, 기억에 남는 거리의 구도, 감탄을 자아내는 건축물의 실루엣 등은 시각에 의존한 경험의 결과다. 도시의 분위기란 결국, '보이는 것'들의 조화 속에서 태어난다.

시각 정보가 만드는 보행 경험

보행자에게 시각은 생존의 감각이자 방향의 감각이다. 길을 걷는 동안 사람들은 자신의 위치와 경로를 확인하고, 바닥의 재질과 건물의 틈새, 앞사람의 걸음걸이까지 눈으로 인지한다. 이러한 시각적 정보는 물리적 안전뿐 아니라 심리적 안정에도 깊은 영향을 준다. 우리는 공간을 기억할 때 시선을 따라 흐른 그림자, 창문 너머 반사된 풍경, 사람들의 움직임 등을 함께 떠올린다. 시각은 공간의 인상을 만들고, 그 인상은 곧 기억의 재료가 된다.

도시는 보는 자를 위해 의도적으로 계획되기도 한다. 입구의 위치, 간판의 높이, 광고의 색상, 가로등의 조도는 모두 보행자의 시선을 유도하기 위한 장치다. 도시의 구성은 무작위가 아니다. 설계자의 시선이 쌓여 만들어낸 시각적 연출이며, 일종의 시나리오다. 우리는 그 장면 안에서 각자의 시선을 따라 걷고, 멈추고, 머문다. 도시 설계란 결국, 시각적 흐름을 계획하는 일이다.

시각의 강점과 그 너머

그렇다고 해서 시각이 전부는 아니다. 시각은 강력하지만, 동시에 제한적이다. 우리는 빛의 감각을 통해 수많은 색을 구별하고 미묘한 형태를 파악할 수 있지만, 도시의 '진짜 얼굴'은 눈에 보이는 것만으로는 포착되지 않는다. 철학자 프랜시스 베이컨이 말했듯이, "시각은 감각의 시작"일 뿐이다. 공간의 깊은 경험은 청각과 촉각, 후각, 미각 같은 감각들이 서로 교차하면서 비로소 완성된다. 우리가 사랑하는 도시란, 단순히 잘 보이는 도시가 아니라, 다층적인 감각이 녹아든 장소다. 도시를 보는 감각은 분명 중요하다. 하지만 그것이 도시의 본질을 대체할 수는 없다. 지금 우리에게 필요한 것은 시각 중심의 도시 설계를 반성하고, 그 감각을 다른 감각들과 나란히 두는 일이다. 시각은 도시 경험의 출발점일 뿐, 종착점은 아니다. 우리가 '도시를 본다'는 것은 곧, 도시를 '살아간다'는 말과 다르지 않다. 그러므로 도시를 설계한다는 것은, 결국 도시를 어떻게 보게 만들 것인가, 그리고 그 보이는 것을 어떻게 넘어서게 할 것인가에 대한 질문이기도 하다.

시각의 철학과 시각중심주의 유산

시각 중심주의의 철학적 기원

시각이 어떻게 인식의 중심 감각으로 자리잡았는지는 철학과 예술의 사유 속에서 드러난다. 데카르트René Descartes, 1596-1650는 시각을 오감 중 가장 포괄적이고 고귀한 감각으로 규정하며, '정신의 눈'을 통한 인식의 중요성을 강조했다. 또한 그는 진리를 찾는 과정에서 시각적 은유를 반복해서 사용했다. 그는 '정신의 눈'을 통해 명석판명의 기준을 설명했고, 어두운 방 안에 빛을 비추면 사물이 선명하게 보이듯, 이성의 빛으로 진리를 인식할 수 있다고 말했다. 이는 시각을 단순한 감각이 아니라, 인식의 토대로 삼은 근대 철학의 특징을 잘 보여준다.

예술과 과학이 확장한 시각의 권위

르네상스 시기의 알베르티Leon Battista Alberti, 1404-1472는 『회화론』에서 3차원 세계를 2차원 평면에 정확히 재현하는 원근법의 이론적 틀을 마련했다. 그의 이론은 단순한 묘사가 아닌, 통제된 시선과 응시의 논리를 중심으로 한 공간 구성 방식이었다. 피에로 델라 프란체스카의 「이상도시」는 이러한 원근법의 완벽한 구현이다. 이는 도시를 하나의 장면처럼 구성하려는 시각 중심의 도시적 상상력을 자극했다. 동시에, 갈릴

피에로 델라 프란체스카의 이상도시 사진 : e-arthistory5.blogspot.com

레오의 망원경, 구텐베르크의 인쇄술은 인간의 시야를 확장시키고, 지식의 시각화를 가속화함으로써 시각을 중심으로 한 근대적 세계관을 확립했다.

도시를 보는 패러다임의 탄생

이러한 시각 중심주의는 도시계획에도 스며들었다. 도시를 조망 가능한 대상으로 구성하는 것, 건축을 직선과 원으로 정렬하는 것은 시각적 질서의 실천이었다. 도시를 보는 시선이 단순한 감상이 아닌, 구조적 사고와 권력의 도구가 되었음을 드러낸다. 르네상스 이후 이러한 시각적 패러다임은 도시를 '응시의 대상'으로 규정하게 되었고, 시각은 도시 설계의 핵심 감각으로 자리잡게 되었다.

기하학적 도시 질서와 감시의 시선

근대 도시계획의 전개는 시각 중심주의가 도시 공간의 구성 원리에 얼마나 깊이 침투했는지를 보여준다. 전통 건축이 인체의 비례와 다감각적 체험에 뿌리를 두었다면, 근대 도시계획은 시각적 질서와 기하학적 명료성을 최고의 가치로 삼았다. 르네상스 이후 도시 이상을 꿈꾸던 건축가들은 컴퍼스와 자를 손에 들고 '이상 도시'를 그려냈고, 그 유산은 20세기 르 코르뷔지에 까지 이어졌다. 그는 "도시는 곧은 선으로 이루어져야 한다"고 말하며, 기존 도시의 곡선과 혼돈을 철저히 배제했다. 반듯하게 정렬된 고층 건물, 단일한 거리 패턴, 높은 일조권—모두 시각적으로 '정돈된 도시'를 만들기 위한 전략이었다. 이러한 시각적 질서는 도시미화운동과 조닝제도 속에서 제도화되었다. 뉴욕의 1916년 조닝법은 건물의 용도와 높이, 거리와의 관계를 시각적으로 정리하며 도시를 마치 체스판처럼 분할했고, 이는 도시를 통제 가능한 대상으로 환원하려는 의도의 산물이었다. 프랑스 철학자 미셸 푸코는 이러한 시각의 권력성을 이렇게 이야기했다. 그는 '보는 자'가 권력을 쥐고, '보이는 자'는 그 시선 속에서 자신을 통제하게 된다고 보았으며 도시 공간이 감시와 통제의 기제로 재구성된 것으로 생각했다.

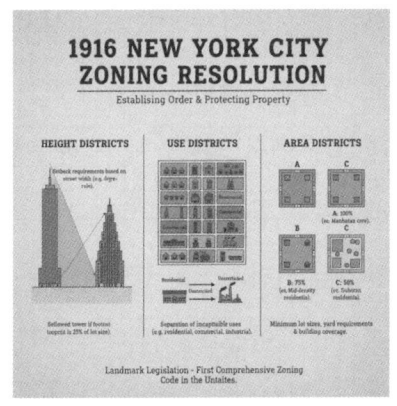

1916년 뉴욕의 조닝법, 이 법은 미국 최초의 포괄적인 도시 조닝(구역 지정) 법규이다.

감시의 시각화와 스마트시티의 우려

오늘날에도 도시공간은 여전히 시각적 감시와 통제의 논리 속에 작동한다. 고층 아파트에서의 조망권 싸움, 거리 곳곳의 CCTV, 얼굴 인식 기술과 센서로 무장한 스마트시티는 시각-권력-기술이 결합된 새로운 도시 통제 장치로 악용될 수 있다. 현대의 스마트 인프라는 시민들의 일상 행위를 실시간으로 기록하고 분석하며, '보는 도시'에서 '계산하는 도시'로 진화하고 있다. 하지만 그 본질은 여전히 시각 기반의 도시 해석에 머무른다. 도시가 정보의 망 속에서 투명해질수록, 인간의 감각과 경험은 그 표면에서 밀려난다.

기술적 시각성과 경험과 감각의 간극

기술은 도시를 더 넓고 멀리 보게 만들었지만, 그만큼 도시를 '사는 경험'과는 멀어지게 했다. 위성지도, 드론 촬영, 3D 시뮬레이션은 도시를 항공에서 내려다보는 거대한 시선의 대상으로 만들었고, 우리는 이제 그 위에서 도시를 '설계'하는 데 익숙해졌다. 그러나 실제로 도시는, 바람 부는 골목에서 들리는 말소리, 젖은 돌길을 밟는 발끝의 감촉, 가게 앞 철제 셔터의 거친 표면과 같은 감각적 요소들로 이루어진다.

제인 제이콥스는 『위대한 미국 도시들의 죽음과 삶』1961에서 그러한 도시를 '살아 있는 장소'라 불렀다. 그녀가 말한 도시는 깔끔하게 그려진 평면도나 직선적인 마스터플랜이 아니라, 무수한 감각과 우연의 축적이다. 진정한 도시경험은 시각만으로는 담아낼 수 없다. 도시를 설계한다는 것은 결국, 보는 것 너머를 설계하는 일이고, 도시의 진정한 가치는 사람들의 일상과 상호작용 속에 있다고 주장하며, 기계적이고 시각 중심적인 계획 논리에 반기를 들었다. 그녀는 도시의 다양성과 예측 불가능성, 인간적 감각이 도시의 생명력을 만든다고 강조했다.

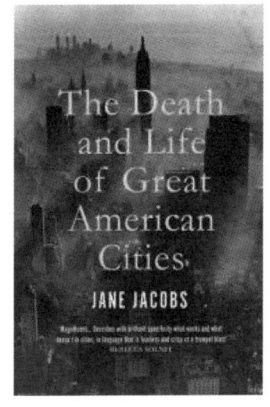

제인 제이콥스의 『위대한 미국 도시들의 죽음과 삶』 표지

결국, 시각 중심의 도시계획은 도시를 효율적이고 질서 있게 만들 수 있을지 모르나, 그것만으로는 도시의 깊은 매력과 감각적 밀도를 담아내기 어렵다. 도시가 진정한 장소가 되기 위해서는 시각을 넘어선 총체적 감각, 사람과 장소 사이의 감정적 유대를 회복하는 설계적 전환이 필요하다. 3절은 이러한 시각 중심주의의 유산을 비판적으로 조망하며, 감각의 다층성과 도시 경험의 복원을 위한 인식 전환의 단초를 제공한다.

도시는 어떻게 '보이게' 되었는가

도시계획의 시각적 전략

19세기의 대표적인 도시 재편 사례인 오스만Georges-Eugène Haussmann의 파리 개조는 시각 중심 도시계획의 상징이다. 그의 방사형 대로와 시각적으로 열린 광장은 도시를 조망 가능하고, 감시 가능하며, 통제 가능한 구조로 재편했다. 이러한 시각적 통제의 구조는 권력의 시선과 맞물려 도시공간을 구성하는 새로운 방식이었다.

20세기에 이르러 르 코르뷔지에Le Corbusier는 건축의 조형성과 시각적 질서를 강조했다. 그의 수직도시 이론은 효율성과 기능성을 근거로 하면서도, 궁극적으로는 도시를 기하학적으로 정렬된 시각의 대상으로 만드는 데 초점을 맞췄다. 그는 시각적 명료성을 통해 도시가 기능적으로 더 나아질 수 있다고 믿었다.

방사선의 파리의 도시구조
사진 : unsplash.com

보는 도시에서 사는 도시로 - 비판적 시선의 전환

미셸 드 세르토Michel de Certeau는 『일상생활의 실천』에서 고층건물

꼭대기에서 내려다보는 '전지적 시점'을 비판하며, 이는 도시를 추상화된 지도나 개념으로 환원시키는 전략적 시선이라고 주장했다. 높은 곳에서 내려다본 도시는 질서와 패턴으로 정리된 하나의 도식처럼 보이지만, 그 속을 살아가는 사람들의 미세한 움직임과 감각, 우연한 만남과 일상의 층위는 결코 그 시선에 포착되지 않는다. 오히려 이러한 시각적 지배는 도시의 살아 있는 경험을 억압하고 평면화한다고 그는 지적했다. 리처드 세넷Richard Sennett은 '무감성 도시'라는 개념을 통해, 현대 도시가 표면적으로는 깔끔하고 효율적일지 몰라도 감각적 깊이와 사회적 활력을 상실했다고 진단했다. 그는 공공 공간이 더 이상 사람들의 대화와 신체적 교류, 즉 관계를 형성하는 무대가 아니라, 단순히 통과하기 위한 시선의 통로로 전락했다고 비판하며 도시계획의 근본적 방향 전환을 촉구했다.

다감각 도시로의 전환 가능성

이러한 비판에 응답하며 현대의 도시이론가들은 '보이는 도시'에서 벗어나 '살아지는 도시'를 모색하고 있다. 얀 겔Jan Gehl은 도시를 다시 인간의 보행 속도와 감각에 맞추기 위해, 거리의 파노라마 같은 시각적 풍경보다 그 속에서 이루어지는 사람 간의 접촉과 활동을 중시하는 공공 공간 디자인을 제안했다. 그는 걷는 동안 느껴지는 시선의 높이, 주변 사람들의 표정과 목소리, 가로수의 그림자와 바람결처럼 작은 감각적 요소들이 도시의 질을 결정한다고 보았다. 따라서 도시는 '지나치는 장

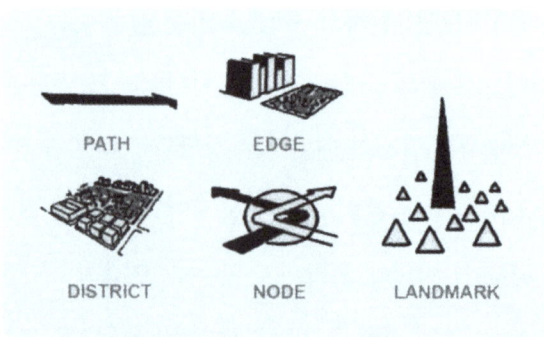

케빈 린치, 도시의 이미지-도시의 5가지 요소 출처 : Creative Commons

소'가 아니라, 사람들이 멈추고 머물며 관계를 맺는 공간이 되어야 한다고 주장한다. 케빈 린치Kevin Lynch 역시 도시의 경험이 단순히 정지된 시각적 이미지가 아니라, 이동과 시간의 흐름 속에서 형성되는 인지적 지도mental map와 깊이 연결되어 있음을 강조했다. 그의 관점에서 도시는 표지와 경계, 경로와 지점들이 몸의 움직임과 기억 속에 새겨지면서 비로소 의미 있는 장소로 거듭난다. 이러한 논의는 결국 도시가 추상적 이미지로 소비되는 '보이는 도시'에서 벗어나, 일상 속에서 다감각적으로 체험되고 기억과 감정 속에 살아나는 '살아지는 도시'로 나아가야 한다는 전환의 필요성을 뚜렷하게 보여준다.

도시를 구성하는 것은 '보이는 것'만이 아니다

우리는 오랫동안 도시를 눈으로만 읽어왔다. 지도 위에 펼쳐진 선과 면, 파사드로 정렬된 거리, 조감도로 설계된 도시계획은 효율적이고 정돈된 도시를 만들어냈지만, 그 도시 속에서 우리는 어느 순간부터 살아 있지 않은 느낌을 받는다. 시선은 있지만, 촉감은 사라지고, 냄새는 제거되며, 소리는 소음이 되었고, 맛은 브랜드화된 음식으로 대체되었다. 감각은 기능과 질서에 밀려 도시의 주변부로 밀려나 있었다. 하지만 도시가 진정으로 살아있는 장소가 되기 위해선, '보는 것' 너머의 감각들이 다시 돌아와야 한다. 시장의 분주한 소리, 골목 어귀의 구수한 냄새, 오래된 벽에 스며든 촉감, 계절마다 바뀌는 도시의 공기 맛. 이런 다감각적 경험들이야말로 우리가 도시를 기억하고, 그 안에서 살아감을 느끼게 해주는 요소다. 감각은 단지 자극의 문제가 아니다. 그것은 도시와 인간이 만나는 통로이며, 도시가 우리 안에 스며드는 방식이다.

다감각적 도시계획이 필요한 이유

도시는 본질적으로 사회적이고 문화적인 생활의 무대다. 그러나 현대 도시계획은 그 무대를 지나치게 '정리'하고 '관리'하려 했다. 높고 곧은 건물은 사람을 위협했고, 넓은 도로는 공동체를 끊어냈으며, 공공 공간은 감시와 통제를 위한 구조가 되었다. 도시계획은 사람을 보려 했지만, 사람을 '보여지는' 존재로만 만들었다.

이제 도시계획은 방향을 바꾸어야 한다. 인간은 시각만으로 사는 존재가 아니다. 우리는 걷고, 만지고, 들으며, 냄새 맡고, 맛보는 존재다. 좋은 도시란 그 모든 감각이 열려 있는 곳이어야 한다. 감각의 도시란, 도시가 우리를 지켜보는 것이 아니라, 도시가 우리에게 말을 걸어오는 공간이다. 건축가 피터 줌토르가 말했듯, 건축은 사람의 기억과 감각을 담아내는 그릇이어야 하며, 팀랩의 실험처럼 기술조차 감각을 일깨우는 도구가 되어야 한다.

감각의 복원이 곧 도시의 회복이다. 더 많은 오감이 도시 속에서 발현될수록, 사람은 그 도시를 더 많이 기억하고 사랑하게 된다. 미래의 도시계획은 선을 긋는 것이 아니라 감각을 엮는 작업이 되어야 한다. 도시가 다시 살아 숨 쉬려면, 도시를 다시 '감각'해야 한다.

도시의 눈을 깨우는 다섯 개의 창

도시는 '보는 것'에서 시작된다

우리는 매일 도시를 '본다'. 눈에 들어오는 거리의 풍경, 건물의 형태, 광장의 크기와 가로의 리듬까지 —도시를 경험하는 첫 감각은 대부분 시각이다. 그래서 도시와 건축에서 '본다는 것'은 가장 빠르고, 가장 강력하게 우리에게 다가오는 감각이다. 하지만 시각은 단순히 '예쁘게 보여주는 것'을 위한 도구가 아니다. 어떻게 보느냐에 따라 도시의 얼굴이 달라지고, 그 도시를 살아가는 사람들의 삶도 달라진다. 보는 방식이 도시의 의미를 결정짓는 것이다. 지금 우리의 도시는 오히려 '너무 많이 보여주는 것'에 지쳐 있다. 어디서나 반복되는 기능적인 디자인, 유리로 덮인 비슷비슷한 건물들, 온통 광고판으로 덮인 거리, 눈을 쉬게 하지 않는 텍스트와 이미지의 과잉. 그렇게 도시는 점점 피로해지고, 정체성을 잃어간다. 이제는 시각을 새롭게 정의해야 할 때다. 단순히 겉모습을 꾸미는 데 그치지 않고, 정보가 잘 드러나고, 감정을 자극하며, 공동체의 기억을 담고, 삶의 방식까지 드러내는 '시각의 전략'이 필요한 시대다. 이 장에서는 도시와 건축이 시각적 요소를 통해 어떻게 다시 살아나는지를 살펴본다. 그 시작은 우리가 지금껏 보지 못했던 것을 '보이게' 하는 데서 출발한다. 보는 것의 방식이 바뀌면, 도시도 달라진다.

감춰진 보물, 수장고를 도시의 얼굴로 :
보이는 수장고, 디폿 Depot Boijmans Van Beuningen

대부분의 박물관에서 우리가 감상하는 작품은 전체 소장품의 고작 3~5%에 불과하다. 나머지 95%는 수장고라는 이름으로 사람들의 눈에서 철저히 숨겨져 있다. 박물관의 이러한 방식은 가시성과 비가시성의 경계를 명확히 하며, 보이지 않는 곳에서 문화 권력을 공고히 하는 역할을 해왔다. 하지만 로테르담에 세워진 데포 보이만스 판 뵈닝언Depot Boijmans Van Beuningen, 이하 Depot은 이러한 관습을 뒤집고, 지금까지 숨겨져 있던 도시의 보물을 시각적으로 드러내는 대담한 실험을 시작했다.

디폿Depot의 가장 큰 특징은 외피를 이루는 1,664개의 반사 유리 패널이다. 이 패널들은 마치 거대한 도시의 렌즈처럼 주변 하늘, 구름, 나무와 거리의 모습을 담아낸다. 건물은 마치 스스로를 지워버리듯 도시 풍경과 끊임없이 상호작용하며 시시각각 변화하는 풍경을 비춘다. 우리는 이 시각적 자기반영을 통해 "건물이 있는가, 도시가 있는가"하는 착각과 신선한 감각을 경험하게 된다. 디폿의 외피 전략은 단순한 장식이 아니라, 도시의 자기인식urban self-reflection을 높이고 도시를 다시 바라보게

1,664개의 반사 유리 패널로 이루어진 그릇 같은 외관 사진 : 유재득(illo)

만드는 하나의 장치다. 하지만 디폿의 진정한 혁신은 내부에서 시작된다.

기존 박물관에서 철저히 숨겨졌던 작품 보존실, 복원 과정, 심지어 작품 운송까지 모두 시각적으로 개방했다.

계단 옆 공간을 활용한 전시 사진 : 유재득(illo)

관람객들은 박물관의 이면을 걸으며 작품을 감상하는 것이 아니라 작품이 관리되고 유지되는 전 과정을 직접 보게 된다. 디폿은 그동안 가려져 있던 박물관의 권위적이고 비가시적인 구조를 투명하게 공개하여, 문화적 정보와 권력의 비대칭성을 무너뜨리는 정보 민주화를 시각적으로 구현했다.

중앙 아트리움을 중심으로 구성된 수직적 동선은 관람객에게 입체적이고 깊이 있는 공간 체험을 제공한다. 건물의 위층으로 올라갈수록 도시 전경이 한눈에 펼쳐지며 동시에 작품 보존의 세밀한 과정도 함께 볼 수 있다. 디폿은 단순히 수평적으로 이동하며 작품을 관람하는 기존 박물관의 경험을 넘어, 도시적 풍경과 예술의 이면이 동시에 교차하는 입체적 시각 경험을 만들어

관람객이 미술품에 대한 설명을 듣는 장면 사진 : 유재득(illo)

낸다. 옥상 정원은 이 건축이 전달하는 시각적 메시지의 정점이다. 자작나무와 소나무로 이루어진 옥상 정원은 도시 중심부에서 마치 하늘 위에 떠있는 푸른 숲을 형성하며, 도시의 자연과 예술, 기술과 투명성이 어떻게 공존할 수 있는지 시각적으로 보여준다. 설계자들은 이를 통해 박물관 건축이 도시 풍경 속에 통합되어야 한다는 메시지를 담았다.

런던의 로이드빌딩
사진 : unsplash.com

디폿의 사례는 단순한 시각적 형태의 실험이 아니다. 그것은 시각적 장치를 통해 공공성의 개념을 확장하고, 도시와 시민의 관계를 새롭게 정립하는 시도다. 런던의 로이드 빌딩이 하이테크 구조를 외부로 드러내며 건축적 투명성을 제안했듯이, 디폿은 문화기관의 이면까지 도시적 풍경으로 끌어내어 건축적 투명성을 더 확장하고 심화시킨다. 결국 디폿이 우리에게 던지는 메시지는 명확하다. 시각은 공공건축이 시민과 소통하고 도시 경험을 변화시키기 위한 가장 강력한 전략적 수단이 될 수 있다는 것이다. 가려져 있던 도시의 보물을 시각적으로 드러냄으로써, 도시는 비로소 투명하고 열린 문화의 무대로 재탄생할 수 있다. 건축의 시각적 상상력은 우리가 살아가는 도시를 완전히 다른 눈으로 바라보고 새로운 방식으로 살게 만드는 힘을 가지고 있다.

도시의 감성 지형을 회복하는 시각적 전환 : 더 밸리The Valley

고밀도 도시는 종종 정형성과 반복성의 지형으로 인식된다. 유리 커튼월로 일관된 파사드, 수직으로 솟아오른 고층 빌딩군, 기능적 효율만을 고려한 블록 구성은 도시를 '회색의 평면'으로 만들어 놓는다. 이러한 도시에서 건축은 감각적 풍경의 개입자가 될 수 있을까?

암스테르담의 더 밸리The Valley는 이 질문에 대한 감각적이면서도 구조적인 해답을 제시한다.

2021년, MVRDV가 설계한 더 밸리는 암스테르담 주이다스Zuidas 지구 한가운데에 들어섰다. 이 지역은 네덜란드 최대의 금융·업무 중심지로, 도시의 스카이라인이 유리벽과 직선적인 고층 빌딩으로 구성되어 있다. 더 밸리는 그 사이에서 시각적 긴장과 조형적 간섭을 만들어낸다. 그것은 단지 건축적 대조가 아니라, 도시민의 시각적 경험과 정서적 리듬을 회복하려는 정서적 제안이다. 건물은 세 개의 타워로 구성되며, 타

숲속의 나무사이로 보이는 더 밸리 사진 : 유재득(illo)

워 사이에는 계곡을 연상시키는 불규칙한 형태의 테라스와 수직 정원이 조성되어 있다.

바깥쪽 도로변 입면은 반사 유리로 마감되어 주이다스 지구의 모던한 맥락과 조화를 이루며 날카롭고 세련된 외형을 갖춘다. 그러나 안쪽으로 들어서면, 건물은 완전히 다른 얼굴을 드러낸다. 내부 입면은 마치 깎아낸 암벽처럼, 대리석을 이용한 불규칙한 테라스 구조와 계단식 조경으로 이루어져 있어, 도심 한가운데에 갑작스럽게 솟은 인공 산봉우리를 보는 듯한 인상을 준다. 이러한 '이중 얼굴'은 도시 문맥에 대한 정교한 응답이자 감각적 시선 전환의 장치다. 바깥에서는 도시와 어우러지고, 안쪽에서는 도시를 변형시키는 것이다.

이는 시각 건축이 도시적 긴장 속에서 감성적 지형Emotional Topography을 창출할 수 있다는 것을 보여준다.

각 세대는 독립된 테라스를 가지며, 이 공간은 프라이버시 확보, 조망 확보, 녹지 접촉이라는 세 가지 효과를 동시에 달성한다. 그 자체로 하나의 조경 공간이자, 도시 풍경에 참여하는 시각적 장치이기도 하다. 특히 테라스들은 각기 다른 층고와 깊이를 가지며 구성되어 입면 전체가 입체적 조경의 캔버스처럼 작동한다. 이 조경은 조경가 피엣 우돌프Piet Oudolf의 손에서 완성되었다. 그는 "하이라인 파크" 등으로 세계적인 명성을 얻은 바 있으며, 순천만 정원

테라스로 만들어진 도시의 계곡, The Valley 사진 : 유재득(illo)

도시의 마스터플랜을 기획한바 있다. 더 밸리에서는 토종 식물과 계절 식재를 통해 '살아 있는 입면'을 구성했다. 다공성 석재는 식물의 뿌리 내림을 유도하며, 식생은 시간의 흐름에 따라 끊임없이 변화한다. 이러한 시각적 전략은 도시민에게 단조로운 도시 풍경이 아닌, 계절과 시간, 빛과 그림자에 따라 달라지는 시각적 감성 경험을 제공한다.

더 밸리는 도시민에게 주거공간의 프라이버시를 포기하고 개방한 중앙계곡공원을 통한 공공기여의 인센티브로 법적 건폐율 100%를 달성할 수 있었다. 중앙 계곡 공간은 공공 보행 동선이 통과하는 구조로 계획되었고, 스카이라이트를 통한 자연 채광, 계단형 정원, 개방된 타워 간 거리 등을 통해 밀도와 개방성을 동시에 확보했다. 이는 고밀도 도시에서도 시각적 개방감과 정서적 해방감을 제공할 수 있음을 시사한다. 더 밸리는 도시 건축에서 시각이 할 수 있는 가장 풍부한 실천 중 하나를 보여준다. 그것은 시각을 통해 도시를 감각적으로 다시 구성하는 것이며, 무기력한 도시 스카이라인 속에 정서적 풍경을 회복하려는 시도다.

(좌) 지역주민에게 개방한 중앙계곡공원에 이르는 보행동선 사진 : 유재득(illo)
(우) 공공개방표지판

도시는 때때로 기능과 효율로 평면화 된다. 그때 건축은 자연의 산봉우리 같은 리듬과 깊이를 다시 끌어올려야 한다.

더 밸리는 그 자체로 하나의 시각적 지형, 감정의 경사, 시간의 얼굴이며, 도시가 다시 감각의 장소로 회복될 수 있음을 보여주는 하나의 선언이다.

건축의 시각적 상상력으로 만든 도시 마을 :
큐브 하우스 Cube Houses

우리가 도시에 바라는 것은 단순히 효율적인 공간만은 아니다. 사람들이 함께 살아가고, 관계를 맺고, 정체성을 느끼는 '공동체적 삶의 장소'를 기대한다. 그렇다면 시각적 건축은 이런 삶의 경험을 어떻게 공간에 담아낼 수 있을까? 로테르담의 큐브 하우스 Cube House는 그에 대한 하나의 대담한 응답이다. 피에트 블롬 Piet Blom은 1984년, 2차 세계대전으로 폐허가 된 로테르담 중심부에서 '도시 속 마을'을 재건하겠다는 이상을 품었다.

그는 도시가 점점 기능적이고 비인간적인 공간으로 분절되는 것에 깊이 문제의식을 가지고 있었다. 건축은 공동체적 삶을 복원하는 도구가 되어야 한다고 믿었다. 큐브 하우스의 시각적 충격은 단순한 '파격적 형태'가 아니다. 45도 기울어진 노란색 큐브들은 육각형 콘크리트 기둥 위에 공중에 떠 있는 듯 얹혀 있다. 이는 기존의 수직적·수평적 건축 문법을 철저히 전복하고, 도시 경관에 새로운 리듬과 호기심을 부여한다. 큐

노란색 큐브가 공중에 떠 있는듯한 모습 사진 : 유재득(illo)

브 하우스는 단순한 조형적 실험이 아니라, 도시적 관계와 공동체적 상호작용의 장으로서 의도되었다. 하부의 콘크리트 기둥 구조는 공공 보행 공간과 상업 공간으로 열려 있으며, 도시 흐름의 연속성을 유지한다. 상부의 주거 큐브들은 주거와 공동체 공간으로 구성되어 있다. 기울어진 벽체와 창문은 비정형적 시각 경험을 일상으로 끌어들이며 더 극적인 내부공간을 형성한다. 공간은 불편함이라기보다는 거주자 고유의 정체성과 감각적 삶을 형성하는 매개체로 작동한다.

'블롬'은 도시는 기하학적 질서나 심미적 균형만으로 구성되어선 안 된다고 강조했다.

그는 큐브 하우스를 통해 삶의 정서, 기억, 공동체적 감각이 물리적 공간에 녹아들 수 있음을 보여주었다. 이 건축은 또한 도시 공간의 수직적 활용과 시각적 개방성을 재정의 하고 있다.

도시와 개인 공간, 공공성과 사적 공간의 관계가 시각적으로 유기적

(상) 도시교통을 위한 브릿지위에 지어진 큐브하우스
(하) 마치 나무와 같은 콘크리트 기둥에 떠있는 집
사진 : 유재득(illo)

으로 연결되며, 도시 공간 활용의 새로운 가능성을 열어주었다.

결국, 큐브 하우스는 시각 건축이 단지 보는 것의 차원을 넘어, 삶의 방식과 도시적 관계 구조까지 재구성할 수 있음을 보여주는 실험적이면서도 깊이 있는 사례다.

이 사례는 건축의 시각적 상상력이 도시 공간을 얼마나 창의적으로 재구성할 수 있는지를 극명하게 보여준다. 고정된 건축 문법과 도시계획의 관행을 넘어, 큐브 하우스는 시각적 실험을 통해 도시의 풍경을 다시 그리고, 일상성과 공동체적 삶을 새롭게 정의한다. 이는 우리가 도시를 구성할 때, 도시는 '보기 좋은 풍경'이 아니라, '살아가는 방식'의 시각적 언어로 구성될 때 진정으로 감각적인 장소가 될 수 있음을 말해준다. 건축의 상상력이 도시를 다시 쓰는 힘, 그것이 바로 큐브 하우스가 주는 본질적인 메시지다.

보이는가? 도시 속 선인장의 모습이, 도시의 감각적 자극 :
캑터스 타워 Kaktus Towers

시각적 건축은 점점 더 사회적 관계 형성과 감각적 도시 경험을 엮는 방향으로 진화하고 있다. 덴마크 코펜하겐의 캑터스 타워 Kaktus Towers 는 그 흐름을 상징적으로 보여주는 사례다.

2024년 완공된 이 프로젝트는 듀벨스브로 Dybbølsbro 역 근처 도심에 두 개의 80미터 타워로 구성된 주거 복합 건축물이다. 건물 외관은 500개의 삼각형 발코니가 빽빽하게 둘러싸여, 마치 도시 속 거대한 선인장을 연상시킨다. 사선의 슬래브 구조와 황금빛 반사 외피는 빛과 그림자에 따라 끊임없이 변화하는 시각적 표정을 만들어낸다. 그러나 캑터스 타워는 외형의 시각적 자극에 머무르지 않고, 내부 설계는 철저하게 커뮤니티 중심형 설계를 기반으로 하고 있다.

저층부에는 도시형 IKEA 매장과 호텔, 녹지 공간이 연계되어 있으며, 고층부에는 495개의 소형 주거 유닛이 배치된다. 중앙에는 두 타워를 연결하는 고가 공원이 배치되어, 도시적 보행 흐름과 녹지를 자연스럽게 이어준다. 이 고가 공원은 마치 뉴욕 하이라인 파크를 연상시키듯, 수직적 공공 동선과 시각적 열린 공간을 도시로 확장시킨다. 발코니 구조는 프라이버시 보호와 조망 확보라는 기능

캑터스 타워 저층부 사진 : 유재득(illo)

대지위에 솟아난 선인장 같은 주거용 빌딩의 모습 사진 : 유재득(illo)

적 측면과 동시에, 건축적 조형성과 공동체적 상호작용을 동시에 고려한 설계다. 삼각형 발코니들은 층마다 엇갈리며 배치되어, 각 거주자는 코펜하겐의 바다와 도시 풍경을 향한 독립적이면서도 연결된 시각 경험을 갖게 된다.

이는 시각적 자극이 단순히 '개인적 조망'이 아니라, 사회적 경험의 매개 장치로 작동하게 만드는 전략이다. 또한 디지털 플랫폼인 Hococo 앱을 통해 거주자는 공용 시설 예약, 커뮤니티 소식 공유, 관심사 중심 네트워크 형성까지 디지털-물리적 커뮤니티 경험을 확장할 수 있다.

이는 물리적 시각 건축과 디지털 사회적 구조의 결합이라는 최신 트렌드를 반영한다.

캑터스 타워는 건축이 어떻게 감각적 시각 경험과 사회적 관계 형성의 플랫폼이 될 수 있는지를 보여주는 강렬한 사례다. 물론 계획 당시에는 도시라는 컨텍스트를 무시한 외관에 대한 많은 비판이 있었던 것도 사실이다. 하지만, 이 건물은 도시의 기능적이고 단조로운 시각 언어에서 벗어나, 삶의 관계성과 감각적 활력을 담아내는 풍경으로 변화할 수 있음을 이 건물은 시사한다.

캑터스 타워는 건축이 어떻게 도시의 얼굴을 재구성할 수 있는지를 보여주는 상징적 프로젝트이자, 발코니라는 단위를 통해 도시의 감각적 표정을 조형한 대표 사례로 기록될 것이다.

(상) 캑터스 타워의 발코니
(하) 캑터스 타워 공용공간 도서관 사진 : 유재특(illo)

캑터스 타워는 기능성과 커뮤니티, 조망성과 프라이버시, 조형성과 사회성을 모두 고려한 건축적 실험으로서, 도시 주거의 감각적 풍경을 다시 쓰고 있다. 이는 도시의 건조한 표면 위에 선인장의 시각적 자극을 통해, 건축이 도시의 얼굴을 어떻게 바꿀 수 있는지에 대한 강렬한 시사점을 제공한다. 결국, 캑터스 타워는 우리가 도시를 바라보는 방식 자체를 새롭게 질문하게 만든다. 건조하고 무미건조한 도시의 표면 위에 반복되는 창과 발코니 대신, 도시의 하늘을 향해 뻗은 유기적 형상은 마치 생명체처럼 도심에 생동감을 불어넣는다. 선인장을 닮은 그 형상은 단순히 장식적인 외형을 넘어서, 공동체의 관계, 자연과의 조화, 감각의 회복이라는 도시의 새로운 방향성을 상징적으로 드러낸다. 그것은 도시가 어떻게 다시 감각의 장소가 될 수 있는지를 보여주는 하나의 선언이자, 도시 건축의 새로운 시각적 상상력에 대한 예증이다.

찬란한 발코니의 향연 : 오조코 WoZoCo

시각적 건축이 일상 속에서 가장 강하게 드러나는 순간은 단지 거대한 파사드나 화려한 조형일 때가 아니다. 작은 차이, 반복 속의 리듬, 그 속에서 드러나는 삶의 흔적들이 도시를 감각적으로 만든다. 오조코 WoZoCo는 그런 차이를 찬란하게 보여주는 건축이다.

1997년, 네덜란드 암스테르담 오스도르프 지역. 이곳에 MVRDV는

발코니마다 다양한 컬러와 크기로 풍경의 장치를 구성 사진 : 유재득(illo)

100세대 이상의 노년층 임대 아파트를 설계해야 했다. 그러나 대지는 작았고, 법적 일조 기준은 엄격했다.

거대한 캔틸레버 돌출로 물리적 공간의 확보
사진 : 유재득(illo)

작은 공간과 규제의 충돌 속에서, 이 건축은 시작되었다. 그 해법은 전례 없는 캔틸레버 구조의 발코니였다. 건물 북측에 부착된 박스형 볼륨들은 마치 공중에 매달린 것처럼 건물에서 돌출되어 있다. 이 구조는 단지 물리적 공간 확보를 넘어서, 건물의 표정과 도시적 아이덴티티를 완전히 바꾸어놓았다. 오조코의 발코니는 시각적으로 매우 강렬한 인상을 준다. 건물 외관에 오렌지, 녹색, 파란색, 노란색 등 다양한 원색의 발코니가 돌출되어 있어 멀리서도 눈에 띄는 랜드마크 역할을 한다. 각 발코니마다 다른 색상을 적용함으로써 단조로울 수 있는 집합주택에 활기를 불어넣었다. 이러한 색채 선택은 네덜란드의 전통적 색감을 현대적으로 재해석한 것으로 볼 수 있다. 이러한 디자인은 노년층 거주자를 위한 심리적 안정감을 고려한 결과였다. 우울하고 무채색인 도시 풍경 속에서 발코니는 그 자체로 정서적 풍경을 구성하는 장치가 된다. 그리고 무엇보다, 발코니는 단순한 외부공간이 아니라 사회적 접촉의 문이었다. 각 발코니는 휠체어가 드나들 수 있을 만큼 충분히 넓고, 자연 채광과 환기를 위한 공간이자, 외부와 안전하게 소통할 수 있는 반공적Semi-Public 플랫폼으로 작동한다.

여기서 '반공적'이란, 사적이면서도 공적인, 그 경계에 있는 공간이라는 뜻이다. 거주자들은 이곳에서 커피를 마시고, 화분을 가꾸고, 거리를 내려다보며 이웃을 마주친다. 그렇게 발코니는 단순한 공간이 아닌 사회적 장면을 만들어내는 도시와 건축의 중성적 공간 구조이다.

기후적 측면에서도 발코니는 여름에는 그늘을, 겨울에는 햇빛을 유입시키는 완충 공간으로 기능하며, 도시의 기후에 능동적으로 반응하는 수동적 디자인 전략으로 활용된다.

건축적으로도 이 프로젝트는 그 당시로서는 대담한 실험이었다. 캔틸레버 구조를 실현하기 위해 경량 철골 구조와 고강도 지지 기술이 도입되었고, 이는 설계자의 기술적 혁신과 조형적 실험이 동시에 구현된 상징으로 평가받는다.

오조코는 단순한 집합주택이 아니라, 이 프로젝트는 발코니를 통해 도시의 얼굴을 새로 그렸고, 시각적 건축이 어떻게 사람의 감정, 삶의 연결, 도시의 인식을 바꿀 수 있는지를 보여주었다. 이처럼 오조코는 도시 속에서 건축이 가질 수 있는 감각적 리더십의 가능성을 증명한 계획이다.

발코니로 무미건조한 도시얼굴에 생기를 입히다 : 시각적 활용

도시는 얼굴이 없다. 유사한 입면, 반복되는 창과 발코니, 색조차 흑백으로 일관된 아파트 단지들은 도시를 마치 복사기로 찍어낸 풍경처럼 만든다.

하지만 그 표면 위에 작지만 강렬한 생명력을 불어넣는 장치가 있다. 바로 그것은 발코니다. 발코니는 본래 경계의 공간이다. 실내와 실외, 사적 공간과 공적 경관, 개인과 도시가 만나는 접점. 그러나 이 경계가 생명력 있게 작동할 때, 발코니는 도시를 감각적으로 재생산하는 장치가 된다. 유럽의 도시에서 발코니는 오래전부터 사회적 플랫폼으로 기능해왔다.

코로나19 시기, 발코니는 콘서트장, 운동 공간, 이웃과의 소통 창구로 다시 주목받았다.

이는 발코니가 사적이지만 공유 가능한 공간임을 극적으로 증명한 순간이었다.

덴마크의 VM 하우스는 발코니를 삼각형으로 만들어 이웃 간 시선이

(상) 도시의 중성적 공간 발코니
(중) VM하우스의 삼각형 발코니
(하) 도시의 표정을 만들어내는 주거건축의
최소 단위 발코니 사진 : 유재득(illo)

눈으로만 본 도시에서 벗어나기_시각 | 127

교차하도록 계획했으며, 스페인의 발코니들은 커튼 하나 없이 거리와 일상을 공유하는 '열린 삶'의 상징이 되었다. 그러나 한국의 발코니 문화는 다소 다르다. 1990년대 신도시 개발 이후, 발코니는 공용부 면적 확대의 수단으로 기능하며, 그 본래의 공간성과 사회성을 잃고 '실내화된 사적 공간'으로 고착되었다.

2005년 발코니 확장 합법화 이후, 건설사들은 확장형 유닛을 기본 옵션으로 제공했고, 이는 도시 단지 전체의 창 간 거리 축소, 공용 공간의 질 저하로 이어졌다.

이로 인해 한국 도시의 외관은 점점 닫힌 얼굴, 말 없는 벽면으로 변해갔다. 하지만 최근 들어 발코니의 가능성은 다시 주목받고 있다. 팬데믹을 거치며 실내에서 야외를 경험할 수 있는 공간, 그리고 정서적 환기와 자연 접촉이 가능한 작은 외부로서 발코니는 그 가치를 재발견하고 있다. 이제 발코니는 단순한 서비스 면적이 아니라, 정서적 풍경의 시작점이자 도시 감각의 재조율 장치가 되어야 한다. 발코니는 작지만 도시 전체의 시각성과 공동체성을 바꿀 수 있는 미시적 건축 장치다. 그 안에 놓인 화분 하나, 빨래 한 장, 고양이 한 마리의 모습이 도시를 '살아 있는 풍경'으로 만든다. 결국 발코니는 도시의 표정을 만들어내는 일상적 주거 건축의 최소 단어이며, 이의 집합과 군집화를 통해 도시경관의 언어를 만들어 낸다. 이제 발코니를 활성화하기 위한 제도적 사회적 지혜를 모아야 할 때이다.

시각을 넘어 도시를 다시 '보다'

도시와 건축은 보는 대상이자, 보이는 존재다. 그러나 우리는 오랫동안 '도시와 건축을 본다'는 행위를 당연하게 여겨왔고, 그 시선의 방식에 대해 질문하기보다는 익숙한 구도를 반복해왔다. 직선과 수직으로 정렬된 거리, 좌표화된 건물의 배치, 질서정연한 스카이라인은 도시를 시각적 질서로 환원시켰고, 도시계획 역시 그 틀에서 벗어나지 못했다. 도시를 위에서 내려다보는 시선은 조망권을 중심으로 공간을 분할했고, 파사드와 랜드마크는 도시의 표정을 일률화 시켰다. 우리는 그렇게, 도시의 몸이 아닌 도시의 표피만을 바라보는 훈련을 받아왔다. 하지만 이번 장에서 살펴본 다섯 개의 사례는 이 시각 중심주의의 프레임에 균열을 만든다. 로테르담의 디폿Depot은 감추던 것을 보여주고, 큐브 하우스Cube House는 시선을 흔들며 방향감각을 되묻는다. 더 밸리The Valley는 도시의 스카이라인에 유기적 형상을 더하고, 오조코WoZoCo는 일상의 흔적을 파사드에 녹여낸다. 캑터스 타워Kaktus Towers는 보는 행위 자체를 낯설게 만들어, 시선에 질문을 던진다. 이들은 시각을 단순한 조형의 수단으로만 쓰지 않고 시각이 감각의 한 요소로서, 어떻게 도시와 인간을 연결하는지 질문한다.

이 다섯 개의 사례는 도시를 보는 방식이 단지 아름다움과 효율성에 있지 않음을 말해준다. 도시가 진정한 장소가 되기 위해선, 시각은 조형의 문제가 아니라 감각의 통로로 작동해야 하는 점을 이야기하고 있다. 각 사례는 보는 감각이 어떻게 도시 경험의 깊이를 만들고, 시선을 통해 관계와 기억을 엮어낼 수 있는지를 증명해준다. 도시를 다시 본다는 것은, 결국 도시를 다시 '살아보는' 일과 다르지 않다.

결국 도시의 시각성은 더 이상 '정돈됨'의 언어만으로 해석될 수 없다. 좋은 도시란, 잘 정리된 파사드를 가진 도시가 아니라, 시선이 머물 수 있는 이야기와 감정이 숨어 있는 도시다. 도시의 '보이는 얼굴'은 곧 도시의 '느껴지는 온도'와 맞닿아 있다. 시각은 더 이상 단독 감각이 아니다. 그것은 후각, 청각, 촉각, 미각과 얽혀 도시를 구성하는 하나의 창으로 작동할 때 더 가치를 가지고 있다. 그리고 우리는 그 창을 통해 도시를 바라보는 것이 아니라, 도시와 다시 감각적으로 연결되어야 한다.

이제 도시를 '다시 보는' 일은 단지 새로운 디자인을 만드는 것이 아니라, 우리가 도시를 바라보는 감각 자체를 되묻는 일이다.

보는 도시에서 보고 느끼는 도시로, 시각 중심주의를 넘어 다감각적 도시로 —도시건축은 그 감각의 전환점 위에 서 있다.

D-District Concept Sketch

도시의 귓가에는 끊임없는 대화가 흐른다. 나무를 흔드는 바람 소리, 발걸음이 만드는 리듬,
카페의 웃음소리, 그리고 멀리서 울려 퍼지는 종소리까지—이 모든 청각적 풍경이 우리의 일상을
함께한다. 우리는 눈을 감아도 도시를 '듣고' 있으며, 이 소리의 레이어는 공간 경험의 깊이를 더한다.
청각은 비자발적 주의력이라는 독특한 특성을 지닌다. 우리가 의식하지 않아도
소리는 귀를 통해 흘러들어오고, 특별히 주목하는 소리는 더욱 선명하게 인식된다.
물 흐르는 소리가 만드는 평온함, 나뭇잎의 바스락거림이 전하는 계절감,
이런 소리들이 장소의 정체성과 기억을 형성한다.
시각장애인에게 청각은 도시를 읽는 지도가 된다. 교차로의 신호음, 건물 입구의 음향적 특성,
공간마다 다른 반향음은 공간을 내비게이션하는 중요한 단서다.
건축 공간에서도 소리는 벽과 마루만큼 중요하다. 콘서트홀의 완벽한 음향, 도서관의 고요함,
성당 내부의 신비로운 반향은 공간의 성격을 규정하고 사용자의 경험을 형성한다.
이 장에서는 소리의 세기, 음색, 방향, 리듬감이 만들어내는 공간감의 확장, 그리고 청각적 요소가
도시의 쾌적성과 정서적 풍요로움에 기여하는 방식을 살펴본다. 시각에 치중된 도시계획을 넘어,
모든 감각이 조화롭게 어우러지는 도시 환경을 위한 청각적 접근법을 모색한다.
도시는 결코 침묵하지 않는다.
그 속삭임에 귀 기울일 때, 우리는 비로소 도시의 진정한 목소리를 듣게 된다.

PART 5

들리는가?
도시의 속삭임이
_청각

감성과 분위기를 좌우하는 청각

　청각은 인간의 감각 중에서도 공간의 감정과 분위기를 형성하는 데 지대한 영향을 미친다. 도시의 소음, 사람들의 대화, 자연의 소리, 음악 등 다양한 청각 자극은 공간에 생동감을 부여하거나 반대로 스트레스를 유발할 수 있다. 시각이 정보의 초점을 조정하며 선택적으로 정보를 받아들이는 데 비해, 청각은 공간 속 모든 음파를 수용한다는 점에서 차별적인 특성을 지닌다. 귀는 닫을 수 없는 기관이며, 음파가 도달하는 범위 내 모든 사람에게 동일하게 영향을 미친다.

　청각은 물리적인 진동을 통해 공기나 물과 같은 매질을 지나 귀에 도달하고, 고막과 청각기관의 미세한 움직임을 통해 소리로 인식된다. 이는 단지 소리를 듣는 행위를 넘어 공간의 분위기, 심리적 안정감, 그리고 사회적 상호작용을 유도하는 기반이 된다. 예를 들어, 가로수의 나뭇잎이 바람에 흔들리며 내는 소리, 새소리, 사람들의 잔잔한 대화는 공간을 아늑하고 안전하게 느끼게 한다. 반대로 경적, 기계음, 고음의 경보 등은 경각심을 일깨우거나 불편함을 유발할 수 있다. 심지어 음악조차 볼륨이 지나치면 소음이 되어 도심 속 쾌적한 체류감을 해친다.

　이러한 청각 경험은 도시 공간을 입체적으로 이해하는데 기여한다. 예를 들어, 거리의 반향음을 통해 우리는 공간의 크기와 밀도를 인식할 수 있고, 건물의 배열에 따라 소리의 울림이 다르게 들리며, 이는 공간의 정체성을 구성하는데 기여한다. 각 도시에는 고유의 청각적 '배경음'이 존재하는데, 뉴욕의 빠르고 높은 음색, 런던의 묵직하고 낮은 음색은 도시가 가진 리듬과 정체성을 결정짓는 중요한 단서가 된다. 도시의 청각 환경은 단순한 배경이 아니라, 사람들이 그 공간을 어떻게 기억하고 경험하는지를 좌우하는 핵심 요소이다.

청각으로 도시를 쾌적하게

도시에서의 청각 경험은 단지 소음을 피하는 수준을 넘어, 적극적으로 긍정적인 감정을 유발하고 공간에 활력을 불어넣는 방향으로 설계될 필요가 있다. 청각 환경의 질은 도시 거주자의 정서 안정과 스트레스 수준, 사회적 교류의 빈도에까지 영향을 미친다.

첫째, 소음 제어와 관리는 도시의 기본 조건이다. 도시의 자동차 경적, 기계 작동음, 공사장 소리 등은 고질적인 문제로 작용하며, 방음벽, 흡음 건축 자재, 식재 계획 등을 통해 적극적으로 차단되어야 한다. 뉴욕의 하이라인 파크는 과거 고가철도를 도시 공원으로 재생하면서 다양한 식재와 건축적 완충 장치를 활용하여 소음을 흡수하고, 사운드의 경로를 분산시켜 청각적으로 편안한 공간을 구현하였다. 마찬가지로 독일 뮌헨의 올림픽 공원은 지형과 수면, 녹지 등이 도심 소음을 자연스럽게 차단하는 기능을 하며 도심 속 정온한 공간으로 거듭났다. 둘째, 도시의 소리를 '긍정적 요소'로 설계하는 것이 중요하다. 이는 도시의 자연음예 : 바람, 물소리, 새 소리을 적극 도입하거나, 건축물 및 공공시설에 음악과 음향을 포함시킴으로써

뉴욕의 하이라인 사진 : 유재득(illo)

가능하다. 도쿄의 히비야 공원은 분수대, 작은 폭포, 연못 등을 배치하여 물소리로 도시 소음을 상쇄하였으며, 바람과 나뭇잎의 소리가 어우러진 청각 환경을 조성하였다. 뉴욕 센트럴 파크 또한 새소리, 물 흐름, 사람들의 자연스러운 대화 소리 등이 어우러지며 도시 소음과의 명확한 청각적 경계를 형성한다.

소리를 고려한 도시디자인의 힘

시각장애인에게 청각은 단순히 보조 감각이 아니라, 세계를 인식하고 탐색하는 주된 감각이다. 에코로케이션echolocation과 같은 기술은 시각장애인이 손짓, 발소리, 지팡이의 움직임을 통해 발생한 음파가 주변에 반사되어 돌아오는 방식으로 공간의 깊이와 장애물의 유무를 인지하게 한다. 이는 단지 청각의 민감함이 아닌, 감각의 적응과 확장의 결과다.

건축과 도시 설계는 이러한 청각적 경험을 적극 고려해야 한다. 사운드랩이나 음향 시뮬레이션은 건축 재료의 질감, 구조물의 배열, 벽체의 형태에 따른 소리의 반사와 흡수 등을 분석할 수 있으며, 이는 시각장애인을 위한 공간 설계의 정밀도를 높이는 데 기여한다. 청각 중심의 설계는 점자 블록이나 핸드레일과 같은 기능적 장치 이상의 효과를 가져올 수 있으며, 공간의 구조와 방향을 자연스럽게 전달할 수 있다. 궁극적으로 이러한 청각적 고려는 소수자만을 위한 것이 아니라 도시 전체의 질을 향상시키는 방향이다. 보행자가 중심이 되는 도시, 다양한 감각이 조화를 이루는 도시, 공공 공간이 사려 깊게 설계된 도시는 모두에게 풍요롭고 인간적인 삶의 조건을 제공한다. 예를 들어, 노인, 유모차를 끄는 보호자, 어린이, 시력이 약한 사람 등 모두가 청각적 정보에 의존할 수 있다면, 이는 단지 배려의 차원을 넘어 도시 전체의 사용자 경험을 개선하는 포괄적 설계 전략으로 기능할 수 있다. 도시는 시각적 정보만으로 구성되어 있지 않다. 후각, 촉각, 청각이 함께 어우러질 때 비로소 총체적 도시 경험이 가능하다.

청각적 접근은 도시의 감정적 깊이를 확장하고, 사람들의 기억과 감각 속에 도시를 더 오래 남게 만든다. 그것이야말로 청각이 도시 공간 속에서 갖는 가장 중요한 역할일 것이다. 도시는 시각적인 요소뿐 아니라, 냄새, 소리 등 모든 감각이 조화를 이루는 곳이어야 한다. 이렇게 다양한 감각을 통해 도시를 느끼고 경험할 수 있어야만, 진정한 의미에서 풍성한 도시 환경이 만들어진다. 이는 어떤 면에서 전통적인 도시의 개념으로 돌아가는 것이기도 하다. 사람 중심의, 보행 중심의 도시가 결국 가장 인간적이고 살기 좋은 도시다.

도시의 귀를 열다 : 청각 건축의 가능성

　도시는 시각으로 설계되고 관리되는 공간이다. 우리는 도시를 바라보고, 그 안에서 시각적 질서와 풍경을 가장 먼저 인식한다. 그러나 도시 경험을 깊이 결정짓는 것은 눈에 보이지 않는 또 다른 감각, 바로 청각이다. 카페의 음악, 공원의 바람 소리, 골목길의 발자국 소리, 시장의 외침과 같은 일상의 소리들은 도시의 정서를 구성하며, 어떤 공간을 친밀하게 느끼게도 하고 때로는 낯설고 불편하게도 만든다. 그러나 청각은 그동안 도시설계에서 '소음 관리'라는 한정적 틀 안에서만 다루어졌고, '적극적 디자인의 대상'으로는 잘 고려되지 않았다. 그럼에도 청각은 도시 정체성과 장소애착, 심리적 쾌적성 형성에 지대한 영향을 미치며, 도시는 '어떻게 보이는가'보다 '어떻게 들리는가'에 따라 전혀 다른 경험적 성격을 띠게 된다. 우리가 도시를 시각으로 기억한다고 믿는 많은 순간에도, 실제로는 그곳의 소리와 리듬이 더 오랫동안 감각의 저편에 남아 있기 때문이다.

　이제 도시건축은 다시 질문해야 한다. 소리는 어떻게 공간을 구성하고, 도시는 어떻게 귀로 기억되는가? 이 장에서는 의도된 청각 설계에서부터 시간의 축적이 빚어낸 자연스러운 소리의 풍경까지, 네 가지 도시 공간을 통해 청각 건축의 가능성을 탐색해본다.

설계된 감각의 교향곡 : 오디움 박물관

건축은 오랫동안 시각적 예술로만 여겨져 왔지만, 실제로 공간은 우리의 모든 감각에 영향을 미친다. 특히 청각적 경험은 건축 설계에서 점점 더 중요한 요소로 인식되고 있으며, 소리는 공간을 통해 전달되고 반사되며, 건물의 형태와 재료에 따라 그 특성이 달라진다. 건축가들은 이러한 음향학적 원리를 활용하여 특정 목적에 맞는 공간을 창출한다.

청각 건축의 가장 의도적이고 정교한 구현은 일본 건축가 쿠마 겐고가 설계한 오디움 박물관에서 찾을 수 있는데, 이 박물관은 단순한 전시 공간을 넘어, 감각적 경험의 서사를 계획된 구조 속에서 풀어내는 무대이자 청각적 실험의 장이다.

건축가는 "소재와 삶과 표상이 하나로 꿰어질 때 비로소 자연스러운 건축이 가능하다"고 강조하며, 시각과 촉각, 후각, 청각을 유기적으로 결합하여 공간을 경험하게 만드는 설계 철학을 이곳에 담아냈다.

오디움 박물관의 외관은 빛나는 은빛 알루미늄 파이프들이 랜덤하게 배치된 메탈릭한 구조로 구성되어 얼핏 차가운 느낌을 주지만, 사실은 자연 속 대나무 숲의 리듬과

(상) 알미늄파이프 외관의 오디움
(하) 대나무의 현대적 표현으로 형성한 진입부 사진 : 유재득(illo)

빛과 그림자의 변화무쌍한 풍경을 재해석한 것이며, 이는 시간과 계절, 날씨에 따라 매 순간 새로운 시각적·청각적·촉각적 감각 경험을 제공하는 구조적 장치로 기능한다.

오디움 박물관은 방문객들에게 계획된 감각적 여정을 제공한다. 대지의 경사를 활용한 '계곡' 형태의 대형 계단은 자연스럽게 방문객을 도시환경에서 특별한 청각적 공간으로 인도한다. 이 계단은 자연석 벽으로 둘러싸여 있어 시각적 흥미를 더할 뿐만 아니라 촉각적 경험도 함께 제공한다. 건물에 들어서는 여정은 마치 청각적 경험을 위한 예열 단계와도 같아서, 건축가는 이러한 계단을 계곡이라는 경관적 요소로 해석하며, 방문객이 특별한 소리를 들을 준비를 하는 공간으로 만들고자 했다.

알미늄파이프와 우드드레이프
사진 : 유재득(illo)

입구 로비에는 알래스카산 편백나무 패널이 설치되어 있어 방문객들이 입구에서부터 나무 향기를 맡으며 편안함을 느낄 수 있다. 전시실 내부에는 '우드 드레이프'라 불리는 특별한 목재 마감 기법이 적용되어 있으며, 이는 목재의 부드러움과 자연스러움을 강조하는 동시에 음향적으로도 최적화된 환경을 제공한다. 이처럼 오디움 박물관은 시각으로 시작해 후각, 마지막으로 청각을 통해 공간을 경험하는 시퀀스를 의도적으로 구성하며, 자연스럽게 감각을 일깨운다. 금속 알루미늄 봉은 마치 거대한 파이프 오르간처럼 서 있으며, 따뜻한 나무와 대비를 이루며 공간적 긴장감을 조성한다.

이러한 계획된 감각적 여정은 버로우 마켓의 자연발생적 경험과 대비된다. 마켓에서는 방문객이 우연히 발견하는 소리, 냄새, 촉감이 복합적으로 작용하여 장소의 정체성을 형성하지만, 오디움 박물관에서는 이러한 감각적 경험이 건축가에 의해 철저히 계획되고 통제된다.

전시실 내부의 '우드 드레이프' 마감은 목재의 자연스러운 곡선과 표면의 미묘한 울림으로 높은 천장과 함께 소리의 반사와 흡음을 정교하게 조율함으로써 풍부하고 명료한 음향 환경을 제공한다. 지하 라운지에서는 곡선 형태의 섬유 마감이 청각적 포근함을 형성하며, 소리가 단지 들리는 것이 아니라 피부로 감지되는 촉각적 차원까지 확장되는 경험을 유도한다. 오디움 박물관은 설계자가 의도한 '청각적 전환의 시퀀스'를 따라 사용자의 감각을 단계적으로 전이시키는 공간으로, 청각 건축이 도시공간에서 단순한 소음 제어를 넘어 감성적 경험의 핵심 매체가 될 수 있음을 선명하게 보여주는 사례라 할 수 있다. 실내로 들어서면 외부의 차가운 금속에서 부드러운 목재로의 극적인 전환이 이루어진다.

바닥은 카펫, 벽은 나무 마감으로 구성되어 있으며, 나무 폭을 랜덤하게 변형시켜 자연스러운 형태를 구현하고 있다. 또한, 전시실의 천장 높이는 9m로 설계되어 대형 스피커의 음향을 충분히 소화할 수 있도록 하였다. 지하 2층 라운지에는 특수 패브릭을 사용하여 꽃 모양의 공간을 연출하며, 이는 빛과 소리를 부드럽게 변환시키는 역할을 한다. 이러한 재료의 대비와 의도적 선택은 콘서트홀이나 극장에서 소리의 명확성과

특수패브릭으로 형성한 극장
사진 : 유재득(illo)

풍부함을 극대화하기 위해 공간의 형태, 벽과 천장의 재료, 흡음 및 반사 표면의 배치 등을 세심하게 고려하는 현대 건축 음향 설계의 원리를 반영한다. 이는 도서관이나 박물관 같은 조용한 환경이 필요한 곳에서는 소음을 최소화하고 평온한 분위기를 조성하는 전략과도 연결된다. 버로우 마켓이 "시간이 쌓아온 도시의 속삭임"을 대변한다면, 오디움 박물관은 "설계된 감각의 교향곡"이라 할 수 있다. 역사적 우연과 필연이 만들어낸 버로우 마켓의 자연스러운 청각적 풍경과는 달리, 오디움 박물관은 건축가의 의도적인 계획과 현대적 기술을 통해 청각 경험을 극대화하는 공간이다. 두 장소는 청각 건축이라는 동일한 주제를 다루면서도, 하나는 시간의 퇴적을 통해, 다른 하나는 정교한 설계를 통해 그 가치를 실현한다.

물과 사람의 대화, 페일리 파크

도시는 본질적으로 소리로 가득 찬 공간이다. 자동차의 경적, 지하철의 진동, 사람들의 대화와 상업적 방송이 얽힌 음향 환경은 도시의 리듬이자 피로의 원인이다. 하지만 이러한 청각적 과잉 속에서도 감각의 균형을 회복하는 공간은 존재한다. 뉴욕 맨해튼 중심부, 빌딩 숲 사이의 자투리땅에 자리 잡은 페일리 파크Paley Park는 도심 속 소음을 차단하고,

감각을 정돈하며, 청각 중심의 건축적 경험을 제공하는 대표적인 오감 건축의 사례이다.

오디움 박물관이 감각적 교향곡의 무대를 구현했다면, 뉴욕의 페일리 파크는 도심 속 일상 공간에서 청각적 조율이 어떻게 구현될 수 있는지를 보여주는 소박하지만 강력한 청각 건축의 예라 할 수 있다. 1967년, 맨해튼 중심부 빌딩 사이의 좁은 틈새에 조성된 이 작은 공원은 면적은 불과 390㎡에 불과하지만, 그 안에서 도시 소음은 섬세하게 걸러지고, 오히려 내면의 정서와 감각이 풍성해지는 공간으로 경험된다.

그 중심에는 6미터 높이의 수직 벽면 폭포가 설치되어 있으며, 이 폭포가 만들어내는 백색소음이 자동차 소음과 도시의 혼잡한 음향을 차폐

(상) 공원측면의 담쟁이 넝쿨
(하) 6미터 높이의 수직 벽면 폭포
사진 : 권윤성

하는 동시에, 공간 내부를 심리적 안정감으로 가득 채운다. 도심의 소음은 폭포가 만들어내는 백색소음에 덮여 사라지고, 공간 내부는 마치 청각적으로 차폐된 듯한 고요함으로 채워진다. 이 물소리는 외부의 자극

을 밀어내면서도, 공간에 감각적 배경음을 제공함으로써 사용자의 정서적 이완을 유도한다. 눈에 보이지 않는 이 '소리의 커튼'은 도시 속 감각의 피난처를 가능하게 만든다.

공원의 측면 벽면은 담쟁이덩굴로 덮여 있어 시각적 부드러움을 제공할 뿐 아니라 외부 소음을 흡수하는 자연스러운 청각적 완충재로 기능하고, 판석 바닥은 걸음 소리를 일정하게 제어함으로써 공간 안에서 발생하는 음향의 질서를 유지한다.

나무 잎사귀의 바람 소리와 함께, 사용자가 자유롭게 이동할 수 있는 철제 테이블과 의자는 배치 변화에 따라 미묘하게 달라지는 음향 풍경을 만들어내며, 페일리 파크는 고정된 청각적 배경이 아니라 살아 숨쉬는 '청각적 풍경soundscape'을 끊임없이 새롭게 형성하는 장소가 된다. 페일리 파크는 작은 면적에도 불구하고 청각적 쾌적성과 정서적 안정감을 어떻게 설계할 수 있는지, 도시 설계에서 청각적 전략이 얼마나 강력

페일리파크의 전경 사진 :권윤성

한 경험적 차별성을 제공할 수 있는지를 상징적으로 보여주는 사례다. 페일리 파크는 공공 공간이지만, "사적으로 조성된 공공의 공간"이라는 점에서 이후 1975년 뉴욕시의 POPS 제도Privately Owned Public Space에 영향을 미치며, 세계 주요 도시에서 포켓 파크와 소공원의 모델이 되었다. 단지 휴식처가 아닌, 도심 속 감각의 장소성을 구현한 공간이었던 것이다. 이 공원은, 당시 뉴욕의 고밀도 도시화와 교외화 흐름 속에서 인간 중심의 도시공간 회복을 제안하는 이정표가 되었다.

시간이 쌓아온 도시의 속삭임, 버로우 마켓

도시의 청각적 경험이 반드시 의도된 설계에 의해서만 만들어지는 것은 아니다. 때로는 수세기에 걸친 시간과 삶의 축적이 그 자체로 고유한 청각적 풍경을 만들어내며, 그 결과로서 도시의 정체성과 장소애착을 형성하는 경우도 있다. 런던의 버로우 마켓Borough Market이 바로 그러한 사례다.

버로우 마켓은 13세기부터 존재해 온 런던에서 가장 오래된 시장 중 하나로, 테임즈강과 직접 연결된 전략적 위치 덕분에 중세부터 지금까지 지속적으로 도

버로우마켓의 전경 사진 : boroughmarket.or.uk

시 생활과 경제의 중심지 역할을 해왔다. 이곳은 강을 통해 하역된 물자가 시장으로 들어오고 다시 도시로 유통되는 물류의 리듬 속에서 형성된 청각적 패턴을 오랜 세월 동안 간직하고 있다.

오늘날 마켓의 골목길과 동선 구조는 과거 테임즈강 부두에서 이어졌던 물류 흐름의 흔적을 고스란히 반영하고 있다. 특히 사우스워크 대성당 방향에서 진입하는 경로는 중세 선원들이 짐을 나르며 남겼던 수많은 발자국과 외침의 기억을 담고 있으며, 그 흔적은 오늘날에도 이 길을 따라 들어서는 방문객들의 귓가에 은은히 울린다.

공간적으로 버로우 마켓은 좁고 구불구불한 골목, 높고 단단한 철제 지붕, 그리고 석재 바닥으로 구성되어 있다. 이러한 물리적 구조는 소리의 반사와 흡음, 공명을 통해 고유한 음향적 환경을 만들어낸다. 골목길에서는 상인들의 외침과 방문객들의 대화가 벽과 지붕에 부딪히며 응축된 소리로 돌아오고, 넓은 중앙 광장에 이르면 이러한 사운드들이 한데 섞이며 확산되는 효과가 발생한다. 특히 철제 지붕은 청각적 경험에서 중요한 역할을 한다. 햇살을 여과하여 독특한 빛의 패턴을 만드는 동시에, 상인들의 외침과 조리 중 발생하는 소리, 상품을 진열하는 소리 등을 공간 전체로 부드럽게 반사하고 확산시킨다. 이러한 반향 효과는 마켓 특유의 활기찬 음향적 밀도를 구성하는

버로우 마켓의 내부 전경
사진 : unsplash.com / 본 이미지는 생성형 AI를 활용하여 하단부 확장 보완

데 결정적인 기여를 한다.

  석재로 된 바닥은 걸음을 옮길 때마다 발걸음의 리듬을 증폭시키고, 카트 바퀴의 덜컹거리는 소리를 자연스럽게 공간의 사운드 레이어 속으로 끌어들인다. 특히 오래된 요크셔 석재가 깔린 구역에서는 마모된 돌 표면과 울퉁불퉁한 질감이 물리적 촉감을 넘어 고유한 음색을 만들어내며, 방문객은 청각적으로도 '시간의 켜'를 경험하게 된다.

  이러한 구조적 특성 덕분에 버로우 마켓은 시각적 인상뿐만 아니라, 그 자체가 거대한 청각적 아카이브처럼 기능한다. 아침과 오후, 주말과 평일, 비 오는 날과 맑은 날 — 시간과 조건에 따라 시장의 사운드스케이프는 크게 달라진다. 아침 시간에는 상인들이 점포를 열고 상품을 진열하는 소리가 주를 이루고, 점심시간이 되면 방문객들의 대화와 식기 부딪히는 소리, 요리가 조리되는 소리가 중심적 음향 레이어로 자리잡는다. 이러한 변화는 단순한 소리의 변화가 아니라, 방문객들에게 시간의 흐름을 체감하게 하는 리듬으로 작용한다. 예를 들어, 비가 오는 날에는 철제 지붕 위로 빗방울이 쏟아지며 만들어내는 깊은 톤의 울림이 시장 전체에 몽환적인 분위기를 형성하고, 이는 시각적 풍경과 결합하여 더욱 풍성한 감각적 경험을 제공한다.

  상인들의 '마켓 크라이 Market Cry'는 이 시장의 청각적 정체성을 구성하는 또 다른 중요한 요소다. 수세기에 걸쳐 발전한 이 외침은 단순한 상

버로우 마켓의 공연 모습 사진 : iStock

품 홍보를 넘어, 마켓 고유의 리듬과 억양, 음색을 형성하며, 각 점포와 상품마다 고유한 청각적 풍경을 만든다. 오늘날에도 많은 상인들이 전통적인 호객 스타일을 유지하고 있으며, 그 결과 시장을 거니는 방문객은 마치 다층적 사운드 콜라주 속을 걷는 듯한 경험을 하게 된다. 또한 주목할 점은 마켓의 음향적 전이지대이다. 시장의 입구에서는 현대 도시의 소음과 시장 내부의 소리가 점진적으로 교차하는데, 이 과정에서 방문객은 도시의 바깥에서 점차 '과거의 시장'으로 넘어가는 듯한 청각적 전이를 경험하게 된다.

이는 의도적 설계가 아니었음에도 불구하고, 버로우 마켓이 시간이 쌓인 공간으로서의 감각적 특성을 강화하는 중요한 장치로 작동한다. 후각적, 촉각적, 시각적 경험과 결합된 청각은 버로우 마켓의 장소 정체성 형성에서 핵심적인 역할을 한다. 갓 구운 빵과 커피의 향기, 철제 기둥의 차가운 촉감, 울퉁불퉁한 석재 바닥과 오래된 벽돌의 거친 질감은 각각이 청각적 레이어와 상호작용하며 공간의 복합적인 감각적 경험을 증폭시킨다. 무엇보다 버로우 마켓의 사운드는 이 공간을 살아있는 역사적 공간으로 만들며, 단순한 시장이라는 기능적 범주를 넘어 도시의 기억이 축적되고 재생산되는 장소로 자리매김하게 한다. 도시의 소리가 시간이 쌓여 만들어낸 결과물이 공간 경험의 핵심이 될 수 있음을 이 시장은 생생하게 보여주며, 그것이 바로 청각 건축이 지닌 또 다른 중요한 가능성이다.

레트로 골목의 다정한 활력 :
야나카 긴자, 일상의 소리와 감각이 살아 있는 거리

도시의 소리는 반드시 크거나 요란해야만 존재감을 가지는 것은 아니다. 때로는 일상적인 소음 속에 깃든 감정의 결이 공간의 인상을 만든다. 도쿄의 야나카 긴자 골목은 바로 그런 장소다. 이곳은 시장의 역동적인 활기보다는 동네의 다정한 활력을 닮았다. 빠르게 지나가는 관광객보다도, 잠시 멈춰 서서 고로케 하나를 고르고, 길가에 앉아 따끈한 간식을 나눠 먹는 사람들의 움직임이 이 거리의 리듬을 만든다. 야나카 긴자는 단순한 '옛 정취'가 남아 있는 거리가 아니다.

이 골목은 전쟁을 피해 살아남은 도시의 단면이자, 도쿄가 가장 급격히 성장하던 시기를 유유히 비켜간 지역이다. 1945년 도쿄 대공습 당시에도 화염을 피했고, 그 덕분에 야나카 일대에는 메이지·다이쇼 시대의 도시 조직과 건축이 아직도 살아 있다. 지금 우리가 걷는 야나카 긴자 쇼핑 스트리트는 전후 복구기였던 1950년대 초반, 동네 주민들이 자발적으로 형성한 상점가로 시작되었다. 당시에는 고작 20여 개의 작은 점포들이 전부였지만, 반세기 동안 주민과 함께 성장하며 도쿄의 '서민

야나카 긴자 거리 모습 사진 : 유재득(illo)

골목문화'를 대표하는 장소가 되었다.

  이 거리의 전환점은 도시의 '빠름'에 저항하는 '느림의 감각'에서 비롯되었다. 1990년대 이후 도쿄 전역이 고층화되고 균질한 도시환경으로 재편되는 과정 속에서, 야나카는 개발의 흐름에서 비껴난 덕분에 과거의 골목 구조, 저층 목조 가옥, 생활 기반 상점들이 고스란히 보존되었다. 처음에는 '남겨진 동네'였지만, 시간이 지날수록 '살아남은 장소'로 재해석되었고, 감각적 유산이 쌓이며 하나의 문화적 장소로 변모하기 시작했다. 최근에는 레트로 감성을 즐기는 젊은 세대와 외국인 관광객들의 유입으로 거리의 표정이 더욱 다채로워지고 있다. 도쿄도 관광국에 따르면 팬데믹 이전인 2019년 기준으로, 야나카 긴자 지역 일대는 연간 약 230만 명 이상이 방문하는 인기 관광지로 자리 잡았으며, 2024년에는 다시 그 수준을 회복하고 있는 중이다. 특히, '쇼와 레트로'를 테마로 한 상점, 고양이 굿즈 전문점, 장인이 운영하는 튀김 가게 등이 SNS를 통해 입소문

야나카 긴자의 진입부 모습 사진 : 유재득(illo)

을 타며, 단순한 전통시장 이상의 문화적 거리로 진화하고 있다.

 그러나 이 골목의 진짜 매력은 그렇게 눈에 띄는 변화보다는, 오히려 '크게 바뀌지 않았다는 점'에서 나온다. 전선이 복잡하게 얽힌 하늘, 유리보다 나무와 철제 창이 더 많이 보이는 파사드, 그리고 상점 입구마다 나풀거리는 천막과 손글씨 메뉴판. 이 모든 것들이 하나의 소리로 환원된다면, 그것은 '바쁜 도시의 소음'이 아니라, '일상이 켜켜이 쌓인 소리'일 것이다.

 야나카 긴자에선 청각적 자극이 크지 않다. 하지만 그 대신 '귀를 기울이게 하는 소리'들이 있다. 튀김 기름이 부글거리는 사운드, 상점 주인의 낮고 부드러운 인사, 고양이가 간판 위에서 졸며 내는 하품 소리, 그리고 퇴근길에 삼삼오오 걸어가는 사람들의 발소리. 이 소리들은 도시가 우리에게 건네는 일상의 대화처럼 들린다. 소리가 낮아질수록 공간은 더 가까워진다. 그것이 이 골목이 주는 청각적 친밀감이다.

 그리고 후각도 이 골목에서 중요한 기억의

(상) 일상이 켜켜이 쌓인 거리
(하) 살아있는 골목 야나카 긴자 사진 : 유재득(illo)

언어다. 고로케, 야키토리, 닭강정, 구운 어묵 —향은 겹치되 부딪히지 않고, 골목 전체가 하나의 거대한 주방처럼 작동한다. 이 거리의 냄새는 방향성이 없다. 어느 가게에서 시작되었든, 걷는 사람의 호흡에 자연스럽게 스며든다. 그 후각은 감각의 자극이 아니라, 시간의 누적이다. 어릴 적 먹었던 시장 떡볶이나 어머니 손맛 같은, 기억에 박힌 '향의 표정'이 여기서는 지금도 살아 움직인다.

야나카 긴자의 공간성은 단지 레트로라는 키워드로 단정되기 어렵다. 이는 단순한 복고가 아니라, 한 시대의 생활감과 감각이 지금도 이어지고 있는 '감각의 유산'이다. 마치 과거가 현재와 나란히 걷는 듯한 골목. 그래서 이곳에선 걷는 속도가 자연히 늦춰진다. 느린 걷기 속에서 시각보다 먼저 감각이 도시를 받아들이고, 도시가 사람을 감싸 안는다. 골목의 시선은 직선으로 뻗지 않고 굽이친다.

그 곡선의 리듬에 맞춰 사람의 걸음도, 감각도 부드럽게 흐른다.

오늘날 일본 사회 전반이 고령화와 상권 쇠퇴 문제에 직면한 가운데, 야나카 긴자는 지역과 감각, 일상과 문화가 공존하는 '살아 있는 골목'으로서의 가능성을 보여준다. 단순한 복원이나 보존이 아닌, 일상적 감각이 유지되는 방식으로 시간이 축적될 때, 도시 공간은 장소가 되고, 장소는 시대를 건너 살아남는다. 야나카 긴자는 그 증거이자, 앞으로의 도시가 되살려야 할 감각적 단서이다. 변화하지 않음으로써 변화하는 골목. 그것이 이 시대 도시가 잃어버린 감각의 시작점일지도 모른다.

바람과 물의 연주, 광풍각

소쇄원, 그 이름부터가 공기의 결을 닮았다. 바람은 속삭이듯 대숲 사이를 지나가고, 물은 숨죽인 듯 돌 틈을 적신다. 이 모든 자연의 연주는 결국 광풍각에서 완성된다. 정자의 마루에 앉아 있노라면, 귀를 간질이는 물소리와 대나무를 흔드는 바람이 자연이 만든 교향곡처럼 들려온다. 광풍각은 말 그대로 '빛과 바람을 맞이하는 집'이다. 하지만 그 문장은 빛보다 바람과 물이 더 주인공인 듯하다.

광풍각은 단순한 정자가 아니다. 건축적으로는 삼면이 열려 있어 마치 자연의 무대 한가운데 놓인 관객석 같다. 지붕은 낮게 내려앉아 시선을 아래로 눌러주고, 기단은 바위 위에 직접 놓여 수평적 안정감을 제공한다. 그 결과, 정자는 땅과 하나 되고, 하늘을 향해 열리며, 자연의 음향을 고스란히 담는 공간이 된다. 이러한 열린 구조 덕분에 광풍각 안에서는 바람의 미세한 떨림조차 공간 전체를 진동시키며 감각을 일깨운다.

광풍각 앞으로는 계류가 흐른다. 위에서 흘러온 물이 암반을 타고 떨어지며 작은 폭포를 만들고, 그 물은 다시 돌을 휘돌며 아래로 흘러간다. 이 계류는 단지 풍경이 아니라, 시간의 흐름을 들려주는 소리의 회랑이다. 물의 흐름은 결코 단조롭지 않다. 바위에 부딪히며 퍼지는 물방울, 굽이돌며 생기는 소리의 리듬, 잔잔히 번지는 수면의 진동. 이 모든 소리

계류와 대나무숲과 광풍각 사진:소쇄원 홈페이지

계곡위에서 흘러온 물이 도수관을 통해
들려주는 자연의 소리
사진 : 김영훈

가 광풍각 마루를 스쳐 지나가며 공간에 생명감을 불어넣는다.

무엇보다도 이 정자를 감싸는 배후의 대나무 숲은 청각적 배경음의 원천이다. 대숲은 바람이 불 때마다 음색을 바꾼다. 잎사귀가 서로 스치는 소리는 낮은 현악기 같고, 굵은 대나무가 흔들릴 때는 북소리처럼 울린다. 이 대숲의 소리는 정면의 물소리와 겹쳐져 마치 음과 음 사이의 여백, 공간과 공간 사이의 침묵까지 조율해 낸다. 나는 아직도 1989년의 비바람 치는 광풍각의 밤을 잊지 못한다. 청년시절 무작정 찾아간 광풍각에 양산보 후손의 후의로 1.8m×1.8m 방 한칸에 누워 자연과 건축이 만들어낸 그 소리를 기억한다.

소쇄원은 단순한 정원이 아니다. 건축이 공간을 점유하는 방식이 아니라, 비워냄으로써 자연이 말할 수 있도록 자리를 내어준 공간이다. 인간이 자연과 관계 맺는 방식이 이처럼 겸손했던 시절, 우리는 어떻게 살았을까를 소쇄원은 조용히 되묻는다.

광풍각 앞의 작은 폭포는 자연의 것이지만 동시에 철저히 계산된 인공

광풍각에서 본 소쇄원 모습
스케치 : 유재득, 1989

의 산물이다. 물이 흘러내리며 만들어내는 일정한 리듬은, 마치 이곳을 찾는 선비들의 사유의 흐름과 닮아 있다. 그렇게 물소리는 시간의 단위가 되고, 바람은 공간의 질감이 된다. 광풍각은 이 두 가지, 시간과 공간을 오감으로 경험하게 해주는 장치다. 정자의 구조는 오히려 비구조적이다. 세 면이 열려 있어 바람이 지나고, 시선이 멈추지 않는다. 프레임은 있지만 프레임이 없는 풍경화다. 이곳에 앉으면 나와 자연 사이에 경계가 없다. 나무 마루의 온도, 바람의 방향, 물소리의 높낮이. 그 모든 것이 나를 감싼다. 도시에서 우리는 콘크리트에 둘러싸여 살아간다. 물소리는 수도관을 통해 들리고, 바람은 냉방기의 바람결이다. 그런 우리에게 소쇄원, 특히 광풍각은 물과 바람의 진짜 소리를 들려주는 장소다. 이곳에서는 건축이 자연을 해석하는 것이 아니라, 자연이 건축을 설명한다. 공간은 우리가 누구인지를 드러내는 거울이다. 그렇다면 소쇄원은 어떤 자화상을 그리고 있는가. 그것은 아마, 자연 앞에서 겸허해지려 했던 옛 선비들의 태도일 것이다. 광풍각의 바람과 물은 오늘을 사는 우리에게도 여전히 유효한 메시지를 전한다. '속도를 늦추고, 감각을 열라.'

그래서 우리는 이곳에 오래 머물러야 한다. 걷기보다는 앉고, 보기보다는 듣고, 듣다 보면 어느새 마음이 고요해진다. 소쇄원은 그러한 장소다. 우리가 건축을 통해 자연과 다시 만나는, 그 드문 순간이 실현되는 공간. 그리고 그 정점에 광풍각이 있다. 바람과 물이 연주하는 그 소리를 따라, 우리는 다시 자연의 일부가 된다.

도시를 '듣는다'는 것의 의미

우리는 도시를 본다고 믿지만, 도시 경험의 가장 깊은 결은 종종 들리는 순간에서 비롯되며, 청각은 도시를 시간과 정서의 차원에서 기억하게 만드는 가장 강력한 감각적 매체다.

오디움 박물관은 계획된 청각 설계가 얼마나 감성적 경험을 증폭시킬 수 있는지를 보여주었고, 페일리 파크는 일상적 청각 전략이 도시 속 쾌적성과 정서적 풍경을 어떻게 구성할 수 있는지를 증명했으며, 버로우 마켓과 야나키 긴자는 시간의 축적 속에서 형성된 자연스러운 청각적 풍경이 어떻게 도시의 정체성과 애착을 형성하는지를 생생하게 보여주었다. 여기에 더해 소쇄원 광풍각은 전통 건축이 지닌 청각적 잠재력과 자연이 만든 공간의 소리의 깊이를 일깨우며, 도시건축의 미래가 반드시 기술적 장치에 의존하지 않아도 감각적으로 풍요로울 수 있음을 가르쳐준다.

앞으로 도시 설계는 '어떻게 보일 것인가'만큼이나 '어떻게 들릴 것인가'를 적극적으로 고민해야 하며, 청각은 도시공간에서 정서적 안정, 공동체 감각, 장소애착을 형성하는 핵심적인 도구로 자리 잡아야 한다. 도시는 더 조용해지는 것이 아니라, 더 잘 설계된 소리를 통해 더 풍부하게 들리고, 더 깊이 기억되는 공간으로 진화해가야 할 것이다.

S-University Concept Sketch

도시를 경험할 때, 우리는 종종 시각이나 청각에 집중하지만,
후각은 그만큼 중요한 감각이다. 도시는 어떤 향기로 기억될까?
후각은 도시와 건축의 정체성을 형성하는 중요한 요소로,
그 향기는 공간의 분위기와 감성을 만들어낸다.
후각은 도시의 쾌적성을 높이는 데 중요한 역할을 한다.

영화 기생충에서 냄새가 중요한 의미를 지닌 것처럼, 도시의 향기는
사람들의 경험에 깊은 영향을 미친다. 시장의 냄새가 가득한 마켓홀,
루프탑에서 느껴지는 향기, 자연의 향기를 가득 담은 코펜힐의 공기
―이 모든 향기는 공간의 매력을 더한다.

도시의 다양한 공간에서 향기를 경험하는 것도 중요하다.
발스 온천에서 물의 향기를 맡고,
오픈카페에서 거리의 향기를 즐기는 것처럼,
후각은 도시를 새로운 시각으로 경험하게 한다.
도시에서 향기는 어떤 이야기를 들려줄까?

PART 6

걸으면 걸을수록
향기가 느껴지는 이유
_후각

도시는 어떻게 냄새로 기억되는가?

우리가 도시를 인식하는 방식은 대부분 눈에 기대고 있다. 지도 위에 펼쳐진 도로망, 위성사진에 잡힌 건물의 형상, 마천루의 실루엣이나 광장의 비례감 같은 것들이 도시를 설명하는 주된 언어였다. 시각은 도시에 대한 첫인상과 판단을 결정짓는 가장 빠르고 강력한 수단이지만, 도시를 살아 있는 공간으로 만드는 건 눈에 보이지 않는 감각들이다. 그리고 그중에서도 후각은, 가장 은밀하고 가장 오래 남는 감각이다.

한 골목을 지나가며 코끝에 스치는 전 냄새, 공원에서 묻어나는 흙내음, 비 오는 날 지하철 입구에 서려 있는 촉촉한 공기. 이런 후각적 자극은 이미지보다 깊고, 단어보다 빠르게, 도시를 감정적으로 기억하게 만든다. 특정 장소의 냄새는 그것이 풍경을 가진 공간으로 각인되는 데 결정적인 역할을 한다. 시각이 도시를 그리는 프레임이라면, 후각은 그 프레임에 감정을 입히는 붓질이다. 생물학적으로 후각은 공기 중에 떠다니는 냄새 분자가 코 속의 점막에 닿아 화학적으로 자극될 때 감지된다. 그 정보는 감정과 기억을 관장하는 뇌의 변연계로 거의 즉각적으로 전달되며, 시각보다 훨씬 빠르게 정서적 반응을 유도한다. 그래서 우리는 어떤 냄새를 맡는 순간, 설명할 수 없는 기분이나 오래된 기억을 불쑥 떠올리게 된다. 이것이 후각을 '감정의 감각'이라 불리는 이유다. 냄새는 때로 장소보다 기억을 더 오래 붙잡는다. 향수 냄새 하나가 첫사랑을 불러오고, 된장국 냄새가 유년의 부엌을 소환한다. 도시 역시 예외가 아니다. 아침을 준비하는 음식향이 번지는 골목, 버스 정류장 뒤편의 쓰레기 냄새와 지하철 환기구에서 올라오는 매캐한 공기 냄새는 그 도시의 '후각적 풍경'을 구성한다. 도시마다 다른 냄새가 있고, 그 냄새는 그 도시의 감정적 기후를 결정짓는다.

물론, 냄새는 절대적인 것이 아니다. 누구에게는 좋은 향기가 누군가에게는 불쾌할 수 있다. 임신 초기의 예민한 코, 알레르기가 있는 사람의 후각, 혹은 과거의 기억에 따라 같은 냄새도 전혀 다르게 받아들여진다. 또, 아무리 좋은 향기라도 여러 냄새가 뒤섞여 과도하게 자극되면 불쾌함을 줄 수 있다. 냄새는 섬세하고도 민감한 감각이다. 그리고 동시에 익숙함에 무뎌지는 감각이기도 하다. 반복적으로 같은 냄새에 노출되면 뇌는 그것을 배제하고, 어느 순간 냄새는 존재하지 않는 것처럼 사라진다. 도시에서 우리가 '냄새'에 무감각해지는 이유다.

그러나 낯선 장소를 처음 방문했을 때 느껴지는 향기나 악취는 그만큼 강렬하다. 그것이 긍정적이든 부정적이든, 처음 마주한 후각적 인상은 공간 전체에 대한 감정적 지도를 빠르게 형성하게 만든다. 그래서

바르셀로나의 전통 식자재 시장 사진 : 유재득(illo)

후각은 도시의 첫인상을 결정짓는 강력한 감각적 언어다.

　이 감각은 단지 개인의 정서를 자극하는 데 그치지 않는다. 후각은 도시 환경을 직관적으로 평가할 수 있는 사회적 도구이기도 하다. 공기 중의 화학물질을 감지하는 이 능력은 위생 상태, 도시의 안전성, 산업 구조, 지역 문화의 차이까지도 암묵적으로 전해준다. 예를 들어, 프랑스의 치즈 마켓, 종로의 연탄불 골목, 바르셀로나의 전통 식자재 시장 등은 모두 특정한 냄새를 통해 지역의 정체성을 말없이 드러낸다. 그렇기에 냄새는 도시의 문화이고, 곧 도시의 얼굴이다. 우리는 도시를 볼 수 있지만, 진짜 도시를 느끼는 것은 '냄새를 맡는' 행위를 통해서다. 도시 설계에서 후각은 더 이상 부차적 요소가 아니다. 냄새를 고려한 공간 설계는 그 도시의 정체성을 더 섬세하게 직조할 수 있는 감각적 실천이다.

　우리는 이제 도시를 '냄새'로도 설계해야 한다. 시각이 형식을 결정했다면, 후각은 그 형식에 생명과 감정을 불어넣는 장치다. 좋은 냄새가 스며드는 도시, 그리고 그 냄새를 기억하게 만드는 도시. 결국 우리가 진심으로 사랑하고 오래도록 기억하는 도시는 그런 감각적 흔적을 품고 있는 공간일 것이다.

영화에서의 후각적 메타포

　냄새는 보이지 않는다. 그러나 때로는 어떤 이미지보다 더 선명하게, 사회의 구조를 드러내는 언어가 되기도 한다. 후각은 눈에 보이지 않기 때문에 더 은밀하게 작동하고, 그렇기 때문에 때로는 더 날카롭게 사람의 마음을 가른다. 영화는 이러한 냄새의 작용을 은유적으로 드러낼 수 있는 가장 강력한 매체 중 하나다. 화면 속에는 향기가 존재하지 않지만, 관객은 그 냄새를 '상상'하게 되면서 인물의 정체성과 감정, 사회적 관계를 더욱 생생하게 체감하게 된다.

영화 『기생충』의 포스터

봉준호 감독의 영화 『기생충』은 후각이라는 비가시적 감각을 통해 계급 간의 균열을 설계한 대표적인 사례다. 이 영화에서 냄새는 단순한 신체적 반응의 대상이 아니라, 명확한 사회적 메시지를 담고 있는 상징이다. 박 사장이 운전기사 김기택의 몸에서 '지하철 타는 사람들의 냄새'가 난다고 말하는 장면은 후각이 어떻게 계층을 구분 짓는 감각적 기준으로 기능할 수 있는지를 명확히 보여준다. 그것은 단순한 불쾌감의 표현이 아니라, 일상의 경험 속에 내재된 사회적 거리감을 감각적으로 드러내는 장치다.

이 냄새는 공간적 조건과도 맞닿아 있다. 김기택 가족이 살아가는 반지하 공간은 통풍이 잘 되지 않고, 습기와 곰팡이, 하수구 냄새가 스며든 곳이다. 반면 박 사장의 고급 주택은 광활한 정원과 환기 잘 되는 거실을 갖춘 쾌적한 환경이다. 즉, 공간의 차이가 곧 냄새의 차이를 낳고, 냄새는 곧 사람의 '냄새'로 환원되어 계급적 판단의 근거가 된다. 생일파티 장면에서 박 사장이 김기택의 냄새를 맡고 얼굴을 찡그리며 코를 막는 장면은, 이 차이가 감각적 불쾌감을 넘어 감정적 분열과 사회적 갈등으로 번지는 결정적인 순간을 보여준다.

이러한 후각적 연출은 단순한 영화적 장치가 아니라, 우리가 도시와 공간에서 실제로 마주하고 있는 구조적 현실을 환기시킨다. 냄새는 개인의 위생만을 말하지 않는다. 그것은 그 사람이 사는 집의 구조, 마시는 공기의 질, 사용하는 제품과 먹는 음식의 종류까지 반영한다. 다시 말해, 후각은 생활양식과 환경, 직업, 계급이라는 다층적 정보를 담고 있으며, 인간의 사회적 정체성을 결정하는 감각 중 하나로 작동한다.

건축과 도시 공간 역시 이 감각에서 자유로울 수 없다. 냄새는 쾌적성과 위생이라는 기본 조건을 넘어서, 공간의 인상을 결정짓는 감각적 언어가 된다. 병원이나 도서관은 냄새에 있어 가장 민감한 공간이다. 소독약 냄새는 청결을 상징하지만, 과도할 경우 불안감을 유발할 수 있다. 반면 오래된 책과 나무 가구의 냄새가 나는 서점이나 갤러리는 사람들에게 안정감과 집중감을 부여한다. 고급 호텔 로비에 스며든 은은한 시그니처 향, 카페에서 풍기는 원두의 향기, 바닷가 펜션에 스며 있는 소금기 섞인 바람의 냄새는 공간의 성격을 강화하고, 브랜드의 정체성을 감각적으로 각인시킨다.

심지어 냄새는 사람 간의 관계 형성에도 영향을 준다. 특정한 향기가 누군가에게 호감을 유도하거나, 반대로 무의식적 거부감을 불러일으키기도 한다. 우리가 좋아하는 공간은 대개 좋은 냄새가 머무는 공간이고, 좋아하는 사람의 기억에도 그 사람 특유의 향기가 스며 있다. 공간과 냄새, 사람은 이처럼 정서적으로 복합적으로 얽혀 있으며, 후각은 그 관계를 매개하는 숨은 중심축이다.

『기생충』에서의 냄새는 결국 단순한 후각 자극이 아니다. 그것은 공간에 대한 경험, 사회적 상호작용, 인간의 정체성과 계급 의식을 연결 짓는 강력한 메타포이다. 이 영화는 우리에게 묻는다. 과연 냄새는 공간의 문제일까, 아니면 사람의 문제일까? 냄새는 감각의 언어이자, 구조를 드러내는 사회적 기호다.

그렇기에 건축과 도시 설계에서 후각은 더 이상 보조적인 감각이 아니다. 좋은 냄새는 단지 '쾌적함'을 넘어, 공간의 인상을 설계하고 사회적 관계를 조직하는 실질적인 힘이 된다. 이제 우리는 공간을 설계할 때, 시선이 머무는 곳만이 아니라, 냄새가 퍼지는 흐름까지도 함께 계획해야 한다. 후각은 공기 속에 숨어 있는 기억이며, 공간을 사회로 연결하는 가장 감성적인 언어다.

쾌적성의 새로운 조건, 후각

쾌적하다는 말은 너무 익숙해서 그 의미를 깊이 들여다보지 않는다. 대부분은 깨끗한 시각 이미지나 온화한 기온, 조용한 분위기를 떠올린다. 하지만 우리가 공간을 '쾌적하다'고 느낄 때, 정작 그 느낌을 완성시키는 것은 눈에 보이지 않는 감각, 즉 냄새일지도 모른다. 후각은 공간의 분위기를 가장 섬세하게 조율하면서도 가장 간과되는 감각이다.

냄새는 공간을 감정적으로 기억하게 만든다. 좋은 향기는 도시의 인상을 부드럽게 하고, 나쁜 냄새는 그 도시 전체를 부정적인 경험으로 덮는다. 사람들은 말보다 냄새에 먼저 반응하고, 이미지보다 향기에 더 오래 반응한다. 그래서 후각은 단순히 감각의 차원이 아니라, 도시의 인상과 사용자의 만족도를 결정짓는 본질적인 요소다.

도시에서의 후각 쾌적성을 높이는 것은 단지 감성적 만족을 넘어서 시민의 삶의 질을 향상시키고, 도시의 환경 지속가능성을 확보하는 중요한 전략이 된다. 이 쾌적성을 설계하는 데에는 몇 가지 중요한 방법이 있다.

첫 번째는 자연 향기를 도시의 일상으로 끌어들이는 것이다. 자연의 향기는 인공적이지 않으면서도 사람의 심리를 안정시키는 가장 효과적인 도구다. 꽃과 나무, 허브와 같은 식물들은 단지 심미적 요소가 아니라, 공간의 냄새를 다루는 감각적 재료다.

프랑스의 그라스Grasse는 '향기의 도시'로 불릴 만큼, 도시 전체가 하나의 거대한 향수 정원처럼 구성되어 있다. 장미, 재스민, 라벤더 같은 향기로운 식물들이 도시 곳곳에 식재되어 있고, 이는 도시 전체를 부드러운 향으로 감싼다. 단지 보기 좋기 위해 심어진 식물이 아니라, 사람들에게 '향기 나는 도시'를 경험하게 하기 위한 도시계획의 전략이다. 이 향기 식물들은 공기 질을 정화하며, 사람들의 감정 상태에 긍정적인 영향을 미친다.

두 번째 전략은 도시의 공기 질 자체를 향상시키는 것이다. 우리가 불쾌하게 느끼는 냄새의 대부분은 대기 오염에서 비롯된다. 쓰레기 악취, 하수 냄새, 자동차 배기가스는 냄새 이전에 환경 문제다. 그렇기 때문에 쾌적한 도시를 설계하기 위해서는 먼저 냄새의 원인을 정화하고 제어해야 한다.

향기의 도시 프랑스 그라스
사진 : http://www.cartesfrance.fr

싱가포르의 '칼럼 블록the interlace, Climate-Colossal Block' 프로젝트는 이러한 문제를 건축적 방식으로 해결하려는 시도다. 건물 외벽에 식물을 심어 공기 정화 기능을 수행하게 하

싱가포르 공동주택 인터레이스
사진 : https://www.reddit.com

고, 동시에 도시 전체에 자연적인 향기를 불어넣는다. 이 녹화된 파사드는 단순한 디자인 요소가 아니라 도시의 냄새를 다루는 생태적 장치다.

네덜란드 로테르담의 그린 루프 프로젝트 역시 마찬가지다. 도시의 옥상에 녹지를 조성하고, 그 위에 향기로운 식물들을 심어 도심 속에 자연의 향기를 확산시킨다. 이 옥상정원은 대기 중의 먼지와 유해 물질을 흡수하고, 향기 나는 바람을 도시로 내려보낸다. 도심 한복판에서 흙 냄새와 식물 향이 퍼지는 경험은, 도시가 어떻게 후각의 풍경을 재구성할 수 있는지를 보여주는 생생한 사례다.

로테르담 그린루프 프로젝트 사진 : 이교석

이러한 후각적 설계는 감각적인 만족을 넘어서, 도시의 지속 가능성과도 깊은 관련이 있다. 자연의 향기를 도입하고, 오염 냄새를 줄이며, 후각을 중심으로 한 감각적 경험을 설계하는 것은 곧 환경적이고 인간 중심적인 도시로 가는 길이기도 하다. 도시의 쾌적함은 눈에 보이는 질서나 청결함만으로 완성되지 않는다. 바람을 타고 스며드는 향기, 거리를 걷다 우연히 마주치는 냄새, 그리고 그 냄새가 우리 안에 남기는 정서가 곧 도시의 진짜 얼굴이 된다. 좋은 도시는 좋은 향기가 머무는 도시다. 그 향기는 바람처럼 스쳐 지나가지만, 오래도록 기억 속에 남는다. 도시가 향기로 사람을 감싸는 순간, 우리는 비로소 공간이 아닌 '장소'를 만나게 된다.

눈에 보이지 않는 감각의 힘

건축은 오랫동안 눈으로 만들어지고, 눈으로 소비되어왔다. 형태, 재료, 색채, 조명처럼 시각적으로 드러나는 요소들이 공간의 인상과 가치를 결정해왔고, 도시 역시 '보는 방식'에 익숙해진 사람들에 의해 평가되고 기억되었다. 하지만 정작 우리가 공간 속에서 살아간다는 것은, 눈으로 바라보는 것만으로는 설명되지 않는다. 사람은 눈으로 보기 전에 먼저 숨을 쉬며 냄새를 맡고, 손끝으로 표면을 만지며, 몸 전체로 공간의 공기를 감지한다. 건축은 결국 몸으로 체험되는 예술이며, 인간은 오감을 통해 도시를 해석한다.

그 가운데 후각은 가장 묵묵하게, 그러나 가장 강력하게 작동하는 감각이다. 보이지 않지만 언제나 우리 곁에 있으며, 공간에 대한 인상을 결정하는 데 있어 결정적인 역할을 한다. 그럼에도 불구하고 현대의 건축 담론에서는 후각이 늘 뒤편에 자리해 있었다. 시각 중심의 디자인 언어 속에서 후각은 감각의 그림자처럼 취급되어온 것이다. 그러나 이제는 그 감각을 다시 호출할 필요가 있다. 오감건축이 지향하는 감각의 통합은, 후각이라는 비가시적 언어 없이는 결코 완성될 수 없다.

냄새는 기억의 감각이다 : 향기로 영혼을 불어넣는 공간

냄새는 우리에게 시간을 데려온다. 향기는 기억의 문을 여는 열쇠처럼 작동하고, 한 장소의 향기가 그 안에서 살았던 시간과 감정을 단번에 되살린다. 어릴 적 고향집의 오래된 목재 냄새, 가을 숲길을 걷다 바스락대는 낙엽과 함께 풍기던 흙냄새, 할머니 집 된장 냄새가 배어있던 주방. 이런 기억들은 단지 시각적 장면이 아니라, 냄새와 결합된 감각의 총체다.

후각은 인간의 뇌 중에서도 감정과 기억을 담당하는 변연계와 직접적으로 연결되어 있다. 그래서 냄새는 말보다 먼저 감정을 흔들고, 이미지보다 깊게 공간을 기억하게 만든다. 결국 향기가 머문 공간은 단순한 물리적 구조가 아니라, 감정이 응축된 '장소'로 전환된다. 냄새는 공간의 영혼을 부여하는 감각이다.

공간은 향기를 품는다 : 무형의 건축 언어로서의 후각

우리가 어떤 공간에 들어섰을 때 느끼는 '분위기'는 단지 형태나 재료에서 비롯되지 않는다. 그것은 눈에 보이지 않는 미세한 감각들로부터 형성된다. 향기는 그 미묘한 층위를 구성하는 결정적인 요소다. 시각은 선과 면으로 공간을 읽게 하지만, 향기는 그 공간에 머물고 싶은지를 무의식적으로 결정짓는다.

향이 있는 공간은 기억에 오래 남는다. 그리고 그 기억은 감각을 통해 축적된 정서적 흔적으로 작용한다. 특정한 향이 반복적으로 공간에 스며들면, 그것은 그 공간의 정체성이 된다. 후각은 형태 없는 언어로 공간을 설명하고, 시각이 닿지 못하는 정서적 깊이를 더해주는 건축의 또 다른 재료다. 우리나라 전통사찰의 대웅전에서도 은은한 향으로 공간의 정체성을 나타내듯이, 일본의 현대건축 "물의 사찰"은 짙은 향으로 절의 이미지를 향기로 부각 시킨다.

물의 절(안도 타다오)의 법당 내 향로 사진 : 유재득(illo)

후각은 본능의 감각이다 : 무의식의 판단이 이루어지는 곳

후각은 의식보다 빠르게 반응한다. 그것은 생존 본능과 연결된 감각이기 때문이다. 우리는 어떤 장소에서 냄새를 맡는 순간, 그 공간이 안전한지 아닌지를 직관적으로 판단한다. 냄새는 위험을 피하게 하고, 안정을 유도하며, 낯선 공간을 친숙하게 만든다. 시야가 흐릿한 공간에서도 우리는 냄새로 방향을 잡고, 공간의 성격을 판단할 수 있다.

이런 속성 덕분에 후각은 시각장애인과 같은 감각적 약자들에게는 더욱 중요한 지각 수단이 된다. 냄새는 벽 너머의 공간을 예감하게 하고, 방향성과 친밀도, 사람과 공간 사이의 거리를 무의식적으로 조율하는 감각이다. 그렇기에 후각은 포용적 건축의 관점에서도 반드시 재조명되어야 할 중요한 감각이다.

시각의 시대를 넘어 : 건축 체험의 재구성

현대 건축은 디지털 렌더링과 이미지 중심의 표현 방식에 익숙해지면서, 점점 더 시각적 평면에 종속되어왔다. 시각의 중요성을 부정하는 것은 아니지만, 진짜 공간은 평면이 아니라 몸으로, 감각으로, 시간 속에서 체험되어야 한다. 우리는 단순히 '보는 공간'이 아니라, '사는 공간'을 만들어야 한다. 그리고 그곳에는 반드시 냄새가 있어야 한다.

향기는 공간에 정서를 부여하고, 사용자의 몰입을 가능하게 하며, 감각적 층위를 확장시킨다. 시각 중심 디자인이 다루지 못하는 감정의 결은 후각이 대신 직조한다. 오감건축이 지향하는 감각의 통합은 바로 이러한 감각의 확장에서 시작된다. 공간은 결국, 인간의 몸 전체가 공명하는 장소가 되어야 하며, 후각은 그 감각의 중심축이다.

결론적으로 후각은 건축을 '장소'로 만드는 중요한 감각이다. 시각이 구조를 설명한다면, 후각은 그 구조에 의미를 불어넣는다. 향기는 공간을 감정적으로 연결시키고, 기억을 머물게 하며, 몸과 도시건축 사이의 관계를 더 깊게 만든다. 오감건축이 말하는 감각의 통합은, 결국 인간의 존재 방식 자체를 다시 공간 속에 위치시키려는 시도다. 냄새는 건축의 그림자가 아니라, 그 심장부에 있어야 할 감각이다.

옥상 위에서 피어나는 향기

도시에는 아직 쓰이지 않은 공간들이 많이 있다. 기능적으로는 남겨졌지만, 감각적으로는 아직 쓰이지 않은 곳. 루프탑은 그중 하나다. 도시의 마지막 여백이자, 감각 실험의 무대. 특히 '향기'라는 감각이 설 자리를 찾지 못한 도시에서, 옥상은 도시가 다시 숨을 쉴 수 있는 향기의 경로가 될 수 있다. 우리는 도시에 대해 말할 때 주로 시각으로 판단한다. 건물이 삭막하다, 도로가 복잡하다, 풍경이 밋밋하다고 말한다. 그러나 도시가 삭막하게 느껴지는 건, 단지 회색빛 건물 때문만은 아니다. 어쩌면 그 공간에 '향기'가 없기 때문일지도 모른다. 우리는 향기로운 장소를 잊지 않는다. 골목 어귀의 빵 굽는 냄새, 비 오는 날 땅 냄새, 지나가는 바람에 실려 온 꽃 향기. 이런 후각의 기억은 도시를 감정적으로 풍요롭게 만든다.

하지만 도시계획에서 향기를 고민한 적이 있었던가? 대부분은 냄새를 제거하는 데 집중해왔다. 정화와 방지, 통제가 중심이었고, 향기라는 감각은 늘 뒷전이었다. 그러나 옥상은 다르다. 도심 한복판에 떠 있는, 아직 감각적으로 덜 사용된 공간. 그것은 골목과도 닮아 있다. 수직적 경계 위에서 흐름을 만들고, 도시와 사람을 느슨하게 이어주는 틈새 공간.

로테르담의 루프탑 개방 행사 사진:이교석

바람이 통하는 골목, 루프탑

골목은 인간의 체온이 머무는 공간이다. 옥상도 마찬가지다. 다만 수직의 골목이라는 점에서 다르다. 건물 위에 떠 있는 이 작은 평면은, 바람이 가장 잘 통하는 도시의 통기창이자, 향기의 비행로가 될 수 있다. 지상에서 향기가 정체되고 뒤섞일 때, 옥상은 그것을 다시 순환시키는 공간이 된다.

여기에 향기 식물—라벤더, 로즈메리, 민트 같은—을 심으면, 향기는 바람을 타고 도시 전체로 퍼져 나간다. 콘크리트로 덮인 도시 위로, 계절의 냄새가 피어오르기 시작하는 것이다. 도시의 향기가 회복될 때, 그곳은 단순한 녹지 이상의 의미를 갖는다. 그것은 '도시의 후각'을 회복하는 설계적 선언이다.

향기는 계절을 데려오고, 관계를 만든다

현대 도시는 무취에 가깝다. 건축 재료는 냄새가 없고, 도시의 기계장치는 대부분 나쁜 냄새만을 남긴다. 그래서 도시는 점점 감각이 말라간다. 그러나 향기는 계절을 불러오고, 기억을 만든다. 봄에는 라벤더, 여름에는 민트, 가을에는 국화가 피는 옥상. 사람들은 고개를 들고 냄새로 계절을 느낀다. 단지 시각적으로 아름답다는 이유만으로가 아니라, 몸 전체가 공간을 기억하기 때문이다.

루프탑, 향기의 플랫폼이 되다

이미 세계의 도시들은 이 가능성을 실험하고 있다. 뉴욕은 '그린 루프탑 프로그램'을 통해 옥상 위 정원과 농장을 만들었고, 그중에서도 브루클린 그레인지Brooklyn Grange는 가장 대표적인 옥상녹화 농업 프로젝트로 꼽힌다. 2010년 공학을 전공한 벤 플래너Ben Flanner가 다양한 분야의 사람들과 함께 시작한 이 프로젝트는, 도시 한복판에서 지속가능한 텃밭사업을 실현하기 위한 기술적·문화적 실험이었다. 현재 브루클린의 두 개 건물 옥상이 총 2.5에이커약 10,117㎡ 규모의 거대한 농장으로 운영되고 있으며, 이곳에서는 매년 50,000파운드

뉴욕 브루쿨린 루프탑 농장
사진 : brooklyngrangefarm.com

약 22.6톤가 넘는 채소와 과일이 생산된다. 허브와 채소의 신선한 향기가 옥상에서 피어올라 브루클린의 거리 위로 스며든다. 브루클린 그레인지는 단순히 식재료를 생산하는 데 그치지 않고, 가드닝 워크숍과 교육, 커뮤니티 이벤트를 통해 도시민에게 농업의 감각적 경험을 제공한다. 또한 청소년과 난민, 트라우마 치료가 필요한 사람들을 위한 치유농업 프로그램을 운영하며, 옥상이 지역사회의 친목과 회복을 위한 플랫폼으로 기능하도록 하고 있다. 옥상에서 자라난 식물이 뿜어내는 향기는 도시의 공기 속에 스며들며, 후각이 도시와 관계 맺는 방식을 새롭게 바꾼다.

가장 진보적인 사례는 네덜란드 로테르담이다. 이 도시는 도시 전체의 옥상 약 18.5㎢을 하나의 거대한 플랫폼으로 보고 '루프탑 카탈로그'를 제작해, 도시 전역의 옥상을 향기의 네트워크로 연결하는 계획을 세웠다. 옥상 위에서 피어난 향기가 서로 연결되어 도시의 후각적 풍경을 재

2025년도 네덜란드 로테르담 루프탑데이 행사 사진:이교석

로테르담시가 건축가 MVRDV에게 의뢰하여 만든 루프탑 이용 카탈로그

편하는 것이다. 이렇게 루프탑은 단절된 감각을 회복시키는 새로운 인프라가 되며, 도시가 잃어버린 후각의 기억을 되살리는 매개가 된다.

서울, 하늘 위의 정원이 필요하다

서울은 고밀도의 도시다. 빽빽하게 들어선 건물과 한정된 녹지 면적 속에서, 도심을 다시 자연과 연결하기 위한 여유 공간은 지면보다 위에 존재한다. 서울시 통계에 따르면, 전체 건축 연면적은 약 6억 m^2. 이 중 60~70%가 평지붕 구조이며, 실제 활용 가능한 옥상 면적만 해도 최소 6천만 m^2에서 많게는 9천만 m^2에 이른다. 이는 여의도 약 30개에 해당하는 규모다. 지금껏 기능적 영역으로만 취급되어온 이 넓은 상공이, 사실은 도시의 향기 지형을 다시 짤 수 있는 거대한 캔버스인 셈이다.

만약 이 옥상들에 허브 정원과 꽃밭이 펼쳐진다면, 서울은 더 이상 매연의 도시가 아니라, 계절의 향기가 피어나는 도시가 될 수 있다.

서울은 어떻게 출발해야 할까? 옥상 정원을 만들되, 향기 식물을 의도적으로 배치하는 것이다. 라벤더, 민트, 장미 같은 식물은 그 자체로 도시의 감각을 일깨우는 작은 풍경이 된다. 다음은 옥상 간의 연결이다. 옥상과 옥상을 공중길로 잇는다면, 그것은 단지 걷는 길을 넘어서 '향기의 길'이 될 수 있다. 바람이 흐르고, 향기가 따라 흐르고, 사람들은 향기를 따라 도시 위를 걷는다. 세 번째는 주민의 참여다. 향기 정원은 누가 가꾸느냐에 따라 그 의미가 달라진다. 공동체가 함께 허브를 심고 꽃을 가꾸는 행위는, 도시의 기억을 감각적으로 되살리는 시민적 행위가 된다. 마지막으로 정책적 지원이 필요하다. 옥상은 더 이상 비어 있는 기술적 공간이 아니다. 도시의 향기 환경을 바꾸는 전략적 장소로, 도시 설계의 중심에 위치해야 한다.

서울형 옥상 후각 설계를 위한 방향

서울의 루프탑을 후각적 쾌적성 향상을 위해 활용하기 위해서는 다음과 같은 방법을 고려할 수 있다.

첫째, 서울의 기후와 환경에 적합한 향기 식물 팔레트를 개발해야 한다. 서울의 사계절 특성과 도시 환경을 고려하여 각 계절별로 향기를 제공할 수 있는 식물 선정 가이드라인을 마련해야 한다.

둘째, 한국 전통 정원의 후각적 요소를 현대적으로 재해석하여 적용할 필요가 있다. 소나무, 매화, 난초, 국화, 대나무 등 한국 전통 조경에서 중요시되는 식물들의 향기를 도시 루프탑에 도입함으로써 문화적 정체성을 강화할 수 있다.

셋째, 옥상과 옥상을 연결하는 '공중 향기 산책로' 개념을 도입할 필요가 있다. 개별 건물의 옥상 정원을 보행교로 연결하여 연속적인 향기 경험을 제공하는 네트워크를 구축할 수 있다.

넷째, 시민 참여형 옥상 향기 정원을 활성화해야 한다. 주민들이 직접 옥상 정원의 식물을 선택하고 가꾸는 과정에 참여함으로써, 향기에 대한 인식을 높이고 도시 환경에 대한 주인의식을 함양할 수 있다.

마지막으로, 서울의 독특한 향기 지도scent map를 작성하고, 이를 바탕으로 한 옥상 향기 디자인 전략을 수립해야 한다. 각 지역의 현재 후각적 특성을 분석하고, 개선이 필요한 지역에 집중적인 옥상 녹화 사업을 추진하는 등의 데이터 기반 접근이 필요하다.

서울의 루프탑은 도시의 후각적 경관을 풍요롭게 할 수 있는 무한한 가능성을 지니고 있다. 약 30개의 여의도 면적에 해당하는 이 공간을 효과적으로 활용한다면, 콘크리트로 만들어진 인공의 도시에서 자연의 향기가 가득한 도시로의 변화를 이룰 수 있을 것이다. 이러한 변화는 도시민의 정서적 웰빙과 삶의 질 향상에 중요한 기여를 할 것이며, 서울을 더욱 감각적으로 풍요로운 도시로 만들어 나갈 수 있을 것이다.

도시의 향기를 디자인할 수 있을까?

　도시는 시각적으로 소비되는 공간이지만, 우리가 진짜로 기억하는 도시는 후각과 감정이 얽힌 장소다. 신선한 공기의 산뜻한 냄새로 아침이 시작되고, 장맛비 뒤의 흙냄새로 계절이 바뀌며, 커피 향이 퍼진 골목에서 문득 마음이 놓이는 순간 ─ 향기는 공간을 단순한 배경이 아닌, 감정을 품은 무대로 전환시킨다.

　그럼에도 불구하고, 도시 설계에서 향기는 여전히 기능의 뒷편에 머물러 왔다. 냄새는 대체로 제거의 대상이었고, 정화와 통제의 문제로만 다루어졌다. 우리는 조명의 색온도와 소리의 크기에는 민감하면서도, 공기 속에 떠도는 향기의 층위에 대해서는 거의 이야기하지 않았다. 향기

뉴욕 브루쿨린 루프탑 농장 사진 :brooklyngrangefarm.com

는 설계 대상이 아니라, 우연히 존재하는 배경으로 취급되어온 것이다. 그저 건물의 로비, 거실, 화장실 등의 방향제로 향기를 다루어 왔다.

하지만 지금, 도시는 점점 더 감각적인 설계 언어를 요구하고 있다. 감정이 흐르고, 기억이 머무는 도시. 그 전환의 중심에 향기를 다시 호출해야 할 때다.

향기는 도시의 정체성을 직조하는 무형의 재료다. 특정 장소의 고유한 향기는 시간의 결을 담고 있으며, 개인의 기억과 공동체의 서사를 동시에 품는다. 우리가 공간을 감각적으로 기억하는 방식은 단순히 눈에 보이는 구조를 넘어서, 향기의 흔적과 함께 형성된다.

이제 우리는 다시 묻는다. 도시의 향기는 어떻게 디자인될 수 있을까? 이 절에서는 그러한 가능성에 대한 구체적인 사례들을 살펴보려 한다.

전통 시장의 오래된 향기, 루프탑에서 피어나는 허브 냄새, 음식과 공동체가 만나는 후각적 커뮤니티 공간, 쓰레기 처리장조차 감각적으로 반전시킨 공간, 온천의 자연 향기, 그리고 향기를 설계 언어로 끌어들인 건축가들의 실험까지 —후각은 어떻게 도시를 재구성하는가?

그리고 우리는 어떻게 그것을 공간의 전략으로 끌어안아야 하는가?

이제 도시를 다시 향기로 읽고, 향기로 그려볼 차례다.

지금부터 소개할 이야기들은, 도시를 '후각의 풍경'으로 바꾸기 위한 감각적 실험의 지도이자, 향기를 설계의 언어로 끌어들이는 시도들이다.

향기의 축제 : 루프탑 데이즈가 보여주는 도시 후각 경험의 가능성

도시에서 '옥상'은 가장 높은 곳에 있으면서도 가장 잊혀진 공간이다. 기능적으로는 건물의 마무리, 기술 설비의 자리로 존재하지만, 감각적으로는 공백으로 남아 있었다. 그러나 로테르담은 이 공간의 가능성을 감각적으로 되살리는 실험을 시작했다.

바로 매년 열리는 루프탑 데이즈Rotterdamse Dakendagen다.

이 행사는 단순히 '건물 위를 개방하는 축제'가 아니다. 후각, 청각, 촉각이 모두 깨어나는 감각적 도시 실험장이자, 향기가 도시 경험의 핵심 감각이 될 수 있음을 보여주는 축제다.

옥상에서 깨어나는 감각

평소에는 잠겨 있던 루프탑이 이 기간만큼은 열리고, 도시는 수직적으로 확장된다. 사람들은 옥상 위에서 콘서트를 듣고, 요가를 하고, 영화를 본다. 하지만 이 축제의 진짜 힘은 시각을 넘은 감각의 회복에 있다.

옥상 허브 정원 워크숍, 향기 식물 재배 수업, 야외 요리 체험 등이 도심 상공에서 펼쳐진다. 참가자들은 도시 아래에서 늘 맡던 배기가스 냄새가 아니라, 라벤더와 로즈마리, 타임의 향기를 맡는다. 바람을 타고 흘러오는 풀 냄새, 커피 향기, 구워지는 음식의 냄새. 도시의 공기층이 바뀌는 경험이다.

네덜란드 루프탑데이 2022년도 행사 사진 : 이교석

도시라는 공간이 감각의 공간이라는 사실을 이 옥상 위에서 새삼스럽게 깨닫게 된다.

후각 환경을 실험하는 무대

루프탑 데이즈는 도시의 후각 환경을 설계 가능한 대상으로 다룬다. 단지 녹지를 조성하고 공기를 맑게 하는 차원을 넘어, 향기를 매개로 도시의 분위기를 바꾸려는 실험이다.

로테르담은 기후 변화 대응, 생태 도시 조성을 위한 정책에 적극적인 도시다. 이 도시에서 루프탑은 단지 녹화 전략이 아니라, '향기의 기반시설'로 간주된다. 계절별 향기 식물을 큐레이션하고, 아로마테라피 워크숍, 향기 나는 허브 요리 실습 등을 통해 사람들은 도시 환경의 '냄새 풍경smellscape'에 대한 감각을 되찾게 된다.

향기로 연결되는 공동체

흥미로운 것은 이 축제가 사람들 사이의 거리도 바꾼다는 점이다. 낯선 이들이 같은 향기를 맡고, 같은 허브를 심고, 함께 요리하고 차를 마신다. 향기는 소리를 내지 않지만, 사람을 연결한다.

네덜란드 옥상 공원 조성을 통해 사람을 연결
사진 : 이교석

루프탑에서의 감각 경험은 단지 미적 만족이 아니라

사회적 접촉을 가능케 하는 도구가 된다. 냄새는 관계의 온도를 높이고, 도시 속에서 사라져가던 공동체성을 다시 불러온다. 도시에서 함께 향기를 만든다는 행위는, 함께 공간을 살아낸다는 의미로 확장된다.

루프탑 데이즈의 가능성

로테르담의 루프탑 데이즈는 옥상의 새로운 정의를 제안한다. '남겨진 공간'에서 '감각의 플랫폼'으로. 서울과 같은 고밀도 도시에서도 이 실험은 충분히 유효하다. 향기를 중심으로 도시를 다시 설계한다면, 서울은 시각적 도시를 넘어서 정서적 도시로 전환될 수 있다.

후각은 도시의 마지막 감각 자원이다. 그 감각을 옥상이라는 수직적 여백에 심는 일, 그것이 도시가 사람과 다시 감정적으로 연결되는 시작이 될 수 있다.

네덜란드 루프탑데이 2024년도 행사 사진 : 이교석

마켓 홀이 선사하는 도시의 후각 교향곡 Market Hall

도시에서 가장 먼저 향기를 느낄 수 있는 장소가 있다면, 그것은 오래전부터 '시장'이었다. 고기와 생선, 채소와 향신료, 신선한 과일이 뒤섞여 만들어내는 그 혼합의 냄새는 도시의 냄새이자 삶의 냄새였다. 시장은 후각적 풍경이 가장 풍부한 공간이었고, 그 냄새는 장소에 대한 감정과 기억을 형성하는 감각적 배경이 되었다.

그러나 현대 도시로 넘어오면서 이런 향기 풍경은 사라지기 시작했다. 공공 위생이라는 이름으로, 쾌적성이라는 미명 아래, 시장은 점점 더 무취의 공간으로 변해갔다. 그러던 중, 네덜란드 로테르담의 마켓홀 Market Hall은 그 흐름에 질문을 던진다. 향기를 지우는 것이 아니라, 설계하는 방향으로의 전환. 마켓홀은 향기가 어떻게 다시 도시의 주인공이 될 수 있는지를 보여주는 공간이다.

마켓홀의 야경 외관 사진 : 유재득(illo)

향기의 구조를 디자인하다

마켓홀은 단순히 시장을 위한 건물이 아니다. 그것은 시장이라는 원형적 공간 개념을 현대적으로 재해석한 감각적 실험이다. 고대의 동굴이 주거, 식사, 의례가 한데 이루어지던 통합적 공간이었다면, 마켓홀은 그 집합성과 감각성을 도시 중심부에 다시 구현해낸다.

아치형의 거대한 구조물 안에는 상업 공간과 주거 공간이 공존하며, 향기의 흐름 역시 설계의 일부로 조율된다. 높은 천장, 자연 환기 시스템, 구획된 매장 배치는 향기를 막는 것이 아니라 순환시키고 흐르게 한다. 단순한 기능적 환기가 아닌, 향기 자체의 질서를 디자인한 것이다.

마켓홀 공사 시 노천극장의 모습 사진 : 이교석

규제가 만든 감각의 기회

유럽의 위생 규제는 노천 시장의 향기를 제약했지만, 로테르담은 이를 감각적 혁신의 계기로 삼았다. 실내형 시장 공간인 마켓홀은 향기의 질은 유지하되, 불쾌함은 제어하는 새로운 방식을 통해 후각적 풍경을 재구성했다. 생선과 치즈, 고기와 향신료의 냄새는 여전히 존재하지만, 그것은 더이상 뒤섞여 퍼지지 않고, 질서 있게 머무는 구조를 갖는다. 마켓홀의 향기는 우연이 아니라 구조이며, 설계된 감각이다.

시각과 후각이 교차하는 다층적 경험

이곳에서는 후각이 단독으로 작동하지 않는다. 건물 내부 천장에는 아르노 코넨Arno Coenen의 디지털 작품 「Horn of Plenty」가 펼쳐져 있다. 과일과 꽃, 곡물의 이미지가 시장 전체를 덮고, 실제 식재료의 향기와 어우러지며 감각이 중첩된다. 시각적 상징이 후각적 체험과 교차하는 순간, 공간은 단순한 소비의 장이 아니라, 감각의 장으로 전환된다. 더불어 마켓홀의 지하에서는 발굴된 중세 유물이 전시되고 있다. 현대의 신선한 향기 위에 과거의 냄새가 겹쳐진다. 시간의 결이 후각으로 느껴지고, 공간은 층위가 깊어지는 감각적 기록의 장소가 된다.

건물 내부의 모습: 아르노 코넨의 디지털 작품으로 시각적 프라이버시 보호 사진 : 유재득(illo)

향기의 경계를 설계하다

마켓홀의 가장 정교한 설계는 어쩌면 향기의 '경계'일 것이다. 상업 공간과 주거 공간이 하나의 건축 안에 존재하기에, 후각은 반드시 구획화되어야 했다. 생선 매장과 치즈 매장 등 강한 향을 지닌 매장은 별도의 시스템으로 관리되며, 향기가 주거 공간에 침투하지 않도록 구획화 하여 영향을 미치지 않도록 계획되었다. 이처럼 향기를 단지 풍기는 것이 아니라, 조절하고 설계하는 감각 요소로 다룬 점에서 마켓홀은 도시 건축의 중요한 진화를 보여준다.

후각이 만든 기억의 도시

마켓홀을 걷다 보면, 향신료의 매콤한 향, 막 볶아낸 커피의 고소함, 생화의 싱그러움이 층층이 쌓여 도시의 후각적 교향곡을 이룬다. 각각의 향기는 방문자의 감각을 깨우고, 그 장소에 대한 인상과 감정을 더욱 깊게 각인시킨다.

이곳에서 향기는 미학이 아니라 기억이다. 시장은 다시, 냄새로 살아 있는 공간이 된다.

감각적 설계의 교훈

마켓홀은 도시 향기 설계가 공공 공간의 쾌적성을 향상시킬 수 있는 적극적 전략이 될 수 있음을 보여준다. 향기를 관리하고 흐름을 조율하는 설계적 접근은 미관이나 위생을 넘어, 기억의 건축, 감정의 도시를 가능케 하는 촉매가 된다.

마켓홀의 아케이드 모습. 저 멀리 펜슬빌딩이 보인다. 사진 : 유재득(illo)

향기를 조절하는 것이 아니라, 향기로 장소를 기억하게 하는 것. 그것이 마켓홀이 도시 후각 풍경에 던지는 진짜 메시지다.

시각과 후각의 다층적 공감적 설계

마켓홀은 시각과 후각의 공감각적 설계가 공공 공간의 쾌적성을 향상시킬 수 있는 적극적 전략이 될 수 있음을 보여준다. 전통적 아케이드의 시각적 설계에 향기를 관리하고 흐름을 조율하는 후각적 설계적 접근은 미관이나 위생을 넘어, 기억의 건축, 감정의 도시를 가능케 하는 촉매가 된다.

향기를 조절하는 것이 아니라, 향기로 장소를 기억하게 하며, 이것이 시각적 구조와 맞물려 후각적 효과를 증대시키는 것이 마켓홀이 도시 후각 풍경에 던지는 진짜 메시지다.

물과 향기의 공명 : 발스 온천의 후각적 풍경

스위스 알프스 산자락, 안개 낀 계곡 깊숙이 숨어 있는 발스 온천은 한편의 후각적 시詩와도 같다. 이곳에서 건축은 눈으로 보기 전에 먼저 숨을 들이마시게 한다. 자연과 건축이 만나는 이 장소는 단순한 온천 시설이 아니라, 돌과 물, 그리고 공기에 배어든 향기를 통해 인간의 감각을 깨우는 총체적 체험의 무대다.

이 건물을 설계한 피터 줌토르는 "건축은 공기감을 다루는 예술"이라 말한다. 여기서 말하는 공기감은 단순한 기류나 온도만을 뜻하지 않는

발스 온천의 외관 사진 : Eunyou Lee & Jaekwon Ahn

다. 냄새, 소리, 습도, 온도, 그리고 그 안에서 경험되는 감정의 결이 켜켜이 쌓인 감각의 총합이다. 발스 온천은 그 개념을 공간 전체로 확장한 하나의 감각적 건축 실험장이 된다.

 온천으로 향하는 길목에서부터 향기의 여정은 시작된다. 알프스의 바람은 풀과 흙, 계류의 차가운 물 냄새를 머금고 계곡을 타고 흐른다. 건물에 발을 들이기 전부터 우리는 이미 이 땅이 가진 고유의 냄새 풍경 속으로 스며든다.

 건물 내부로 들어서면, 지역에서 채석된 콰르자이트quartzite 석재가 수면과 맞닿으며 발산하는 광물성 향기가 서서히 퍼져 나온다. 여기에 지하 깊은 곳에서 솟아오른 온천수의 미네랄 향이 수증기와 뒤섞이며 공간을 감싼다. 그 향기는 인공적으로 조합된 것이 아니라, 물과 돌이라는 가장 원초적 재료의 만남에서 비롯된 것. 그래서 더 깊고, 더 오래 남는다.

흥미로운 것은 이 향기가 고정되어 있지 않다는 점이다. 공간을 이동할수록 향기의 농도와 질감도 함께 바뀐다. 차가운 수영탕에선 물비린내 없는 청량함이, 증기 가득한 스팀룸에선 미네랄이 농축된 듯한 무게감 있는 향이 감지된다. 시각이 줄어들수록 후각은 더 날카롭게

발스 온천 옥상 정원의 경관이 저멀리 산자락과 연결된다. 사진 :박혜선

활성화되며, 이 변화는 마치 '향기의 흐름'을 따라가는 감각의 순례 같다.

줌토르는 이 프로젝트에서 후각을 수동적인 배경이 아닌, 능동적인 장소 기억의 장치로 재구성했다. 맨발로 디딘 돌 바닥에서 은은하게 피어나는 냄새, 물 위로 떠오르는 증기의 냄새, 그리고 창 너머로 스며드는 알프스 공기의 냄새는 각각 층위를 가지며 공간 속에서 공명한다. 이 향기는 단지 공기 중에 흩어지는 분자가 아니라, 시간과 기억이 농축된 감각의 구조다.

특히 이 온천이 탁월한 이유는, 자연과 인공의 경계를 흐리는 방식에 있다. 노천 욕조에서는 실내의 돌과 물 향기 위로 계곡의 숲 향기가 교차하면서, 마치 우리가 인공과 자연을 동시에 호흡하는 것 같은 이중적인 후각적 경험을 제공한다. 도시에서라면 결코 느낄 수 없는, 자연의 기억과 건축의 질감이 맞닿은 그 미세한 접점이 이곳엔 존재한다.

자연속에 온천욕을 하는 노천 온천의 모습
사진 : 박혜선

발스 온천은 후각적 건축이 공간의 깊이를 어떻게 바꿀 수 있는지를 보여주는 모범적인 사례다. 여기에서 향기는 단순한 쾌적성의 척도가 아니다. 그것은 기억의 감로수이며, 감정의 회로를 여는 열쇠이기도 하다. 우리는 이 공간에서 냄새를 맡는 동시에 시간을 마신다. 그리고 그 냄새는, 우리가 발걸음을 옮긴 뒤에도 오래도록 남아, 그 장소를 기억하게 만든다.

도시의 숨결을 바꾸는 산 : 코펜힐이 선사하는 후각적 반전

도시의 가장 불쾌한 냄새는 어디서 비롯될까?

바로 쓰레기다. 시각적 혐오보다도 먼저 찾아오는 후각적 거부감은 오랫동안 폐기물 시설을 도시의 기피 공간으로 만들어왔다. 그러나 덴마크 코펜하겐의 코펜힐CopenHill은 이 통념을 정면으로 뒤집는다. 냄새를 지운 것을 넘어, 향기로운 장소로 탈바꿈한 쓰레기 처리장. 그것은 후각을 설계 대상으로 삼았을 때 어떤 도시적 반전이 가능한지를 보여주는 결정적인 사례이다.

기술보다 먼저 설계된 감각의 도시

물론 기술은 중요했다. 고효율 쓰레기 소각장으로 설계된 이 시설은 첨단 필터링 시스템을 통해 유해가스와 악취를 거의 완전히 제거할 수 있었다. 그러나 이 프로젝트를 총괄한 건축가 비야케 잉겔스Bjarke Ingels는 기술을 넘어 '감각의 도시'를 상상했다. 단지 쓰레기를 태우는 공장이 아닌, 도시 위에 솟은 산과 같은 장소, 사람들이 산책하고 스키를 타

코펜힐의 외관
사진 : 유재득(illo)

며 경치를 누리는 공공 공간을 꿈꾼 것이다. 그리고 그 실현은 '냄새를 없애는 것'이 아닌, 향기를 되살리는 일에서부터 시작되었다.

인공의 산에서 올라오는 자연의 향기

초기에는 인공적으로 70여 종의 식물이 식재되었으나, 시간이 흐르면서 자연이 스스로 식생을 확장하기 시작했다. 지금은 나비와 새들이 씨앗을 퍼뜨려 120종 이상의 식물이 자생하고 있으며, 봄에는 새싹의 풋내가, 여름에는 풀과

코펜힐의 자연환경 사진 :BIG

허브의 향기가, 가을에는 낙엽과 흙냄새가, 겨울에는 맑고 서늘한 공기의 향이 산 전체를 감싼다.

이제 코펜힐은 '냄새를 제거한 공간'이 아니라, 계절의 향기를 품은 도시의 후각적 오아시스로 진화하고 있다.

후각으로 공간의 인식을 전환하다

초기에는 주민들의 우려가 컸다고 한다. '쓰레기 냄새 나는 스키장'이라는 상상이 그들을 불안하게 했다. 그러나 코펜힐이 완공되고 시민들이 직접 그 공간을 걷고, 숨 쉬고, 향기를 체험한 이후 그 반응은 전혀 달라졌다. 이제 코펜힐은 주말이면 가족 단위의 방문객으로 붐비는 명소가 되었고, 인근의 부동산 가치마저 상승했다. 그 이유는 간단하다. 사람들은 이곳을 더 이상 '혐오 시설'이 아니라, '상쾌한 공기 속에서 즐거운 시간을 보냈던 장소'로 기억하기 때문이다.

펜힐에서 스키활강 모습
사진 :BIG

후각적 공공성, 공간 경험을 다시 설계하다

코펜힐은 단지 악취를 차단한 것이 아니다. 후각을 통해 도시의 감정을 바꾸었다.

이 시설은 향기와 자연, 기술과 감각을 통합적으로 설계하여, 도시 인프라에 감각적 공공성을 더한 보기 드문 사례다. 더불어, 소각 과정에서 나오는 에너지가 도시 난방에 공급되어, 물리적 효율성과 감각적 경험이 함께 작동하는 지속가능한 모델을 구축했다.

후각은 기억을 설계한다

코펜힐의 가장 인상적인 전환은 바로 이것이다. 사람들이 "생각보다 냄새가 나지 않았다"고 말하지 않고, "상쾌한 공기 속에서 즐거운 시간을 보냈다"고 기억한다는 것이다. 이러한 기억의 변화는 단순한 냄새 제거 기술만으로는 불가능하다. 후각을 설계의 대상으로 삼고, 향기를 경험의 일부로 조직했기에 가능한 일이었다.

도시는 냄새로 기억되는 공간이다.

그리고 코펜힐은 이 냄새를, 불쾌한 기억이 아닌 환대의 감각으로 바꾸는 전환의 힘을 보여주었다. 후각은 단순히 제어해야 할 감각이 아니라, 공간을 사람의 감정과 연결시키는 설계의 핵심 축이 될 수 있다는 가능성을 이곳에서 우리는 명확히 마주하게 된다.

코펜힐 전경, 경사를 활용한 조경공간과
인공 스키 슬로프 사진 : BIG

후각으로 짓는 건축의 향기, AEAJ 그린테라스

건축은 원래 눈으로 읽어 왔고 우리는 주로 시각으로 공간을 평가해 왔다. 하지만 이제는 조금 다른 시대가 되었다. 공간은 눈으로만 감상하는 대상이 아니라, 몸 전체로 경험하는 감각의 그릇이 되어가고 있다. 그중에서도 후각은 가장 은밀하지만, 가장 깊숙이 감정을 건드리는 감각이다. 그렇기에 향기는 장소의 정체성을 만들고, 기억을 붙잡는 힘을 가진다. 쿠마 켄고가 설계한 AEAJ 그린테라스는 바로 그런 후각 중심의 공간 경험이 건축의 구조와 프로그램 속에 어떻게 녹아들 수 있는지를 보여주는 흥미로운 사례다. AEAJ는 일본 아로마 환경 협회의 사무실과 교육장으로서 향기에 대한 교육과 정보를 전시하고 있다, 이곳은 건축적 완성도가 높다든지 단순히 아름다운 건축물이 아니다. 그 자체로 하나의 거대한 아로마 디퓨저처럼 작동하며, 우리가 잊고 있던 후각의 회복을 건축의 본질 속으로 다시 끌어들이려는 시도에서 의미가 있다.

향기 나는 구조 : 재료와 공기의 흐름을 설계하다

이 건물에서 가장 먼저 눈에 들어오는 것은 향기를 품은 목재 구조다. 삼나무, 편백나무처럼 고유한 향을 머금은 일본산 목재들이 사용되었는데, 단순히 마감재가 아니라 구조의 중심으로 들어가 있다. 전통 목조건축에서 사용하던 '이음새' 구조를 현대적으로 재해석하여 만들어진 격자 구조는 단지 건축적 안정성을 주는 것을 넘어, 공기 흐름을 유도하고 그 안에 향기를 자연스럽게 스며들게 하는 장치로도 작동한다. 목재의 향기는 시간의 흐름과 함께 더욱 깊어지고, 사람의 움직임이 만들어내는 공기의 흐름에 따라 향기의 농도와 퍼짐도 달라진다. 결국 건물 전체가 스스로 숨을 쉬며 향기를 머금는 유기적 존재가 되어, 우리가 어느 공간에 머무는지에 따라 다른 후각적 경험을 제공한다.

AEAJ 그린테라스의 외관 사진 : 유재득(illo)

빛과 향기의 교차 : 도시 속 숲을 품다

AEAJ 그린테라스의 외형은 유리로 감싸인 박스형 건물 안에 목재 격자가 삽입되어 단순하다.

하지만 그 안으로 들어서는 순간 경험은 달라진다.

유리와 목재 사이로 자연광이 스며들며 나무 사이를 흐르는 '코모레비木漏れ日, 나뭇잎 사이로 쏟아지는 햇살' 효과가 만들어지고, 그 빛과 함께 은은한 나무 향이 공간 전체를 감싼다.

빛과 향기가 교차하는 이 장면은 시각과 후각을 동시에 깨우며, 도시 속에서 단절된 감각을 서서히 회복시킨다. 마치 숲 속에 들어온 듯한 느낌을 주지만, 우리는 분명 도시 한복판에 서 있다.

이 건축은 향기를 매개로 자연과 도시, 전통과 현대라는 서로 다른 시간과 공간의 층위를 하나의 경험으로 묶어내는 감각적 플

코모레비 사진 :정유미

랫폼으로 기능한다.

향기를 경험하는 프로그램 : 감각과 지식을 연결하다

AEAJ 그린테라스는 단순히 향기 나는 건축물로 끝나지 않는다.

이곳에는 향을 중심으로 설계된 프로그램이 담겨 있다. 아로마 실험실에서는 사용자가 직접 향을 조합하고 체험할 수 있으며, 아로마 도서관과 아로마 라운지는 향과 관련된 지식과 기억, 감정을 자연스럽게 확장하는 공간으로 구성된다. 향은 공기 속을 떠도는 장식적인 요소가 아니라, 학습과 치유, 사색의 매개체가 된다.

건축이 단순히 물리적 컨테이너가 아니라 감각의 작동을 유도하는 정교한 장치가 될 수 있음을 이 사례는 잘 보여준다. 공간을 어떻게 구성하느냐에 따라 후각은 지식과 경험, 감정과 자연스럽게 연결된다.

AEAJ 그린테라스의 실내 모습, 아로마테라피 강좌가 진행 중이다.

사진 : 유재득(illo)

향기로 도시를 다시 읽다

AEAJ 그린테라스는 건축이 후각이라는 감각을 통해 도시에 새로운 감각적 층위를 더할 수 있다는 점을 잘 보여준다. 도시는 본래 냄새로 기억되는 곳이기도 하다. 그러나 현대 도시에서는 후각이 배제되거나, 통제 대상으로만 다루어져왔다.

쿠마 켄고는 이 건축을 통해 도시 속에서 끊어진 감각의 흐름을 다시 잇고, 지속 가능한 재료와 지역적 맥락을 후각적 방식으로 풀어냈다. 향기는 눈에 보이지 않지만 가장 깊숙이 도시 경험을 조직하는 힘을 가지고 있다. AEAJ 그린테라스는 바로 그 점을 건축적으로 증명해 보인다. 후각은 건축의 구조, 재료, 공간 구성, 도시적 메시지까지 깊숙이 파고들 수 있으며, 공간과 사람, 도시를 다시 연결하는 실천적 감각임을 우리에게 알려준다.

결국 AEAJ 그린테라스는 도시 속에서 다시 숨을 쉬게 되는 건축이다. 우리가 쉽게 잊어버린 후각적 풍경을 도시 속으로 끌어들이고, 감각의 회복이라는 관점에서 건축과 도시를 새롭게 바라보게 하는, 의미 있는 시도라 할 수 있다.

목재 캐노피와 실내 모습
사진 : 유재득(illo)

시간의 결이 묻어 있는 감각적 풍경

우리가 도시를 설명할 때 우리는 주로 시각과 청각으로 설명하여 왔다. 하늘을 가르는 빌딩의 실루엣, 밤거리를 밝히는 간판의 빛, 그리고 쉼 없이 흘러가는 교통 소음과 사람들의 말소리. 이렇게 우리가 떠올리는 '도시의 이미지'는 늘 눈과 귀를 중심으로 구성되어 왔다. 하지만 그 도시에 오래 머물렀던 기억의 흔적은 조금 다르다. 아침 골목에서 풍겨 나오던 생활의 냄새, 장마철 젖은 골목길에서 배어나오던 흙냄새, 오래된 서점의 종이 냄새. 그것은 향기다. 비가 오면, 우리는 도시가 젖는 냄새를 기억한다. 계절이 바뀌면, 도시의 공기는 향기로 달라진다. 결국 향기는 도시의 숨결이며, 우리가 장소에 정서적으로 반응하게 만드는 가장 깊은 감각이다. 그럼에도 불구하고, 지금까지 도시 설계나 건축에서 후각은 철저히 배제된 감각이었다. 향기는 통제하고 제거해야 할 대상, 다시 말해 '악취 관리'의 문제로 축소되었고, 도시의 풍경을 구성하는 적극적인 요소로는 거의 다뤄지지 않았다. 그러나 이제는 질문을 바꿔야 할 때다. 우리가 도시를 디자인한다는 것은, 향기를 디자인하는 것이 아닐까?

향기는 시간의 결이 묻어 있는 감각적 풍경이다. 눈에 보이지 않지만 공간에 스며들고, 사람의 감정에 침투하며, 기억의 구조를 형성한다. 따라서 도시를 설계할 때, 향기의 흐름과 구조를 함께 고려하는 것은 단순한 쾌적성을 넘어서, 도시에 대한 애착과 감성적 깊이를 불어넣는 전략이 될 수 있다. 이번 장에서 소개한 사례들은 그 가능성을 실증적으로 보여주었다.

로테르담의 마켓홀은 향기의 층위를 건축적 구조 안에 정교하게 설계함으로써, 도시의 후각적 풍경이 단지 기능을 넘어 기억의 매개가 될 수 있음을 보여주었다.

발스 온천은 물과 돌이 만들어낸 미네랄 향을 통해, 자연이 지닌 원형적 감각의 힘을 후각으로 되살리는 공간이었다. AEAJ 그린테라스는 향기를 단순한 요소가 아닌 건축 구조와 프로그램의 중심으로 통합하며, 도시 속에서 감각을 회복하는 플랫폼으로 작동했다.

그리고 코펜힐은 쓰레기 냄새라는 도시의 혐오적 후각 경험을 역전시켜, 향기로 정체성을 회복한 인프라의 새로운 가능성을 열었다. 이 사례들은 하나의 공통된 메시지를 전한다.

도시의 후각을 다시 설계해야 한다는 것. 단지 보이는 도시가 아니라, 냄새나는 도시, 그 냄새가 사람을 이끄는 도시로의 전환 말이다. 이를 위해서는 몇 가지 관점의 전환이 필요하다.

첫째, 후각은 단순한 환경 위생 문제가 아니라 감정과 장소 정체성을 구성하는 감각임을 인정해야 한다.

둘째, 향기의 경험은 고정되지 않으며, 시간과 계절에 따라 변화하는 흐름이라는 점에서 동적인 설계 개념으로 접근해야 한다.

셋째, 향기는 개인적 경험을 넘어서 사회적으로 공유되는 감각이 될 수 있으며, 커뮤니티 형성과 장소적 소속감의 기제로도 작동할 수 있다.

그렇게 후각은 도시의 물리적 형태가 아니라, 삶의 밀도와 감정의 깊이를 설계하는 데 핵심이 된다. 그리고 그것은 향기의 흐름, 향기의 구조, 향기의 기억을 설계하는 것에서부터 시작된다.

도시는 결국 사람이 살아가는 감각의 그릇이다. 그 감각을 어떻게 채워 넣느냐에 따라, 도시는 단순한 장소를 넘어 기억되고 애착되는 공간이 된다. 우리가 도시를 디자인한다는 것이 곧 향기를 디자인하는 일이라면, 이제는 그 보이지 않는 감각을 의식적으로 설계해야 할 때다. 그리고 그때, 우리는 비로소 감각적으로 풍요로운 도시를 꿈꿀 수 있을 것이다.

도시를 디자인한다는 것은, 향기를 디자인한다는 것 아닐까? 이 질문에 적극적으로 답할 수 있을 때, 비로소 우리는 보다 풍요로운 도시 경험을 설계할 수 있을 것이다.

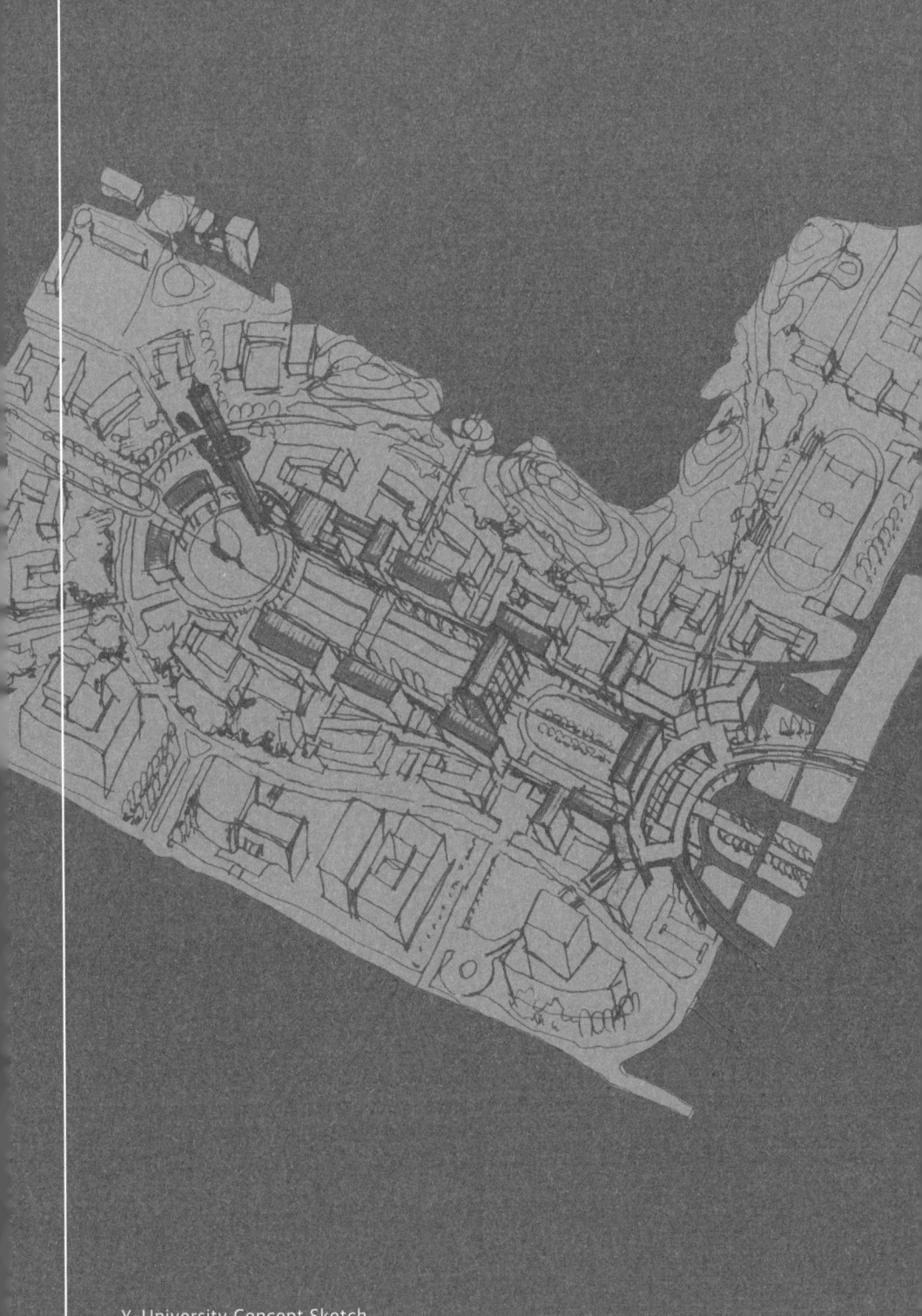
Y-University Concept Sketch

우리는 도시를 걷거나 건축을 경험할 때, 시각 외에도 촉각을 통해
많은 것을 느낀다. 촉각은 시각과 상보적인 관계를 이루며,
공간의 따뜻함과 감촉을 전달한다. 또한 촉각은 공간의 첫인상이다.
그럼에도 우리는 종종 촉각을 간과하곤 한다.
이 장에서는 촉각이 도시와 건축 경험에서 중요한 역할을 한다는 점을 탐구한다.

촉각은 외계의 정보를 얻는 하나의 수단이자, 동시에 그 이해나 인상을
깊게 하는 역할을 한다. 만짐으로서 얻는 따뜻함, 부드러움 등은
우리가 직접적으로 경험할 수 있는 정보지만,
그와 동시에 촉각을 통해 얻을 수 있는 정보는 시각이나 청각 등의
다른 감각과 결합하여 더 풍부한 경험을 제공한다.
예를 들어, 건축의 재료가 주는 느낌이나 물의 흐름을 손끝으로 느끼는 것에서,
그 공간의 역사나 문화적 맥락까지 연결되는 경우가 많다.
촉각을 통해 도시의 쾌적성을 높일 수 있으며,
이는 따뜻하고 인간적인 공간을 만드는 데 필수적이다.
우리가 경험하는 도시의 물리적 감각은 무엇을 전달하고 있을까?

PART 7

도시를 만지면
어떤 변화가 일어날까?
_촉각

도시, 이제 손으로 느끼자

감각의 전환 : 시각에서 촉각으로

우리는 도시를 늘 '본다'. 도시의 이미지를 기억하고, 스카이라인을 인식하며, 랜드마크를 향해 걷는다. 그러나 도시를 '살아가는' 우리의 몸은 단지 보는 존재가 아니다. 걷고, 기대고, 앉고, 부딪히는 몸은 끊임없이 도시를 '만진다'. 시각은 거리를 둔다. 반면, 촉각은 그 거리를 없애는 감각이다. 이때부터 도시는 단순한 이미지가 아니라, 피부로 체감하는 장소로 변모한다.

철학자 모리스 메를로-퐁티Maurice Merleau-Ponty는 인간의 신체를 세계와의 관계를 형성하는 중심적 매개체로 보았다. 특히 촉각은 공간과 직접 맞닿는 감각이며, 이를 통해 인간은 자신이 세계 속에 실재하고 있다는 실존적 감각을 회복한다고 말한다. 우리는 벽을 만질 때, 단지 그 표면을 인식하는 것이 아니라, 그 공간의 무게와 시간을 동시에 감각한다. '만지는 자'이자 '만져지는 자'로서의 이중 경험은 주체와 객체의 경계를 흐리게 만든다. 건축 이론가 유하니 팔라스마Juhani Pallasmaa는 그의 저서 『The Eyes of the Skin: Architecture and the Senses』에서

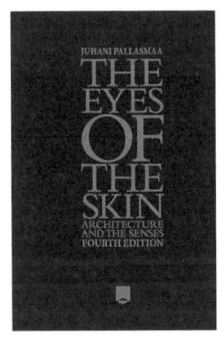

『The Eyes of the skin』 표지

이러한 감각의 복원을 주장하며, 시각 중심의 현대 건축을 비판한다. 그의 말처럼, "시각은 거리를 만들고, 촉각은 근접성을 만든다." 시각은 관찰을 가능케 하지만, 촉각은 관계를 만든다. 우리가 진정으로 공간을 경험하는 순간은, 그 공간이 우리 피부에 반응할 때다.

피부로 읽는 공간 : 촉각의 생리와 구조

촉각은 피부라는 감각기관을 통해 이루어진다. 이는 단지 물체의 표면을 인지하는 수준을 넘어, 온도, 습도, 압력, 햇빛의 따스함, 그늘의 서늘함까지 감지하는 복합 감각이다. 도시에 내재된 환경 조건들은 이 촉각적 시스템과 끊임없이 상호작용하며, 그 결과로 우리는 공간의 쾌적함이나 불쾌함을 피부로 경험한다.

촉각은 생리학적으로 네 가지 단순 감각으로 구성된다. '촉각'은 직접적인 접촉에 의한 자극을 인지하며, 손과 발을 통해 표면의 질감과 밀도를 감지한다. '압각'은 비교적 깊은 층의 감각점에서 발생하며, 안정감이나 무게감을 느끼게 한다. '통각'은 위험 감지 기능을 가지며, 날카롭거나 너무 뜨겁고 차가운 환경에서 긴장감을 유도한다. 마지막으로 '온도감각'은 온점과 냉점을 통해 피부 표면의 미묘한 기후 변화를 감지한다. 예를 들어, 여름철 뜨겁게 달궈진 석재 바닥과 가을 햇살 아래 나무 벤치의 따뜻함은 전혀 다른 공간 체험을 만들어낸다.

촉각의 기본 유형

촉각 Tactile Sense   직접적인 접촉에 의한 자극을 인지하는 감각이다. 촉각 중에서 비교적 깊은 곳에 있는 감각점에 작용하는 경우를 압각이라고 한다. 촉각적으로 받아들인 자극은 시각 자극에 비해 정보량이 적고 단순한 대신에 더 오래 기억에 남는 경향이 있다. 걸을 때 바닥에 닿는 발바닥의 감촉과, 앉았을 때 벤치 등 둔부에 닿는 느낌을 통해 보행자는 편안함을 느낄 수도, 불편함이나 통증을 느낄 수도 있다.

통각 Pain Sense   통증을 느끼는 감각으로서 외부 자극뿐 아니라 내부의 상처나 염증에 의해서도 통각이 발생할 수 있으며, 압력이나 온열감 등 다른 종류의 자극도 자극의 강도가 어느 정도 이상으로 세지면 통각을 함께 느끼게 된다. 다른 피부감각에 비해 감각점이 가장 조밀하게 분포하고, 자극에 대한 순응이 거의 없어 자극이 없어질 때까지 감각이 지속되는 것이 특징이다.

온도감각 Temperature Sense   온도감각은 온점에서 받아들이는 온열감과 냉점에서 받아들이는 냉감으로 이루어진다. 온도의 절대값이 아닌 변화를 감지하여, 온도가 상승할 때에는 온점, 온도가 하강할 때에는 냉점이 반응한다.

보행자가 체감하는 체감온도는 기온뿐 아니라 체표면의 열교환 상태에도 영향을 받는다. 여기에는 풍속, 습도, 일사, 강우 등의 기상요인과 착의량, 신체적 조건, 심리상태 등 개인적인 요인이 종합적으로 작용한다. 따스한 햇살이나 시원한 그늘, 선선한 바람은 쾌적한 보행에 도움을 주지만 극단적인 더위나 추위, 혹독한 날씨, 강하게 불어오는 바람은 보행자에게 불쾌감을 유발한다.

감각은 정보를 넘어 감정을 품는다

촉각은 물리적 정보 이상의 의미를 전달한다. 우리는 단지 공간의 재질을 분별하는 것이 아니라, 그 재질이 전해주는 정서를 동시에 받아들인다. 매끄러운 유리의 냉정함, 오래된 나무의 따스함, 잔디밭의 부드러움, 자갈길의 울퉁불퉁함은 공간을 감정적으로 기억하게 만든다.

더 나아가, 촉각은 사회문화적 기억을 품는다. 오래된 청동문 손잡이의 매끄러운 닳음은 수많은 사람들의 손길이 쌓인 시간의 흔적이다. 그것은 단지 오브제가 아니라 공간의 역사이자 그 장소를 기억하는 방식이다. 또한 우리가 바닥에 발을 딛는 감각, 벽에 몸을 기대는 경험은 '내가 이 공간 안에 있다'는 실존적 확신을 가능하게 한다.

촉각은 단순한 신체 감각이 아니라, 공간의 존재를 증명하는 정서적, 문화적, 실존적 감각이다.

오래된 난간은 시간의 흔적을 담는다.
사진 : 유재득(illo)

몸이 공간을 인식하는 방식

우리는 눈으로 공간을 이해한다고 생각하지만, 실제로는 몸 전체로 공간을 인식한다. 건축가 스티븐 홀이 제시한 '햅틱 공간haptic space'은 손끝뿐만 아니라, 신체 전반이 공간과 상호작용하는 방식에 주목한다. 우리는 계단을 오르며 다리 근육의 긴장을 느끼고, 좁은 골목을 지나며 어깨와 벽 사이의 거리감을 감지한다. 이때 작동하는 감각은 운동감각kinesthesia과 전정감각vestibular sense이다.

이러한 감각은 단지 신체의 위치를 감지하는 차원이 아니라, 건축의 형태와 구조, 중력과 기울기, 공간의 압박과 해방을 가장 생생하게 체험하게 만든다. 다시 말해, 공간의 진짜 얼굴은 눈이 아니라 몸이 먼저 안다.

바르셀로나의 바닥과 난간
사진 : 유재득(illo)

시각-촉각의 상보적 관계

이러한 촉각은 시각과 상보적인 관계를 형성한다. '거리두기'의 감각인 시각과 달리, 촉각은 '거리소멸'의 감각으로서 가장 개인적인 공간 경험을 제공한다. 촉각을 통해 우리는 공간의 질감, 무게, 밀도, 온도 등을 직접적으로 체험할 수 있으며, 특히 공간의 깊이와 저항감을 감지할 수 있는 유일한 감각으로서의 가치를 지닌다. 시각이 세계를 객관화하고 거리를 두게 한다면, 촉각은 세계와의 일체감과 소속감을 제공한다. 팔라스마는 "시각은 관찰자이지만, 촉각은 참여자"라고 지적한다. 시각만으로는 공간의 실존적 깊이와 물질적 진실을 완전히 이해할 수 없으며, 촉각적 경험을 통해 우리는 공간과 더 깊은 실존적 연결을 맺을 수 있다.

도시의 촉각 환경과 설계의 방향

도시에서 촉각적 경험은 어디에서 시작될까? 가장 먼저 발바닥에서 시작된다. 보행자는 매일 다른 재질의 바닥을 밟고 걷는다. 화강석, 벽돌, 나무 데크, 아스팔트는 각각 다른 리듬과 밀도로 보행감을 만들어낸다. 도시의 정체성은 때로는 발끝에서 형성된다.

그다음은 도시 가구와의 접촉이다. 벤치의 재질과 형태, 난간의 표면, 정류장의 쉘터는 단지 머무는 공간의 조건이 아니라, 감각적으로 그곳에 '머물고 싶은지'를 결정하는 요소다. 차갑고 날카로운 금속 벤치보다 둥글고 따뜻한 나무 벤치는 사람들이 앉고 싶어 하는 도시를 만든다. 이처럼 촉각은 도시의 '머무름'을 설계하는 감각이다. 더 나아가

도시의 촉각을 대변하는 보행자 거리(도쿄)

사진 : 유재득(illo)

도시의 미기후 요소—풍속, 일조, 습도, 그늘, 바람막이—는 피부에 반응하며 촉각적 쾌적성을 결정한다. 시각적으로 아름다워도, 너무 뜨겁거나 추운 공간은 사람을 밀어낸다. 반면 촉각적으로 편안한 공간은 시각적으로 소박하더라도 사람을 끌어들인다. 도시 설계는 이제 감각의 기후를 함께 고려해야 한다.

거리두기에서 포옹으로: 촉각이 회복되는 도시

현대 도시와 건축은 시각적 스펙터클에 집착해 왔다. 유리 커튼월의 반사, 드론뷰에서의 장관, 렌더링에서 강조된 조망, 모두가 보이는 도시를 향해 설계되었지만, 실제로 그 도시를 살아가는 우리의 몸은, 촉각의 빈곤 속에 방치되었다. 도시는 이미지가 아니라 환경이다. 건축은 오브제가 아니라 구조화된 감각이어야 한다. 그 공간에 발을 딛고, 손을 얹고, 피부로 그 장소를 감각할 수 있어야 진짜 '살아있는 장소'가 된다. 촉각은 거리두기의 감각이 아니라 관계의 감각이다. 도시는 우리를 밀어내는 구조가 아니라, 따뜻하게 안아주는 포옹이 되어야 한다. 그리고 그 포옹은, 손잡이 하나에서, 바닥재 한 장에서, 그늘을 만들어주는 나무 한 그루에서 시작된다.

촉각이 만드는 새로운 쾌적성

도시 쾌적성의 재정의 : 감각을 중심으로

우리는 도시의 쾌적함을 흔히 시각적인 아름다움이나 교통의 편의성으로 판단하곤 한다. 그러나 진짜 쾌적성은 몸으로 느껴지는 감각적 반응에서 비롯된다. 특히 보행자에게는 피부를 통해 접촉되는 공간의 재질, 온도, 공기의 흐름이 도시를 평가하는 중요한 기준이 된다. 촉각은 공간과의 거리를 없애는 감각이며, 도시와 인간의 관계를 가장 직접적으로 구성하는 요소다.

이제 도시의 쾌적성을 논할 때, 시각적 질서나 통행의 효율만이 아니라 발바닥과 손끝에서 출발하는 감각의 설계가 필요하다. 이 절에서는 도시 속 촉각적 쾌적성을 향상시킨 다양한 사례들을 통해, 감각 기반 도시설계의 실천적 가능성을 구체적으로 살펴보고자 한다.

바닥에서 시작되는 촉각 설계 : 보행자가 도시를 읽는 방법

도시에서 사람이 가장 많이 접촉하는 부분은 사실 눈앞의 파사드가 아니라 발아래의 바닥이다. 도보 위를 걷는 발바닥의 감각은 도시에 대한 첫인상이자 마지막 기억이 된다. 그렇기 때문에 도시의 바닥은 단순한 포장이 아니라 '감각의 지문'이 되어야 한다.

네덜란드 마스트리히트의 중심 광장인 프리터흐로프Vrijthof와 연결된

보행자 거리는 다양한 바닥 질감을 혼합하여 보행자에게 촉각적으로 풍부한 경험을 제공한다. 자연석과 벽돌, 목재 등이 구간마다 다르게 사용되어, 발에 닿는 질감만으로도 공간의 성격이 변하고 있음을 감지할 수 있다. 역사적 건물 앞에서는 오래된 방식의 석재 포장을 그대로 유지함으로써, 발끝으로 그 장소의 시간성을 느끼게 만든다.

경기도 파주의 "프로방스" 쇼핑몰설계: 유재득, 조경: 이주은 역시 다양한 바닥재를 실험적으로 도입한 대표적 사례다. 목재 데크와 천연석, 벽

(상) 바르셀로나 광장의 바닥패턴 사진 : 유재득(illo)
(중) 파주 프로방스의 바닥재 사진 : 유재득(illo)
(하) 포르투칼의 칼사다 바닥패턴
사진 : https://commons.wikimedia.org

돌, 잔디가 조화를 이루며, 걷는 이의 발걸음에 촉각적 리듬을 부여한다. 투수성 포장은 비 오는 날에도 미끄러지지 않으며, 여름철에는 과도한 열 축적을 방지해 계절에 따른 감각적 쾌적성을 유지한다.

이러한 설계는 도시의 바닥을 하나의 '촉각적 내러티브'로 변모시킨

다. 포르투갈의 전통적인 포장 방식인 '칼사다Calçada'처럼 흑백의 작은 석재 조각들로 패턴과 이미지를 만들어내며, 그 불규칙한 표면은 걸을 때마다 다양한 촉각적 자극을 제공한다. 바닥 패턴과 질감 자체가 문화적 이야기로 이어지며, 로마의 닳은 현무암 포장처럼 시간이 남긴 감각의 흔적은 도시를 더욱 입체적으로 경험하게 한다. 현대적 접근으로는, 코펜하겐의 보행자 중심 가로 설계에서 볼 수 있듯이, 차도와 보도의 경계에 질감 차이를 두어 시각적 구분 없이도 발로 느끼는 촉각적 정보를 통해 공간을 인식할 수 있게 하는 디자인이 있다.

기후를 읽는 피부, 설계로 조절되는 감각 :
도시의 미기후와 온도의 디자인

도시는 거대한 기후의 조각품이다. 그리고 우리는 매일 피부를 통해 그 기후의 결을 만난다. 햇빛과 그늘, 바람과 습도, 바닥의 열기와 촉감은 보행자에게 매 순간 감각적 정보를 전달한다. 도시는 감각을 설계하는 기술이자 환경이다.

아랍에미리트의 마스다르 시티Masdar City는 도시 미기후 설계의 대표적 사례다. 건물 배치와 파사드 디자인을 통해 바람길을 유도하고, 건물 간 간격을 조절해 항상 그늘진 보행이 가능하도록 조성했다. 바닥 포장은 열 반사율이 높은 재료를 사용하여, 발바닥의 뜨거움을 줄이고 온도 쾌적성을 유지한다. 전통적인 아랍 도시의 설계를 현대적으로 재해석한 이 실험은, 촉각을 중심에 둔 도시설계의 가능성을 보여준다.

템피센터 사진 : archdaily.com

이와 비슷한 전략은 미국 애리조나의 템피 센터 포 더 아트Tempe Center for the Arts에서도 찾아볼 수 있다. 사막 기후의 극단적인 열기를 완화하기 위해, 건물 주변에 수공간과 식재를 배치하고, 열을 반사하는 밝은 포장재와 그늘을 조성해 도시 외부 환경의 촉각적 자극을 조율한다.

기후 변화에 대응하는 도시 촉각 전략

싱가포르의 '가든스 바이 더 베이Gardens by the Bay'에 있는 쿨링 파빌리온은 열대 기후의 고온다습한 환경에서 도시민들에게 쾌적한 촉각적 경험을 제공한다. 자연 환기와 식물을 활용한 증발 냉각 시스템은 에어컨과 같은 인공적 냉각 방식과 달리, 온도와 습도의 자연스러운 조절을 통해 더 편안한 촉각적 환경을 만든다.

가든스 바이 더 베이 실내 전경 사진 : pexels.com

스페인 세비야의 메트로폴 파라솔Metropol Parasol은 거대한 목재 캐노피 구조물로, 도시 광장에 그늘을 제공하여 뜨거운 여름 기후에서도 쾌적한 공공 공간을 만든다. 이 구조물 아래에서는 온도가 현저히 낮아지며, 이는 시민들에게 직접적인 촉각적 안도감을 제공한다.

호주 멜버른의 '도시 냉각 전략Urban Cooling Strategy'은 폭염에 대응하는 다양한 촉각적 접근을 포함한다. 쿨링 파빌리온, 분무 시스템, 그늘 구조물, 반사율이 높은 포장재 등을 통해 도시 열섬 현상을 완화하고 촉각적 쾌적성을 높인다.

스트리트 퍼니처와 공공 공간의 촉각적 디자인

스트리트 퍼니처는 사용자와 직접적인 촉각적 접촉이 이루어지는 중요한 요소이다. 벤치, 난간, 정류장 쉘터 등은 단순한 기능적 역할을 넘어 도시 공간의 촉각적 쾌적성을 결정짓는다. 덴마크의 도시 계획가 얀 겔Jan Gehl이 디자인한 코펜하겐의 공공 공간은 인체공학적으로 설계된 나무 벤치, 적절한 높이와 각도의 난간, 편안한 그립감의 손잡이 등을 통해 촉각적으로 쾌적한 도시 환경을 구현한다. 얀겔은 '인간 척도의 도시'를 강조하며, 인간의 신체가 편안하게 접촉하고 사용할 수 있는 도시 요소들의 중요성을 역설했다.

스페인 바르셀로나의 '슈퍼블록Superblock' 프로젝트에서는, 차량 통행을 제한한 영역에 다양한 질감과 재료의 도시 가구들을 배치하여, 시민들이 도시 공간과 다양한 촉각적 상호작용을 할 수 있는 기회를 제공

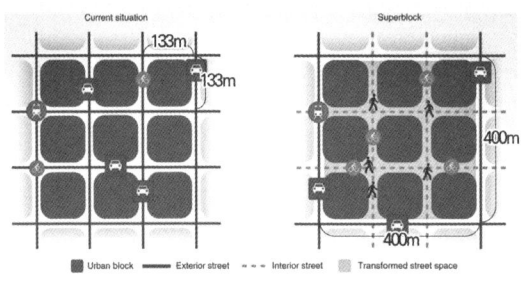

바르셀로나의 슈퍼블럭 개념도

한다. 특히 어린이와 노인을 위한 촉각적 요소들 다양한 질감의 놀이 시설, 편안한 그립감의 손잡이 등은 포용적 도시 공간 설계의 좋은 사례이다.

포용적 도시를 위한 촉각적 디자인

유니버설 디자인과 촉각적 접근성

포용적 도시 환경 조성에 있어 촉각적 요소는 특히 시각 장애인을 비롯한 다양한 사용자들에게 중요하다. 단순한 식별용 점자 블록을 넘어, 촉각을 통한 풍부한 공간 정보 제공이 가능하다. 일본 도쿄의 촉각적 접근성 디자인은 세계적으로 우수한 사례로 평가받는다. 점자 블록뿐 아니라, 보도와 차도의 경계, 횡단보도, 계단 시작점 등에 일관된 촉각적 신호 체계를 적용하여 시각 장애인의 독립적 이동을 지원한다. 촉각 타일은 두 가지 주요 유형으로 나뉜다. 돌출된 점이 있는 타일은 주의를, 길고 평행한 줄무늬가 있는 타일은 방향을 알려준다.

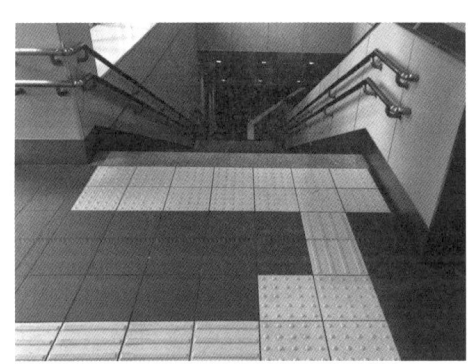

일본의 촉각 보도블록 사진 : samuraitours.com

스페인 바르셀로나의 '디자인 포 올Design for All' 재단은 사용자를 디자인 프로세스 중심에 놓고 도시 전체에 걸쳐 촉각적 접근성을 높이는 프로젝트를 실행했다. 공공 건물의 촉지도, 주요 랜드마크의 축소 모형, 다양한 질감을 통한 공간 구분 등이 포함된다.

다양한 사용자를 위한 촉각적 배려

노인, 아동, 장애인 등 다양한 사용자 그룹은 각기 다른 촉각적 필요와 선호를 가진다. 포용적 도시 환경은 이러한 다양성을 고려한 촉각적 디자인을 포함해야 한다. 네덜란드의 '치매 친화적 마을'인 호그벡Hogeweyk은 치매 환자들이 기억하는 친숙한 촉각적 경험을 재현한 디자인을 적용했다. 과거에 사용되던 문손잡이, 가구의 질감, 바닥재 등을 통해 거주자들에게 안정감을 제공한다.

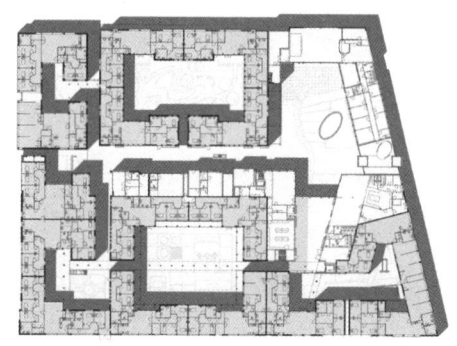

호그백 1층평면도 사진 : bethecareconcept.com

덴마크 코펜하겐의 어린이 공원들은 다양한 촉각적 경험을 제공하는 놀이 요소들로 설계되었다. 모래, 물, 나무, 돌, 금속 등 다양한 재

코펜하겐 옥상놀이공간 사진 : 유재득(illo)

료를 사용하여 어린이들의 감각 발달을 촉진하는 동시에, 놀이 경험을 풍요롭게 한다. 또한, 손의 터치를 통해 음악과 등이 들어오게 하는 놀이 기구로 촉각적 재미를 일깨운다.

촉각이 만드는 포용의 도시

다양한 도시 사례들을 통해 살펴본 바와 같이, 촉각적 경험은 도시 쾌적성의 핵심 요소이다.

특히 촉각의 포용적 특성은 주목할 만하다. 촉각은 시각이나 청각과 달리, 직접적인 신체적 접촉을 통해 경험되므로, 연령, 능력, 문화적 배경에 관계없이 모든 사람에게 접근 가능한 감각이다. 따라서 촉각적으로 세심하게 설계된 도시 환경은 자연스럽게 더 포용적이고 민주적인 공간이 된다.

앞에서 살펴본 바와 같이, 촉각은 '거리두기가 아닌 따뜻한 포옹'의 감각이다. 이는 단순한 은유가 아니라, 실제 도시 환경이 시민들과 맺는 관계의 본질을 표현한다. 촉각적으로 풍요로운 도시는 시민들을 단순한 관찰자가 아닌, 공간과 직접 소통하는 적극적 참여자로 초대한다.

앞으로의 도시설계와 건축 설계에서는 시각적 요소뿐 아니라 촉각적 차원까지 고려한 통합적 접근이 필요하다.

건축의 새로운 패러다임, 촉각 건축

시각 상실, 건축을 다시 만지는 순간

건축은 '보는 일'이라고 여기며 살아 왔고, 도면을 읽고, 파사드를 그리며, 렌더링으로 공간을 미리 상상하며 살아온 한 건축가가, 그 전제를 뒤집는 삶을 살게 되었다.

크리스 다우니Chris Downey. 샌프란시스코에서 활동하던 그는 어느 날, 시신경을 압박하는 종양으로 인해 시력을 잃었다. 건축가에게 시각의 상실은 곧 정체성의 상실을 의미할 수도 있는 큰 충격이었다. 그러나 다우니는 멈추지 않았다. 오히려 그 사건을 계기로 그는 건축을 '다시 보는 법'을 배우기 시작했다. 아니, 정확히 말하자면, 건축을 '만지는 법'으로 다시 배웠다.

엠보싱된 도면, 촉각적 스케치, 손끝으로 읽는 공간 구성. 그는 자신만의 새로운 언어로 건축을 다시 익혔고, 이후 시각장애인을 위한 공간 설계에 집중하며, 감각의 다양성과 포용성을 공간 속에 녹여내기 시작했다. 더 이상 그는 '보지 않고 설계하는 건축가'가 아니라, '다른 방식으로

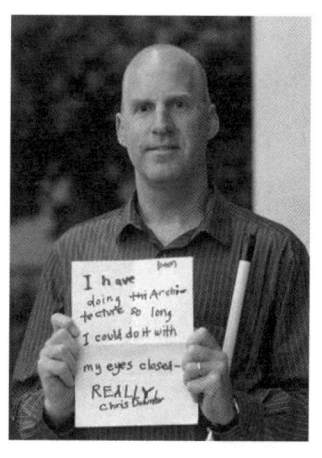

다우니가 "나는 오랫동안 건축을 해왔기 때문에 눈을 감고도 건축을 할 수 있다"라는 팻말을 들고 있다.
사진 : thearchitectstake.com

공간을 읽고 쓰는 건축가'가 된 것이다.

촉각을 통한 건축적 혁신

다우니의 건축은 단순히 시각장애인을 위한 '무장애 설계'를 넘어서, 감각을 재구성하는 작업이다. 그는 대비와 밝기를 고려한 조명 설계, 지팡이 사용자를 위한 재료와 질감, 길 찾기를 돕는 사운드 기술 등을 활용하여 풍부한 환경을 만들어냈다. 그는 트랜스베이 환승센터에서 바닥재의 질감을 미세하게 달리하여 시각적 안내 없이도 촉각만으로 경로를 식별할 수 있도록 했다. 플랫폼 전체 길이에 걸쳐 콘크리트 바닥에 홈을 파는 방식으로, 시각 장애인들이 자연스럽게 이동할 수 있도록 했다. 특히 에스컬레이터 구간에서는 매끄러운 콘크리트에서 질감 있는 콘크리트로 미묘하게 변화를 주어 촉각을 통한 방향 인지를 가능하게 했다.

이외에도 다우니는 듀크 대학교 병원 안과 센터, 피츠버그 의과대학

다우니가 손의 촉감으로 도면을 읽어내는 모습

사진 : thearchitectstake.com

재활 연구소, 샌프란시스코 라이트하우스 신축 등 주요 프로젝트에 기여하며 시각 장애인을 위한 접근성 솔루션을 지속적으로 개발해왔다.

감각을 구조화하는 건축: 오감의 통합으로

다우니가 우리에게 던지는 질문은 단순하다. 왜 우리는 건축을 '보는 것'으로만 이해해왔을까?

그의 건축은 시각적 인식만으로는 결코 경험할 수 없는 감각의 레이어를 드러낸다. 손끝의 미세한 질감, 바닥을 통해 느껴지는 미열, 공간에서 반사되어 들리는 발소리, 벽면을 따라 스치는 손바닥의 긴장감. 이 모든 것은, 우리가 미처 '보지 못했던' 공간의 감각이다.

그는 공간을 설계할 때 청각과 촉각, 운동감각을 함께 고려한다. 벽의 질감은 단지 장식이 아니라 정보의 매개이고, 바닥의 변화는 방향을 제시하는 촉각의 사인이다. 음향은 단순한 배경이 아니라 공간의 크기와 형태를 지각하는 수단이 된다.

예컨대 음파의 반사를 통해 공간을 인지하는 '에코로케이션'을 적용한 설계 방식은, 청각의 감도를 높이는 동시에 공간을 감정적으로 경험하게 만든다. 이는 시각 중심의 설계를 벗어난, 다중감각적 공간 언어의 실험이자 구현이다.

사람을 중심에 두는 감각의 건축

다우니는 말한다. "나는 예전에는 돌의 모양만 보았다. 지금은 돌의 온도와 촉감을 느낀다."

그는 건축이란 결국 사람을 위한 것이며, '모두를 위한 공간'을 만들기 위해서는 감각 전체를 열어야 한다고 강조한다. 그에게 공간은 시각적 완성도가 아니라 감각적 친화도에 의해 평가된다.

장애 여부를 떠나, 모든 사람이 공간과 감각적으로 연결될 수 있어야 한다는 그의 철학은 단지 소수자를 위한 배려가 아니라, 건축이 사람을 품는 방식에 대한 근본적인 질문이다. 우리는 누구나 언젠가는 감각의 일부를 상실할 수 있으며, 그렇기 때문에 도시와 건축은 언제나 '모든 사람의 몸'을 중심에 두고 설계되어야 한다.

감각은 회복될 수 있다

크리스 다우니의 건축은 우리에게 한 가지 중요한 사실을 일깨운다.

감각은 회복될 수 있다는 것. 비록 시각은 잃었지만, 그는 다른 감각을 통해 공간을 새롭게 읽어냈다. 그리고 그것은 오히려 건축의 가능성을 확장시키는 계기가 되었다.

그의 건축은 하나의 선언이다.

우리가 건축을 다시 '만질' 때, 공간은 다시 살아나고, 도시도 다시 사람과 연결된다.

손끝에서 시작되는 도시경험

도시를 걷다 보면, 우리는 의외로 많은 곳에 손을 댄다. 계단을 오를 때 난간에 손이 닿고, 문을 열기 위해 손잡이를 돌린다. 잠시 서서 기대는 기둥이나 손끝으로 밀고 닫는 문짝까지. 이 일상적인 동작들은 너무나 자연스러워 인식조차 되지 않지만, 사실 그것이 바로 공간과의 첫 번째 신체적 교감이다.

공간이 우리에게 어떤 인상을 주는가는 시각보다 먼저, 손끝에서 결정될지도 모른다.

난간과 손잡이. 그것은 건축의 외피도, 거대한 구조도 아니지만, 우리 몸이 가장 먼저 그리고 가장 자주 마주하는 공간의 얼굴이다. 이 접촉은 무심하지만, 무척 본능적이고 직관적이다. 마치 공간과 주고받는 악수처럼, 처음 손이 닿는 그 순간 우리는 무의식적으로 이 공간이 따뜻한지, 차가운지, 환영하는지, 거리를 두는지를 느끼게 된다.

건물 입구에서 우리는 목재 게이트로부터 환대를 받는다. With Harajuku의 목재 게이트 사진 : 유재득(illo)

공간과 주고 받는 첫인사

하지만 현대 도시와 건축에서 이 중요한 접촉면은 자주 간과된다. 관리와 내구성, 위생이라는 이름 아래 대부분의 난간과 손잡이는 차가운 금속으로 마감되고, 그 결과 사람의 첫 감각은 차가움으로 귀결된다. 이는 단순히 표면의 온도 문제가 아니다. 그것은 공간이 사람에게 건네는 감정의 언어이자 무의식의 메시지다. 차가운 난간은 거리두기를 유도하고, 딱딱한 손잡이는 긴장감을 만든다.

반면, 손끝으로 따뜻함이 전해지는 공간은 훨씬 더 관대하고 다정하게 느껴진다. 목재의 나뭇결이 주는 부드러운 감촉, 계절에 따라 변하는 자연스러운 온도, 손에 맞게 닳아가는 마모의 흔적. 이러한 감각적 접촉은 공간이 나를 기억해주는 듯한 인상을 준다.

가죽을 덧댄 손잡이는 마치 손을 맞잡는 듯한 부드러움을 전달하며,

(좌) 목재 게이트 (우) 주택 입구 금속난간 사진 : 유재득(illo)

미세한 텍스처가 가공된 금속은 강인함 속에서도 감각적 유연함을 품는다. 중요한 것은 재료 그 자체보다도, 그 재료가 사람과 어떻게 접촉하고 기억되는가에 있다.

손끝의 재료학 : 도시를 닿게 하는 물성

가장 오랜 시간 동안 인간의 손과 접촉해온 재료는 역시 나무다. 나무는 단순히 따뜻한 재료가 아니라, 사람과의 접촉을 통해 시간과 기억을 축적하는 재료다. 나뭇결의 요철은 손끝에 미세한 리듬을 남기고, 시간이 흐르며 손에 맞게 마모되고 윤이 난다. 이것은 마치 공간과 사람 사이에 쌓여가는 관계와도 같다.

가죽은 조금 더 감각적이다. 유연하고 부드러우면서도, 일정한 마찰력을 통해 손의 움직임을 유도한다. 손잡이에 덧댄 가죽은 단순한 장식이 아니라, 공간이 사람에게 건네는 정중한 제스처가 된다.

계단 목재 손잡이
사진 : 유재득(illo)

금속은 강인함과 위생성에서 유리한 재료지만, 그 감각은 냉정하기 쉽다. 그러나 브러시드 처리나 미세 텍스처링, 혹은 코팅을 통한 따뜻한 질감 구현은 금속의 견고함과 부드러움 사이의 절묘한 균형을 가능하게 한다. 최근에는 계절에 따라 교체 가능한 리넨 커버, 패브릭 랩핑, 온도 반응형 소재 등 다양한 감각적 실험이 이어지고 있다. 여름에는 시원하고, 겨울에는 포근한 감각으로 변주되는 난간 하나는 그 자체로 도시의 계절감을 전달하는 감각적 매체가 된다.

손의 흐름을 존중하는 디자인

디자인의 핵심은 손의 움직임을 이해하는 데 있다. 곡선형 난간은 손의 자연스러운 흐름을 따르며, 불필요한 저항 없이 접촉의 연속성을 만든다. 손잡이의 높이, 두께, 방향은 아이와 노인, 장애인 등 다양한 사용자를 고려해 조정되어야 하며, 모서리의 둥근 처리나 텍스처는 손끝에 안정감을 전달한다. 이는 단순한 접근성의 문제를 넘어, 공간이 사람을 환대할 수 있는지에 대한 태도이자 철학의 표현이다.

미래에는 스마트 재료와 온도 제어 기술을 통해 손잡이가 실시간으로 환경에 반응하며 감각적 쾌적성을 조율하는 시대가 올 것이다. 기술은 냉정한 것이 아니라, 따뜻함을 설계할 수 있는 도구가 되어야 한다.

가우디의 구엘공원 기둥
사진 : 유재득(illo)

손끝에서 도시와 건축이 기억된다

우리는 공간의 큰 틀은 쉽게 잊어버리지만, 손끝의 감각은 오래도록 기억된다. 차가운 난간에 움찔했던 순간, 따뜻한 나무 손잡이에 기대어 쉬었던 기억, 거칠고 낡았지만 묘하게 안정감을 주던 돌난간의 표면. 이것이 도시가 남기는 감각의 흔적이다. 디자인은 오랫동안 시각 중심으로 발전해왔지만, 진짜 좋은 디자인은 촉각을 잊지 않는다.

현대 건축은 내구성과 경제성을 우선하며 재료의 물성을 소홀히 다루어왔다. 그래서 우리는 더 이상 손으로 만질 때 느껴지는 재료의 온기와 질감을 쉽게 경험하지 못한다. 그러나 과거 우리의 선조들이 사용했던 목재나 황토는 친환경적이면서도 손끝에 따뜻한 감각을 남겼다. 최근의 젊은 건축가들은 이러한 촉각 건축의 가치를 되살리기 위해 새로운 시도를 구체화하고 있다.

대표적인 예가 한국 전통 공예의 정신을 담은 방짜유기 박물관 설계:박희찬이다. 기존 건물의 내부와 외부 마감은 그대로 두되, 그 안에 다짐흙으로 만든 두 개의 방과 수직 동선을 위한 철제 원형계단의 전시 공간을 삽입했다. 방문객은 흙벽에 손을 대는 순간, 흙 고유의 부드러운 질감과 은은한 흙냄새를 느끼며 시각뿐 아니라 촉각과 후각이 함께 깨

방짜유기 박물관 전시실 내부 사진 : 유재득(illo)

어난다. 또한 전시된 유기 그릇을 북채로 울릴 때 퍼지는 맑은 울림은 청각의 감각까지 일깨운다. 이렇게 손끝에서 시작된 작은 접촉이 공간 전체를 새롭게 인지하게 하며, 건축이 오감의 기억으로 확장될 수 있음을 보여준다.

공간의 품격은 때로 눈에 보이지 않는 곳에서 드러난다. 그 작은 접촉 하나가 공간 전체의 인상을 결정짓는 것이다. 도시와 건축이 진정으로 사람을 환대하는 공간으로 진화하기를 원한다면, 변화는 손끝에서부터 시작되어야 한다. 손끝의 언어를 섬세하게 설계하는 것, 그것이 바로 감각의 도시, 오감의 건축이 나아가야 할 첫걸음이다.

촉각, 따뜻한 포옹의 건축

촉각은 도시와 건축의 가장 원초적인 감각이다. 우리가 공간과 맺는 최초의 접촉이자, 가장 지속적인 교류다. 그러나 아이러니하게도 이 핵심적인 감각은 오랫동안 건축 설계의 후 순위로 밀려나 있었다. 시각은 공간의 형태와 구조를 결정했고, 기능은 건축의 목적을 지배해왔다. 그 과정에서 사람과 공간 사이의 관계는 점점 멀어졌고, 도시의 표면은 점점 더 차가워졌다.

우리는 이미 앞서의 글에서 살펴보았듯, 우리는 공간을 단지 '보는 것'만으로는 그 본질에 다가설 수 없다는 사실을 깨달았다. 공간은 경험하는 것이며, 그 경험은 감각을 통해 이루어진다. 그중에서도 촉각은 시각보다 더 가까이에서, 더 깊숙이 공간과 몸의 관계를 매개한다. 문을 여는 손잡이, 계단을 오르는 난간, 바닥의 질감, 벤치의 온도… 그 작은 접촉 하나하나가 공간의 첫 인상이자 마지막 기억이다.

목재문의 촉감 사진 : 유재득(illo)

특히 현대의 도시는 점점 더 '비접촉적'이 되어가고 있다. 자동문, 키오스크, 비대면 플랫폼. 효율성과 속도가 도시를 지배하면서, 공간은 인간을 "환대하기보다는 관리하려는 대상"으로 바꾸었다. 그러나 좋은 도시, 좋은 건축은 그런 시스템적 응답을 넘어, 감각의 차원에서 사람을 기억하는 방식이어야 한다. 촉각은 그것의 우수한 대안이 된다. 손끝에 닿는 질감, 피부로 느껴지는 온도, 표면의 밀도와 저항감은 단순히 물리적 정보 이상의 의미를 전달한다. 그것은 공간이 우리를 어떻게 대하고 있는지를 말없이 보여주는 언어이자, 건축이 사람에게 보내는 정서적 신호다. 그 촉각이 따뜻하다면 우리는 그 공간을 신뢰하고, 머물며, 기억하게 된다. 사랑하는 연인 사이의 손과 손이 맞잡은 손끝의 감각을 상상해 보라. 이러한 관점에서, 촉각 건축은 기능의 최적화가 아니라 감각의 복원을 목표로 한다. 그리고 그 복원은 종종 아주 작은 것에서 시작된다. 하나의 손잡이, 하나의 계단, 하나의 의자, 혹은 공원의 난간 하나. 그 작은 장치가 공간 전체의 감도를 바꾸고, 사람과 장소의 관계를 전환 시킨다. 이제 우리는 '촉각 건축'이 어떻게 실천되고 있는지, 그 따뜻한 포옹의 사례들을 살펴보려 한다. 여기 소개되는 사례들은 단순히 손으로 만질 수 있는 건축을 넘어서, 인간의 감정과 기억을 환대하고 수용하는 공간들이다.

거리두기를 전제로 삼았던 도시가, 다시금 사람에게 다가서기 시작한 이야기들이다.

붉은 실로 연결된 촉각 건축 : 공영주차장과 어린이 체육공원의 복합

도시의 공간은 언제나 부족하다. 특히 주차 공간처럼 기능적이면서도 감정이 부재한 공간은, 도시의 가장 비감각적인 장소로 남기 십상이다. 그런데 코펜하겐의 콘디타이예트 뤼더스Konditaget Luders는 그 상식을 뒤집는다.

이 건물을 설계한 건축가Cobe는 이곳은 단순한 공영주차장이 아니라, 구조체 위에 체육공원을 얹고, 그 위를 감싸며 오르는 '붉은 실붉은 색의 난간'을 통해 도시를 손끝으로 느끼게 만드는 건축을 계획하였다.

북유럽의 고밀도 도시 구조 속에서 이 건축물은 차량을 위한 기능 공간과 사람을 위한 감각 공간이 수직적으로 결합된 복합체다. 지상에서부터 건물 외벽을 따라 유려하게 뻗어 올라가는 붉은 색의 난간은 이 건축의 시각적 상징이자 촉각적 장치다. 사람들은 그 난간을 따라 계단을 오르며 자연스럽게 손을 얹고, 손끝은 붉은 금속의 질감과 마찰을 느낀다. 그 행위는 단순한 이동을 넘어, 공간과 나 사이의 '감각

(상) 옥상 체육시설
(하) 옥상에서 바라본 1층 정원 사진 : 유재득(illo)

적 연결선'을 형성한다. 붉은 실이라는 물리적 장치는, 마치 도시가 사람에게 조용히 손을 내미는 것처럼 작동한다. 건축의 외피는 철판 그리드 구조가 그대로 드러나 있지만, 곳곳에 매달린 플랜터 박스와 식물은 그 차가운 표면 위로 생명의 흔들림을 덧입힌다. 바람에 흔들리는 풀과 덩굴은 외벽을 스치며 잎사귀의 촉각을 도시의 표면 위에 펼쳐놓는다. 사용자는 손끝이 아니라, 시선과 상상으로 그 부드러운 흔들림을 '감지'하게 된다. 이것은 시각적 장식이 아니라, 도시와 식물이 나누는 감각적 대화다. 옥상에 이르면 풍경은 한층 더 열린다.

2,400㎡ 규모의 옥상 체육공원은 트램펄린, 정글짐, 크로스핏 장비 같은 감각적 장치들로 가득 차 있다. 여기서는 '보는 공간'이 아니라 '몸으로 반응하는 공간'이 된다.

붉은 실의 계단은 지상에서 옥상까지 자연스럽게 이끈다.
사진 : 유재득(illo)

맨발로 트램펄린을 디디는 감촉, 땀이 묻은 손으로 철봉을 잡는 질감, 줄에 매달렸을 때의 긴장감과 로프의 마찰… 도시의 감각은 이곳에서 시각에서 촉각으로 전환된다. 이 공간의 가장 중요한 미덕은 그것이 누구에게나 열려 있다는 것이다. 공영주차장이라는 폐쇄적이고 기능적인 공간 위에, 모두에게 열려 있는 열린 운동장을 얹은 이 결합은 도시 공간이 어떻게 감각적으로 재구성될 수 있는지를 보여준다. 폐쇄적인 구조물을 사회적 감각의 용기容器로 바꾸는 일. 그것이 바로 이 건축이 보여준 혁신이다. 게다가 콘디타이에트 뤼더스는 환경적 차원에서도 촉각의 가치를 확장한다.

재활용 콘크리트와 금속의 사용, 외벽과 옥상의 수직 녹화는 단순한 친환경적 선언이 아니라, 도시가 식물과 다시 접촉할 수 있는 물리적 조건을 만든다.

1층의 붉은 실과 같은 난간이 루프탑의 어린이 놀이터까지 이어진다.
사진 : 유재득(illo)

사람들은 손으로 잎을 쓸어 넘기고, 뺨에 바람결에 흔들리는 풀의 촉감을 느끼며, 도심 속에서 자연을 '만지는 경험'을 한다. 콘크리트 위에서 자라는 풀잎 하나가 도시의 감각을 복원하고 있는 것이다. 이 모든 감각적 장치들을 이어주는 붉은 난간은, 결과적으로 도시와 인간을 실로 엮는 매개체가 된다. 손으로 만지고, 발로 디디고, 몸으로 반응하는 모든 경험이 도시를 감각의 언어로 다시 번역한다. 우리가 느끼는 거칠기, 미끄러움, 탄성, 온도… 이런 촉각의 층위는 결코 부수적인 것이 아니라, 도시와 공간이 사람에게 다가서는 가장 본질적인 통로임을 이 건축은 보여준다. 콘디타이예트 뤼더스는 기능만 남은 도시에 어떻게 감각을 다시 심을 수 있는지를 실천적으로 보여준다. 그것은 도시가 사람에게 다가와 건네는 따뜻한 포옹이며, 우리가 몸으로 도시를 다시 살아낼 수 있도록 안내하는 하나의 붉은 실이다.

길을 들어올려 과학을 만지다 :
네모 사이언스 뮤지엄 NEMO Science Museum

도시는 늘 평면 위에서만 걸어야 하는 공간일까?

우리는 대부분의 도시를 지면에 발을 딛고 걷는 방식으로 경험한다.

하지만 가끔 도시의 흐름이 수직으로 치솟을 때, 그 익숙한 감각의 패턴은 낯설게 전환되며 전혀 다른 공간의 얼굴을 드러낸다.

네덜란드 암스테르담에 위치한 네모 사이언스 뮤지엄 NEMO Science Museum은 바로 그런 감각적 반전을 만들어내는 특별한 장소다. 길을 들어울려 하늘과 도시를 연결하고, 과학을 통한 촉각을 입체적으로 경험하게 만든다. 건물은 물가에 마치 선박이 정박해 있는 형상으로 나지막하게 앉아 있다.

이 건축은 렌조 피아노Renzo Piano의 설계로, 도시의 해양적 정체성을 상징적으로 담아내면서도 기능적으로는 감각의 확장을 위한 '도시적 경험을 확장하는 장치'로 작동한다. 박물관 내부보다 더 인상적인 것은, 그 외부에 설계된 동선의 흐름이다. 건물 옆의 보행로를 따라 걷다 보면 어느새 나는 도시의 바닥을 딛고 있는 것이 아니라, 건물을 타고 오르고 있다는 사실을 문득 자각하게 된다.

완만한 경사로는 계단도 없이 자연스럽게 도시를 위로 연장시키며, 결국 박물관의 옥상에 도달하게 만든다. 이렇게 '길'이 건물과 도시의 경계를 허물고 이어지는 방식은 단순한 동선이 아니라, 촉각적 도시 경험의 입체화를 의미한다. 옥상에 올라서면, 암스테르담의 항구와 도심을 한눈에 조망할 수 있는 탁 트인 공간이 펼쳐진다. 하지만 이 옥상은 전망대가 아니다. 이곳은 '과학 공원'이라는 이름의 체험 공간이다.

NEMO Science Museum의 외관과 옥상정원
사진 : 유재득(illo)

옥상 위 에너지 기구를 직접 손으로 조작하는 어린이
사진 : 유재득(illo)

'에너제티카Energetica'라 불리는 야외 전시물은 단순히 시각적 정보판이 아니라, 풍력, 태양광, 수력 등의 자연 에너지 기구들이 직접 손으로 만지고 조작할 수 있도록 설계되어 있다. 손잡이를 돌려 바람을 일으키고, 햇빛에 달궈진 패널의 온도를 손끝으로 확인하며, 물의 흐름을 조절하는 레버를 조작하는 일련의 행위들은, 도시 한가운데서 감각과 과학이 접속되는 순간이다. 아이들은 그 안에서 자연스럽게 '배운다'기보다 '느낀다'.

보고, 돌리고, 만지며, 과학은 손끝의 놀이라기보다 몸 전체의 경험이 되어 세상의 원리를 스스로 깨우치게 만든다. 바닥 또한 감각을 위한 텍스처다. 금속의 미세한 요철, 따뜻한 목재 데크, 시원한 콘크리트의 감촉이 걷는 내내 발바닥으로 전해진다. 특히 맨발로 뛰노는 아이들의 모습은 이 옥상이 단순한 과학 박물관의 부속 공간이 아니라, 진짜 감각의 놀이터라는 사실을 증명한다.

공간의 표면은 단순한 바닥이 아니라 도시가 피부를 통해 기억되는 지형이다.

이 건축의 가장 훌륭한 점은, 이 모든 감각적 경험이 모두에게 열려 있다는 데 있다.

입장료 없이 누구나 접근할 수 있는 옥상 공원은 도시의 지평을 위로 연장시키는 일종의 감각적 데크이며, 시민들은 종종 산책하듯 이 경사로를 오르며 햇살과 바람을 만난다.

길이 건물이 되고, 건물이 다시 도시의 길로 이어지는 이 유기적 구조는, 도시를 단순히 '이동하는 공간'에서 '체험하는 공간'으로 변모시킨다.

네모NEMO는 도시를 다시 입체적으로, 감각적으로 읽게 만든다. 수직의 흐름을 통해 도시 경험을 재구성하고, 과학을 단지 지식이 아닌 감각의 대상으로 환원시킨다.

이는 건축이 단지 물리적 구조물이 아니라 감각을 통과해 기억되는 장소가 되어야 한다는 메시지를 건넨다. 우리가 도시에서 기억하는 최고의 공간은, 늘 몸이 반응했던 곳이다. 길 위에서 오르고, 손으로 만지고, 바람을 느끼며 도시를 '살았던' 그 순간들을 체험하는 네모NEMO는 그 모든 감각의 경로를 설계한, 도시적 촉각의 실험장이다.

물의 촉감을 느끼는 특별한 방법: 칼베보드 웨이브Kalvebod Waves

도시는 물과 가까울수록 살기 좋아진다. 그런데 아이러니하게도 우리는 도시에서 물을 대부분 '멀리서 바라보는 대상'으로 경험해 왔다. 보행로는 수면보다 한참 높게 솟아 있고, 강변은 차량 도로에 점령당한 채 사람과 물 사이에 벽을 만든다.

도시의 물은 손끝이 닿지 않는 풍경이 되고, 촉각 없는 장식으로 머물기 쉽다. 그런데 코펜하겐의 칼베보드 웨이브Kalvebod Waves는 사람과 물사이에 벽을 허문다. 물과 사람 사이의 거리를 재설정하며, 도시민이

물을 직접 '만지게' 하는 설계를 통해 도시와 자연 사이에 새로운 감각의 인터페이스를 만들어낸다.

칼베보드 웨이브는 과거 항만이었던 칼베보드 브뤼게Kalvebod Brygge 지역의 변화를 상징하는 공간이다.

산업과 물류 기능 중심지였던 이곳은 시간이 지나며 생기를 잃었고, 맞은편 이슬란드 브뤼게Islands Brygge가 시민들의 여름 수상 공간으로 사랑받는 동안, 이쪽은 점차 '잊힌 물가'가 되어 있었다. 건축가JDS Architects는 이 지역에 수면과의 감각적 접속을 회복하는 방법으로 '길을 물 위로 연장하는 방식'을 택했다.

칼베보드 웨이브의 보행로는 단순히 강변을 따라 나 있는 평면이 아니다. 그 길은 점차 경사를 이루며 내려가고, 때로는 수면 위를 따라 출

목재 데크로 구성된 Kalvebod Waves

사진 : 유재득(illo)

렁이는 부유식 데크가 되어 바다 위를 걷는 경험으로 전환된다. 사용자의 발끝은 그 바닥의 미세한 탄성과 흔들림을 통해, 도로에서 결코 느낄 수 없는 물의 존재를 체감하게 된다.

그뿐만 아니라 이곳은 '물 위의 데크'가 아닌 '몸이 반응하는 풍경'으로 작동한다.

플랫폼과 데크는 주변 건물의 그림자를 분석하여 햇빛이 늘 비추도록 그림자를 피하여 계획하였고 데크는 단조로운 평면이 아니라 경사와 곡선, 높낮이, 스텝이 교차되는 리듬으로 구성된다. 사람들은 자연스럽게 걷고, 오르고, 구부리고, 눕고, 앉으며 그 흐름에 몸을 맡긴다.

아이들은 데크 가장자리에 엎드려 손을 물에 담그고, 어른은 경사면에 등을 기대어 잔잔한 수면과 바람을 느낀다. 이러한 물리적 접촉은 도시 공간에서 좀처럼 경험하기 어려운 원초적인 촉각의 기쁨을 제공한다. 수상 스포츠와의 연결도 감각을 확장 시킨다.

이곳에는 카약 클럽과 진입 램프가 마련되어 있어, 시민들은 카약

(상) 물과 부드러운 선형의 데크 (하) 걷고, 눕고, 오르고 앉아서 물을 즐기는 사람들 사진 : 유재득(illo)

을 손으로 밀어 물에 띄우고, 노를 쥐며 수면의 저항을 온몸으로 체험한다. 그 리듬 속에서 물의 온도, 무게, 밀도, 바람의 방향까지도 하나의 감각적 언어로 다시 인식된다.

특히 음악 행사나 수상 퍼포먼스가 열릴 때, 물은 다시 청각과 촉각을 잇는 매개가 된다. 수면 위로 번지는 음악의 진동, 데크 바닥으로 전달되는 울림, 이 모든 것이 몸 전체로 느껴지는 도시의 감각적 밀도. 칼베보드 웨이브의 디자인은 물과의 접촉을 단지 '가능하게' 하는 데서 그치지 않고, 그 접촉을 풍부하게 만들기 위해 높낮이, 재료, 각도, 위치를 치밀하게 설계했다.

목재 바닥은 맨발로 걷기에 알맞은 온도와 감촉을 유지하며, 금속 난간은 손으로 쥘 때의 차가움과 바람의 흐름을 함께 느끼게 해준다.

바람이 데크를 스치고, 손끝이 난간을 따라 움직이고, 잔물결이 발 아래에서 출렁일 때 그 공간은 단지 '디자인된 장소'가 아니라, 살아 있는 감각의 무대가 된다.

칼베보드 웨이브는 도시가 사람에게 줄 수 있는 최고의 감각이 무엇인지를 되묻는 장소다.

Kalvebod Waves의 카약 대여소 사진 : 유재득(illo)

그것은 장대한 스카이라인도, 눈에 띄는 상징 구조물도 아니다. 오히려 손끝으로 잎사귀를 건드리고, 발바닥으로 출렁임을 느끼며,

물의 차가움과 바람의 부드러움을 감지하는 작고 사적인 순간들이다. 그 감각의 기억이 쌓일 때, 도시와 인간은 다시 서로를 환대하게 된다.

한때 회색 콘크리트로 가득했던 이 항구는 이제, 손과 발로 물을 느낄 수 있는 도시 속 감각의 물가로 재탄생했다. 칼베보드 웨이브는 도시가 다시 '촉감'을 회복했을 때, 그곳이 얼마나 따뜻한 장소로 변할 수 있는지를 보여주는 대표적인 사례다.

재료의 숨결로 경험하는 건축의 감각적 차원:
브루더 클라우스 필드 채플 Bruder Klaus Field Chapel

도시는 언제나 빠르게 움직인다.

시각적 자극은 넘쳐나고, 정보는 끊임없이 쏟아진다. 우리는 어느새 손끝으로 무언가를 느끼는 감각마저 잊고 살아간다. 그러나 건축이 이러한 감각을 다시 불러일으킬 수 있다면 어떨까? 독일의 한 들판, 풍경의 끝자락에 고요히 놓인 브루더 클라우스 필드 채플Bruder Klaus Field Chapel은 바로 그 질문에 대한 묵직하고 깊은 대답을 건넨다.

이 작은 예배당은 건축가 페터 춤토르Peter Zumthor의 대표작 중 하나

5각형 콘크리트 덩어리 같은 외관
사진 : Mélène Binet, 생성형 AI로 재구성

로, 단순한 종교 공간을 넘어 '건축이 감각과 어떻게 만나는가'를 정제된 언어로 말하는 장소이다. 그는 "나는 건축의 공기감을 만들고 싶다"고 말한 바 있다. 그가 말하는 공기감이란 곧, 공간의 온도와 냄새, 질감과 소리, 그리고 침묵에 이르기까지 오감으로 체화되는 건축의 정수라 할 수 있다. 브루더 클라우스 채플은 이러한 공기감을 형태가 아닌, '물질이 남긴 감각의 흔적'으로 구현한 독특한 공간이다.

건축 방식부터가 이례적이다. 112개의 나무 기둥을 원추형으로 세운 뒤, 그 주위를 콘크리트로 천천히 쌓아올리고, 마지막엔 내부의 나무를 24일에 걸쳐 서서히 태워 없앴다. 그렇게 비워낸 공간에는 나무가 떠난 자리에 그을린 흔적과 나뭇결의 자국이 오롯이 남아 있다. 손끝으로 벽면을 쓸어보면, 나무가 물러난 자리를 감각이 대신 메우는 듯하다. 나무는 사라졌지만, 그 형상은 콘크리트 속에 깊이 새겨졌고, 그 물리적 흔적은 촉각적 기억으로 환원되어 우리의 피부를 통해 공간과 과거를 이어주는 통로가 된다.

그을린 나뭇결 자국과 빛 사진 : Aldo Amoretti, 생성형 AI로 재구성

이 건물은 외부에서 보면 단단한 콘크리트 덩어리처럼 보인다. 그러나 그 문을 열고 안으로 한 발 들어서는 순간, 전혀 다른 세계가 펼쳐진다. 어둠이 먼저 찾아오고, 그 속에서 우리는 냄새와 질감, 소리와 온도로 공간을 인식하게 된다. 타들어간 나무의 냄새가 은근하

게 코끝에 스미고, 손에 닿는 벽은 거칠고, 미세하게 가파른 기울기까지 촉감으로 읽히는 입체적 풍경이 형성된다. 시각은 가장 마지막에 작동하는 감각이 된다.

내부는 극도로 절제된 빛의 연출로 이루어진다. 천장의 꼭대기에 뚫린 삼각형 천창은 마치 별 하나가 떠 있는 듯한 느낌을 주며, 그 작은 틈을 통해 들어온 빛은 시간에 따라 벽면을 타고 흘러내리듯 움직인다. 이 빛은 단순한 조명이나 장식이 아니라, 그림자와 재료의 질감 위에서 움직이며 공간에 생명력을 불어넣는 '시각적 촉각'이다. 그림자는 벽의 굴곡을 따라 흘러가고, 우리는 그 흔들림을 눈으로 좇다가 결국 손으로 벽을 더듬고 싶은 충동에 이르게 된다.

춤토르는 이 채플을 통해 감각의 총체적 경험을 말하고자 했다. 소리는 이곳에서 단순한 물리적 파장이 아니다. 발걸음 소리와 천창에서 떨어지는 빗방울, 깊은 숨소리 하나까지도 벽에 부딪혀 반사되며 공간에 울림을 남긴다. 우리는 그 울림을 통해 이 공간이 단순한 벽의 조합이 아니라, 스스로 호흡하며 반응하는 유기적 존재임을 느낀다. 이는 청각적 현상이면서도 촉각적 감응이다. 공간이 우리의 몸에 닿는 방식이 그렇게 다층적으로 작용한다.

이 건축에서 특히 인상 깊은 것은

삼각형의 출입문 사진 : Hyemee PARK

후각의 시간성이다. 나무를 태우며 만들어낸 향은 쉽게 사라지지 않는다. 따뜻한 날엔 그 향이 더 짙어지고, 서늘한 날엔 콘크리트와 습기, 흙 냄새가 더 뚜렷하게 드러난다. 날씨와 온도에 따라 다르게 반응하는 이 향기의 층위는, 공간이 고정된 물성이 아니라 변화하는 생명체처럼 살아 숨 쉬고 있다는 사실을 일깨워준다.

브루더 클라우스 채플은 우리에게 묻는다.
"건축은 무엇으로 경험되어야 하는가?" 시각적인 인상만으로 공간을 이해하는 시대, 이 채플은 손끝으로 벽을 읽고, 발바닥으로 바닥의 온도를 감지하고, 코로 냄새를 들이마시며, 귀로 침묵을 듣는, 감각의 다층적 경험을 통해 비로소 공간이 기억된다는 사실을 다시 떠올리게 한다.

그리고 그 경험은 매우 사적인 동시에, 보편적인 감각이다. 눈을 감고도 기억되는 공간, 말 없이도 이야기를 들려주는 벽, 손끝에서 시작된 감각이 마음까지 전해지는 구조. 이 모든 것은 오늘날 도시가 잃어버린 감각의 정원을 되찾는 여정의 첫걸음이 될 수 있다.

현대 도시 건축이 기능과 이미지, 상징과 효율만을 좇을 때, 브루더 클라우스 채플은 정반대의 길을 보여준다. 작고 조용한 건축이지만, 그것이 품고 있는 감각의 깊이는 거대한 도시에 필요한 '감각의 쉼표'로 기능한다. 결국 공간은 시선으로 소비되는 것이 아니라, 우리 몸 전체로 체화되어야 비로소 진정한 장소가 된다. 그리고 그 장소는, 언젠가 우리의 피부가, 우리의 냄새가, 우리의 발걸음이 기억하는 감각의 풍경으로 남는다.

도시를 만지는 감각의 통로 : 하이라인, 감각의 공중 산책로

뉴욕이라는 도시는 언제나 흥미롭다. 이 도시는 항상, 가장 버려진 것에서 가장 매혹적인 것을 끌어내는 힘을 지닌다. 하이라인High Line은 그 중에서도 가장 상징적인 사례다. 맨해튼 서쪽 해안가를 따라 놓인 이 고가 철도는, 한때 도심의 고기 창고와 공장으로 물류를 실어 나르던 산업의 동맥이었지만, 1980년대 산업 구조의 변화로 기능을 잃은 후, 수십 년 동안 녹슨 철재 구조물로 남아 방치돼 있었다. 그러나 흥미롭게도, 그 위에 자생적으로 피어난 풀과 들꽃이 오히려 새로운 감각의 가능성을 말 없이 보여주기 시작했다. 버려진 풍경이 하나의 감각적 장소로 변모할 수 있다는 징후는 이미 그 순간부터 시작되고 있었는지도 모른다.

두 명의 시민운동가가 처음 이 철도를 철거하는 대신, 도시민이 걸을 수 있는 공중 산책로로 전환하자는 제안을 내놓았고, 이 작은 제안은 거대한 도시재생 프로젝트로 발전했다. 그렇게 해서 완성된 오늘날의 하이라인은 단순한 시각적 재생 공간이 아니라, 도시를 피

(상) 고가철도위의 공원, 하이라인
(하) 철도의 흔적 레일위의 조경 사진 : 유재득(illo)

부로 느끼게 만드는 촉각적 경험의 무대가 되었다.

하이라인을 걷다 보면, 무엇보다 먼저 발밑에서 전해지는 재료의 감촉이 사람을 사로잡는다. 목재 데크는 콘크리트나 아스팔트와는 전혀 다른 온도와 질감을 지닌다. 겨울이면 나무의 결이 손과 발을 포근하게 감싸주고, 여름이면 햇빛을 머금은 따뜻한 표면이 발끝에 은은한 온기를 전해준다. 이렇게 사람은 공간을 걷는 것이 아니라, 공간의 감각을 걷고 있는 셈이 된다. 단순히 바닥을 딛는 행위가 아니라, 계절과 날씨, 재료와 물성의 차이를 몸으로 감지하는 일상적인 의식이 이뤄지는 것이다.

보행로를 따라 조성된 식물의 군락은 또 다른 촉각적 층위를 더한다. 자생 식물과 들풀은 시각적 조경의 역할을 넘어, 손끝과 옷자락을 스치고, 때로는 바람에 따라 움직이며 우리의 감각에 말을 건다. 이 식물들은 사람과 공간 사이의 거리를 좁히는 유기적 매개체가 된다. 시각 중심의 조경이 아니라, 몸으로 느끼는 살아있는 경관으로서 작동하는 것이다.

보행자와 조경공간 사진 : 유재득(illo)

난간의 감촉 또한 하이라인에서 주목할 만한 요소다. 본래의 산업 유산 구조물인 철재 프레임은 대부분 유지되었지만, 손으로 잡았을 때 날카롭거나 차갑게 느껴지지 않도록 섬세한 마감이 더해졌다. 금속 난간을 따라 손을 미끄러뜨리는 동작 하나에도 철의 차가움과 세련된 감각, 그리고 시간의 흔적이 함께 담긴다. 도시의 물질이 인간의 피부와 접촉하는 순간, 우리는 단순히 도시를 보는 것이 아니라 도시를 '만지고 있는' 것이다.

이러한 요소들이 겹겹이 쌓이며 하이라인은 감각적 도시 경험의 집합체가 된다. 우리는 손끝과 발끝으로 도시를 만지고, 바람과 풀잎의 움직임 속에서 도시의 리듬을 감각적으로 체득한다. 도시와 인간 사이에 있던 '거리'는 점점 사라지고, 피부를 경유한 감각의 교류가 그 자리를 메운다.

하이라인은 단순히 미적으로 아름다운 재생 공간이 아니다. 그것은 도시가 버려진 공간을 통해 새로운 가능성을 발견하고, 산업의 흔적을 감각적 경험으로 전환시켜나가는 과정을 보여주는 실천적 사례이다. 도시의 죽은 구조가 다시 살아 움직이는 이 전환은, 도시를 단순한 기능의

건물과 건물을 이어주는 하이라인
사진 : 유재득(illo)

집합체가 아닌, 감각의 유기체로 바라보게 만든다.

　무엇보다 하이라인은 우리에게 근본적인 질문을 던진다. 도시는 그저 지나다니는 곳인가, 아니면 손으로 만지고, 발로 느끼며, 오감으로 기억되어야 할 장소인가? 이 공중 산책로는 도시와 인간의 관계를 새롭게 정의하는 하나의 실험장이며, '길'이라는 가장 단순한 도시의 구성 요소조차 감각의 결과로 재해석될 수 있다는 사실을 보여준다. 버려진 철도 위에 다시 놓인 이 길은 단순한 이동의 통로가 아니라, 도시의 숨결을 손끝으로 느낄 수 있는 감각의 경로가 되었다. 그 길을 걷는 사람은 도시를 지나치는 것이 아니라, 도시와 함께 숨 쉬며 감각을 교환하는 주체가 된다. 도시와 인간이 다시 연결되는 순간, 공간은 장소로, 구조는 감정으로, 재료는 기억으로 전환된다. 하이라인은 바로 그 전환의 지점을 보여주는, 도시에 대한 가장 촉각적인 선언이다.

도시를 다시 만지다

우리는 도시를 너무 오랫동안 '보는 대상'으로만 여겨왔다. 설계 도면에서는 선과 면이 도시를 구성하고, 항공사진 속 도시는 납작한 평면 위에 펼쳐진 추상적 형태에 불과했다. 그러나 실제로 우리가 도시를 경험하는 방식은 그보다 훨씬 더 원초적이다. 발끝이 바닥의 온도와 질감을 감지하고, 손이 문을 밀고, 피부가 바람을 맞는 그 순간에야 비로소 도시는 살아 있는 공간으로 드러난다. 시각은 도시의 윤곽을 그리지만, 촉각은 도시의 표정을 완성하는 감각이다.

그럼에도 불구하고 촉각은 건축과 도시 설계에서 오랫동안 주변부에 머물러 있었다. 도시는 점점 매끈하게 다듬어지고, 반짝이는 유리와 차가운 금속, 균질한 석재로 구성된 표면들 속에서 인간의 몸은 더 이상 환영받지 못했다. 환경과 신체 사이에는 점점 더 두꺼운 감각의 막이 쳐졌고, 도시 공간은 효율과 시각적 정렬에 치우친 채 감정 없는 구조로 변화해왔다. 이러한 도시에는 머무름도, 감정도, 기억도 쉽게 자리 잡을 수 없었다. 하지만 우리가 살펴본 공간들은 이와는 다른 가능성을 보여주었다.

덴마크의 콘디타이예트 뤼더스 Konditaget Lüders는 공중에 매단 붉은 실처럼 도시와 신체 사이의 새로운 연결을 실험했다. 철제 구조물의 거친 감촉을 그대로 살리면서도 놀이와 운동이라는 신체 행위를 통해 사람과 도시의 관계를 감각적으로 회복시켰다. 네모 사이언스 뮤지엄NEMO Science Museum의 경사진 옥상은 '길'의 위계를 들어 올려, 사람들이 도시의 옥상 위를 걷고 쉬며 공간의 물성과 감각을 발끝으로 경험하도록 했다. 이곳에서 도시의 하늘과 땅이 손끝과 눈높이로 이어졌다.

칼베보드 웨이브Kalvebod Waves는 물과 도시 사이에 놓였던 심리적 거리감을 허물고, 바닷물의 진동과 데크의 온기, 손에 닿는 바람의 감촉을 통해 도시 속 수변 공간을 감각의 무대로 재구성했다. 사람들은 이곳에서 단지 물가를 '보는 것'이 아니라, 물을 만지고, 눕고, 뛰고, 젖으며 도시와 더욱 직접적으로 접촉했다.

그리고 브루더 클라우스 채플Bruder Klaus Field Chapel은 건축 재료 자체가 가진 물리적 기억을 통해 감각적 건축의 극점을 보여준다. 손끝으로 읽어내는 그을린 벽, 코끝을 자극하는 나무 타는 냄새, 벽면의 균열과 그림자가 만들어내는 빛의 결 – 이 작은 채플은 도시적 맥락을 벗어난 들판 한가운데에서도 오감의 총체적 경험을 통해 건축이 어떻게 감정의 매개체가 되는지를 보여주었다.

마지막으로 하이라인High Line은 철제 산업 유산이 인간의 촉각적 여정으로 전환된 대표적 사례다. 버려졌던 선로 위에서 사람들은 다시 나무 바닥의 결을 밟고, 풀잎을 스치고, 금속 난간을 따라 손끝을 미끄러뜨린다. 이 길은 도시와 인간의 감각적 관계를 복원하는 하나의 감각적 통로로 다시 태어났다.

이처럼 촉각은 단순히 신체의 말단 감각이 아니다. 그것은 도시와 인간을 이어주는 가장 직접적이고 정서적인 연결선이며, 공간을 장소로 전환시키는 핵심 매개체다. 도시의 진짜 표정은 눈으로 보기 이전에, 손으로 만지고, 발로 딛고, 몸으로 느껴질 때에야 비로소 드러난다.

앞으로의 도시와 건축은 '촉각적 풍경 Tactile Landscape'이라는 새로운 개념을 진지하게 고려해야 한다. 난간 하나, 손잡이 하나, 바닥의 질감 하나가 공간의 품질을 좌우하고, 사람의 감정을 결정짓는다. 그것은 단순한 재료나 마감의 문제가 아니다. 도시는 사람을 어떻게 맞이하는가, 그 만남에서 어떤 감정을 남기는가에 대한 본질적인 질문이다. 도시는 이제 거리두기가 아닌, 촉각적 환대의 방식으로 사람을 품어야 한다. 따뜻한 포옹 같은 도시, 손끝이 기억하는 도시, 감정이 머무는 공간. 우리가 만들어야 할 미래의 도시는 바로 그러한 도시다. 그리고 그 모든 변화는 어쩌면, 난간을 잡는 한 손끝에서 시작될지도 모른다.

D-City Central Business District Concept Sketch

도시는 우리에게 어떤 맛으로 기억되는가.
우리는 도시를 눈으로 본다고 생각하지만, 진정한 매력은 시각 너머의
감각적 층위에서 완성된다. 도시는 시각적 구조물이 아니라, 감각이 교차하고 중첩되는
복합적 현상이다. 미각(味覺)은 단지 음식의 맛을 구분하는 감각이 아니다.
그것은 인간이 세계를 통합적으로 인식하는 가장 심층적인 감각이다.
오감건축(五感建築)의 관점에서 미각은 시각·청각·후각·촉각이 엮여
만들어내는 감각의 총합이자 메타적 차원이다. 미각은 도시가 품은 문화,
삶의 방식, 시간의 밀도를 가장 깊이 전하는 감각적 매개체이다.
좋은 도시는 잘 '보이는' 도시가 아니라, 깊이 있게 '느껴지는' 도시'이다.
그것은 기능과 형태를 넘어, 재료의 물성, 빛의 농도, 공간의 리듬,
자연의 숨결이 조리(調理)된 하나의 감각적 요리로서의 도시다.
이 장은 도시와 건축을 오감의 총체로 바라보며, 그중에서도 미각이
어떻게 모든 감각을 통합하고, 궁극적으로 '도시의 정수(精髓)'를 드러내는가를
탐구한다. 도시를 맛본다는 것은 곧, 공간을 인식의 대상이 아닌
감각의 풍경으로 음미하는 행위이다.
이제 우리는 묻는다 — 당신에게 도시는 어떤 맛으로 남아 있는가?

PART 8

도시와 건축이 품은
진한 '멋'
_미각

미각, 도시공간의 총체적 경험

도시의 맛, 기억이 머무는 감각

우리는 도시를 떠올릴 때, 먼저 눈앞의 풍경이 스쳐 지나갈 것 같지만, 실제로는 그렇지 않다. 도시를 기억하게 만드는 진짜 감각은 시각보다는 오히려 후각과 미각, 그리고 그 뒤에 숨어 있는 몸의 감각들이다. 골목 끝에서 풍겨오던 기름 냄새, 오래된 시장에서 퍼지던 국물의 향, 입술에 닿던 씁쌀한 커피의 여운. 그런 감각은 혀끝을 자극하기 전에 이미 마음속에 자리를 잡는다. 그 기억은 단지 음식의 맛이 아니라, 도시가 품은 삶의 방식, 사람들의 호흡, 그리고 시간을 삼켜낸 어떤 정서의 총체이기도 하다. 미각은 단지 혀끝으로 맛을 구분하는 감각이 아니라, 도시가 가진 고유한 문화와 정서를 가장 직접적으로, 또 가장 깊이 있게 전달하는 감각이다. 음식은 그 도시가 품은 삶의 방식과 공동체의 리듬을 보여주는 창이고, 도시를 구성하는 문화적 풍경 속에서 미각은 하나의 감각적 지형을 형성한다. 결국 도시는 맛으로 기억된다.

오감의 종합으로서 확장된 미각

전통적으로 미각은 음식의 맛을 느끼는 감각으로 이해되어 왔으나, 오감건축의 관점에서는 그 의미가 확장된다. 인간이 도시와 건축을 경험하는 모든 감각—시각, 청각, 후각, 촉각—은 결국 미각이라는 총체적 감각으로 수렴된다. 이는 단순히 음식의 맛을 넘어서, 공간 전체를 '몸으로 맛보는' 감각으로서의 미각이다.

오감건축의 관점에서 보면, 인간이 도시와 건축을 경험하는 모든 감각은 결국 하나의 맛으로 축적된다. 시각은 공간의 구조와 빛의 결을 통해 도시의 얼굴을 보여주고, 청각은 그곳을 흐르는 리듬과 정서를 만든다. 향기는 장소의 분위기를 각인시키고, 촉각은 표면의 질감을 통해 공간과 나 사이의 관계를 형성한다. 그렇게 쌓인 감각의 조각들은, 어느 순간 '맛'이라는 하나의 감각으로 우리 몸에 저장된다.

공간의 맛, 기억과 감정이 축적된 감각

맛은 단순히 입에서 느끼는 자극이 아니라, 모든 감각이 뒤섞여 만들어낸 종합적인 인상이다. 그리고 그 인상은 장소에 대한 기억과 감정으로 남는다. 돌담을 따라 걷다 느낀 발바닥의 감촉, 오래된 나무문을 열 때 손끝에 닿았던 마찰감, 정원에 피어 있던 꽃내음과 그 뒤에 깔린 정적. 이런 감각들은 개별적으로 작용하지 않고 하나의 '공간의 맛'으로 응축된다. 미각은 이처럼 다감각적 경험을 정서로 바꾸는 매개이며, 우리가 도시를 체화하는 가장 은밀하고도 강력한 방식이다.

도시를 맛본다는 것

'도시를 맛본다'는 말은 단순한 비유가 아니다. 그것은 도시라는 공간을 하나의 감각적 총체로 받아들이는 깊은 체험을 의미한다. 설계된 구조와 기능을 넘어, 도시가 품고 있는 정서, 분위기, 문화의 층위들이 모두 미각이라는 감각 안으로 스며들며, 우리는 그 도시의 풍미를 오롯이 내 안에 담게 된다. 오감건축에서 미각은 결론이다. 시각이 공간을 보여주고, 청각이 리듬을 만들고, 후각과 촉각이 정서를 제공한다면, 미각은 그것들을 통합해 하나의 기억으로 응고시킨다. 도시는 결국, 감각의 향연 끝에 '맛'으로 남는다.

좋은 도시는 맛있는 도시다

도시는 결국 경험이다. 그리고 그 경험이 오감을 통해 쌓일 때, 우리는 도시를 기억하고 사랑하게 된다. 그중에서도 미각은 가장 깊숙한 곳에서 감정을 끌어올린다. 좋은 도시란 잘 보이는 도시가 아니라, 잘 '느껴지는' 도시다. 그것은 걷고, 머물고, 향기를 맡고, 소리를 듣고, 끝내 '맛볼 수 있는' 도시다. 도시가 삶의 풍미를 담고 있다면, 그건 단지 물리적인 요소의 조합 때문이 아니라, 그 공간이 우리 몸과 마음에 남긴 감각의 여운 때문이다. 도시의 미각은 그 여운의 정점에서 우리에게 말을 건넨다. "이곳이 바로 너의 기억 속 장소였다고."

오감의 융합이 만들어내는 도시의 '맛'

미각은 오감의 종착지다

우리는 '맛'이라는 단어를 들을 때, 흔히 혀에서 느끼는 단맛과 짠맛, 시고 쓴 자극만을 떠올린다. 하지만 실제로 맛은 단일한 감각이 아니다. 음식 한 접시의 맛은 그 안에 담긴 색채, 질감, 온도, 향기, 심지어 접시에 부딪히는 소리까지―모든 감각이 동원된 결과로 비로소 완성된다. 미각은 오감의 정점에 서 있는 감각이다. 시각은 요리의 첫인상을 제공하고, 후각은 풍미를 예고하며, 촉각은 씹는 질감을 전하고, 청각은 식사의 분위기를 조율한다. 이처럼 하나의 '맛'은 다섯 감각이 만들어낸 합주이며, 우리가 음식을 기억하는 방식은 곧 감각의 기억이다.

도시도 마찬가지다. 도시를 경험하는 일은 일종의 식사와도 같다. 건물을 보고, 길을 걷고, 소리를 듣고, 향기를 맡으며, 우리는 도시를 '맛본다'. 도시의 맛은 단지 그곳에서 먹은 음식 때문이 아니라, 오감이 동원된 경험 전체가 한데 어우러져 만든 감각의 총체다.

도시의 맛, 문화와 정서가 응축된 풍미

베네치아의 좁은 골목에 스며든 바닷내음, 교토의 다다미 방 안에서 느껴지는 삼나무의 은은한 향, 마라케시 시장을 감싸는 향신료의 냄새와 떠들썩한 소리, 고즈넉한 한옥에서 마신 따뜻한 차 한 잔. 이런 감각들은 단순한 물리적 장면이 아니다. 그것은 도시라는 복합적 풍경이 사람의 감각과 접속하여 만들어낸 정서적 '맛'이다. 그리고 그 맛은 그 도시만의 고유한 '풍미'로 기억된다.

도시는 눈으로만 보는 것이 아니라, 몸 전체로 기억된다. 골목의 질감, 공기의 냄새, 바닥의 온도, 건물의 빛 반사—이 모든 것이 감각의 조율 속에서 도시의 인상을 결정짓는다. 도시의 맛은 결국 장소에 깃든 문화와 정서가 우리 몸을 통과하며 만들어낸, 아주 개인적이고도 집단적인 체험의 결과다.

재료와 형태, 맛을 설계하는 요소들

건축에서 맛은 재료의 물성에서 출발한다. 콘크리트의 차가운 표면, 목재의 따뜻한 숨결, 금속의 단단한 긴장감은 우리의 피부와 호흡을 통해 공간의 인상을 결정한다. 안도 다다오의 노출 콘크리트가 주는 서늘한 정적, 알바 알토의 건축에서 감지되는 나무의 따뜻한 결, 프랭크 게리의 티타늄이 빛을 반사하며 남기는 시각적 잔향—이 모든 것은 공간의 '미각'을 구성하는 촉각적 레이어다. 형태와 비례도 마찬가지다. 르 코르뷔지에의 모듈러 시스템은 인체에 최적화된 비례감으로 편안한 맛을 설계했고, 고딕 대성당의 높고 좁은 공간은 경외감이라는 감각의 맛을 남긴다. 공간은 눈으로만 감상되는 조형물이 아니라, 몸이 반응하는 구조다.

그리고 빛. 루이스 칸이 말했듯, "빛은 모든 것의 시작"이다. 빛의 방향, 농도, 속도는 공간에 생명을 부여하고, 시간의 흐름을 따라 도시의 맛도 달라진다. 오후의 카페, 새벽의 골목, 노을이 깃든 벽면—이 모든 빛의 조각들이 모여 도시의 맛을 빚는다.

도시 구조와 리듬이 선사하는 감각의 조화

도시의 맛은 구조에서도 빚어진다. 좁은 골목에서 갑자기 시야가 트이는 광장, 복잡한 시장을 지나 고요한 공원으로 들어가는 흐름, 전통적 마을에서 현대적 거리로 이행하는 리듬—이러한 공간의 전환은 도시의 맛을 입체적으로 만들어준다. 케빈 린치가 말한 도시의 구성 요소들, 길Path, 가장자리Edge, 구역District, 결절점Node, 랜드마크Landmark는 도시의 읽기 쉬움을 넘어서, 도시의 '감각적 흐름'을 만든다.

여기에 도시의 밀도와 다양성은 맛의 깊이를 더한다. 뉴욕의 격자형 거리와 고층 빌딩, 서울 강북의 조밀한 골목, 파리의 정연한 대로, 그리고 제인 제이콥스가 강조한 다양한 용도의 조화는 도시의 풍경을 풍요롭게 하고, 감각을 깨운다. 도시의 조직은 곧 감각의 배열이다.

도시의 재료, 자연이 더하는 감각의 깊이

도시의 풍미를 좌우하는 요소 중 하나는 자연이다. 베네치아의 운하, 청계천의 흐름, 교토 료안지의 정원, 뉴욕 센트럴 파크의 녹음. 물과 식물, 돌과 바람, 새소리와 그늘. 이러한 요소들은 도시라는 구조물에 감각적 깊이를 불어넣는다. 우리는 도심 속 물의 소리를 들으며 숨을 고르고, 공원의 그늘에서 계절의 감촉을 느끼며 도시를 받아들인다. 도시에 자연을 도입하는 일은 곧, 도시의 감각을 조율하는 일이다.

도시의 디테일은 입 안의 잔향처럼 남는다

도시의 맛은 거대한 구조물에서만 오는 것이 아니다. 거리의 벤치, 보도 패턴, 간판의 서체, 공공예술의 촉감, 가로등의 높이—이러한 작은 디테일들이 도시의 진짜 맛을 결정짓는다. 바르셀로나의 가우디 타일, 파리 메트로의 아르누보 입구, 일본 도심의 정갈한 표식들. 도시는 그 미세한 감각의 조각들로 기억되고, 그것은 입 안에 남는 잔향처럼 오래간다.

도시, 감각으로 요리된 총체적 경험

우리는 도시를 본다. 도시를 듣는다. 도시를 만진다. 그리고 도시의 냄새를 맡는다. 하지만 결국 도시를 '맛본다'. 미각은 감각의 끝이며, 오감의 총합이다. 그래서 도시의 맛은 가장 개인적인 동시에 가장 보편적인 기억이 된다. 그것은 그 도시의 문화와 정서, 시간과 삶의 방식이 감각을 통해 증류된 결과다.

도시 공간이 단지 물리적 구조의 조합이 아니라 감각의 합주라면, 그 공간은 결국 '맛'이라는 이름으로 우리에게 기억된다. 좋은 도시는 단지 아름답기만 한 곳이 아니다. 그것은 감각적으로 요리된 도시다. 도시를 설계한다는 것은 결국, 도시의 맛을 만드는 요리사가 되는 일이다.

도시와 건축, 맛을 디자인하다

도시를 경험한다는 것, 감각의 '맛'을 체화하는 일

도시는 단순히 눈으로 감상하는 대상이 아니다. 우리는 도시를 걷고, 듣고, 맡고, 만지며, 그것을 몸으로 받아들인다. 도시의 골목길에서 들리는 발자국 소리, 돌담에 스치는 손끝의 감촉, 마주한 건물에서 풍겨오는 나무 냄새는 시각보다 훨씬 더 직접적으로 기억에 남는다. 이처럼 오감은 동시에 작동하며 도시의 정체성을 형성하고, 그 총체적 경험은 감각의 결을 따라 '맛'이라는 하나의 인상으로 축적된다.

따라서 도시의 '맛'은 단순한 은유가 아니다. 그것은 삶의 방식, 문화, 기후, 정서, 그리고 공동체의 리듬이 응축된 감각의 실체다. 도시는 보는 것이 아니라, 결국은 '맛보는 것'이다. 감각을 무시한 도시설계는 마치 조미료 빠진 요리처럼, 심심한 풍경만 남긴다.

오감을 설계한다는 것, 감각의 레시피 만들기

이제 도시와 건축은 '보이는 디자인'을 넘어 '맛보고 느끼는 디자인'으로 나아가야 한다. 그 출발점은 각 감각을 개별적 요소가 아닌 통합된 레시피로 이해하는 데 있다. 도시는 하나의 요리처럼 조리되어야 한다.

- **시각**은 형태와 색, 재료와 빛이 어우러져 도시의 얼굴을 만든다.
- **청각**은 도시의 리듬이다. 소음을 줄이고, 자연의 소리와 일상의 대화가 스며드는 공간은 귀로 기억된다.
- **촉각**은 피부로 읽는 도시다. 벤치의 재질, 손잡이의 온도, 바닥의 질감이 머무름의 깊이를 만든다.
- **후각**은 가장 무의식적인 감각이지만, 가장 오래 남는다. 나무와 풀, 음식과 물비린내는 장소의 정서를 농축시킨다.
- **미각**은 음식의 영역을 넘어 도시 전체의 감각을 통합하는 메타 감각이다. 시장에서, 카페에서, 길거리 음식에서 우리는 도시를 맛본다.

이러한 다감각적 요소들을 유기적으로 결합하는 설계는 단순한 시각적 연출이 아니라, 공간의 '맛'을 조리하는 작업이며, 도시의 기억을 깊게 만든다.

도시건축의 완성은 감각의 통합, 곧 '미각'이다

성공적인 도시 공간은 구조물이 아니다. 그것은 감각의 조율로 완성된, 정서의 풍경이다. 소쇄원은 자연의 대화가 흐르는 정원의 미각을 선사했고, 힐사이드 테라스는 도시의 경계에서 탄생한 리듬의 풍미를 담았으며, 병산서원은 절제된 질서 속에서 시간을 우려낸 학문의 맛을 완성했다.

이처럼 도시와 건축의 맛은 단지 시각적 조화나 기능적 완결로 이루어지지 않는다. 그것은 다음과 같은 감각적 구성에서 비롯된다.

- **지형과의 대화** : 대지가 가진 리듬을 존중할 때 공간은 살아 있는 흐름을 갖는다.
- **시간성의 수용** : 계절, 시간, 날씨의 변화는 공간에 감각의 층위를 더한다.
- **재료의 진정성** : 지역의 재료와 손의 기술이 공간에 따뜻한 감각을 남긴다.
- **공감각적 설계** : 빛이 소리를 유도하고, 향기가 시선을 끄는 감각 간의 시너지.
- **문화적 맥락의 체화** : 지역의 삶이 공간에 녹아들 때, 건축은 기억의 그릇이 된다.

감각은 고립되지 않는다. 맛은 단지 입의 문제가 아니라, 모든 감각이 하나로 응축되어 탄생하는 감각의 총화다.

감각으로 기억되는 공간

맛은 보는 것이 아니라, 느끼는 것이다 우리는 도시를 걸으며 가장 많이 시각적 경험에 의존한다. 그러나 도시의 깊은 맛은 시선 너머에서 찾아온다. 도시는 삶의 향을 품은 거대한 주방이다. 우리는 그 안을 걷고, 마주하고, 머무르며 공간의 온도와 질감을 천천히 맛본다. 도시의 맛은 결코 눈으로만 만들어지지 않는다. 길 위에 깔린 촉감, 벽을 타고 흐르는 빛의 결, 사람 사이로 스쳐가는 소리, 계절이 바꾸는 냄새, 그리고 입 안에 번지는 기억의 풍미까지—그 모든 감각이 겹겹이 쌓이며 도시의 '맛'을 완성해간다.

빛과 그림자, 바람과 향기, 발끝의 촉감과 주고받는 대화가 겹겹이 쌓여 결국 '공간의 맛'을 완성해낸다. 그 맛은 단순한 혀끝의 경험이 아니라, 시각, 청각, 촉각, 후각, 미각이 켜켜이 중첩되어 몸 전체로 스며드는 것이다. 좋은 도시란 결국 잘 요리된 도시이다.

오래 끓이고, 여러 감각의 조미료가 들어가며 천천히 농도 짙게 우러나오는 맛.

이 장에서는 그러한 맛있는 도시, 맛있는 공간의 이야기를 다룬다.

감각의 통합적 설계는 실존하는 다음 공간들을 통해 그 진가를 확인할 수 있다.

앞서서 우리는 도시를 '맛본다'는 것이 단순한 은유가 아닌, 오감의 통합적 체험이라는 사실을 살펴보았다. 감각은 각각 분리된 채 작동하지 않는다. 시각은 구조를 인식시키고, 청각은 분위기를 부여하며, 촉각과 후각은 기억의 깊이를 더한다. 이 모든 감각은 궁극적으로 하나의 인상, 하나의 '맛'으로 응축되어 우리 몸에 스며든다. 그리고 그 맛은 도시를 다시 떠올리게 만드는 정서적 여운이 된다.

이제 우리는 이러한 감각의 통합이 실제 공간 속에서 어떻게 구현되었는지를 살펴보려 한다. 감각으로 조리된 공간, 기억에 남는 도시의 풍미는 단지 설계 기술의 결과가 아니라, 사람과 장소가 깊이 있게 맞닿는 감각적 설계의 산물이다.

병산서원, 소쇄원, 힐사이드 테라스, 8하우스8 House—이 네 공간은 서로 다른 시간과 문화, 스케일을 지니고 있지만, 공통적으로 '맛있는 도시건축'의 요건을 담고 있다. 각각의 사례는 어떻게 오감을 조율했고, 어떤 방식으로 도시의 맛과 멋을 완성했는가.

이 절에서는 그 해답을 찾는 여정을 시작한다. 감각의 레시피가 구조로, 재료로, 풍경으로 번역된 순간들을 통해 우리는 도시의 진짜 맛을 다시금 음미할 수 있을 것이다.

새벽의 고요한 차 맛, 절제의 풍미를 품은 건축 : 병산서원

도시는 자극의 집합체. 빠르게 흐르는 시간, 눈을 자극하는 간판과 빛, 끝없이 이어지는 소음 속에서 우리는 무언가를 '느끼기'보다는 '소비'하고 지나가는 데 익숙해진다. 그러나 때로는 감각을 비워내는 공간

병산서원 만대루 사진:공유마당

이 더 깊은 기억을 남긴다. 안동 낙동강 상류, 병산이라는 낮은 산세를 등진 언덕 위에 자리한 병산서원은 바로 그런 공간이다. 눈으로 보는 것이 아니라, 온몸으로 천천히 '맛보는' 곳. 새벽의 고요한 차 한 잔처럼, 모든 감각이 낮은 강도로 열리고, 그러기에 더 깊이 스며드는 곳이다.

병산서원에 이르기까지의 여정 자체가 이미 감각의 예열이다. 낙동강을 따라 물길을 거슬러 3km 남짓 올라가다 보면, 외부 세계의 소음은 점차 사라지고, 강과 산이 만든 풍경은 천천히 우리의 몸을 공간에 적응시킨다. 고려 말기의 풍악서당에서 시작해 유성룡의 후학 양성 공간으로, 그리고 사액을 통해 조선의 대표적 서원으로 자리 잡은 이곳은, 공적 기능보다 오히려 감각적 풍경을 통해 기억되는 장소다.

풍경을 빌려 짓다 : 차경과 시선의 건축

병산서원에서의 첫 감각은 시각이지만, 그것은 건축이 연출한 시각적 '여백'에서 출발한다. 이곳의 건축은 자연을 감싸거나 틀 짓는 것이 아니라, 자연을 '빌려서' 안으로 들여온다. 진입로에서 만대루로 이어지는 동선은 시선을 조절하며, 점차적으로 조여졌다 열리는 시야의 리듬 속에서 사용자는 자연과의 조율을 시작하게 된다. 만대루에 올라 바라보는 풍경은 단순한 구도가 아니라, 살아 움직이는 자연의 호흡이다. 강물의 잔물결, 병산의 능선, 바람에 흔들리는 나뭇잎과 구름의 흐름까지, 모든 것이 건축의 일부로 통합된다. 이 풍경은 고정된 장면이 아니라, 시간의 결을 따라 끊임없이 변화하는 감각의 무대다.

고요를 듣다 : 소리의 건축적 리듬

병산서원은 '조용한 곳'이지만 결코 '침묵'의 공간은 아니다. 오히려 청각은 이곳에서 가장 섬세하게 작동하는 감각이다. 기와지붕을 타고 떨어지는 빗방울 소리, 대숲을 흔드는 바람, 마루 아래로 전해지는 발걸

만대루 위에서 본 전망, 산이 내안에 들어온다. 사진 : 공유마당, 생성형 AI 이용 주변 풍경 리터치

음의 울림은 건축재료가 가진 고유의 음향성과 맞물리며 공간 전체를 하나의 악기로 만든다. 만대루에 앉아 있으면, 기둥 사이로 스며드는 바람의 미세한 소리까지도 감각에 포착된다. 병산서원은 소리를 억누르기보다, 자연이 들려주는 소리의 결을 공간 안으로 품어내며 청각적 정서를 완성시킨다.

시간에 닿다 : 손끝으로 느끼는 건축의 결

촉각은 이곳에서 가장 직접적인 감각이다. 기둥을 손으로 쓸어보면, 사람의 손길과 세월이 축적되어 만든 나무의 결이 느껴진다. 여름의 마루는 서늘하고, 겨울의 온돌방은 부드럽게 따뜻하다. 비가 오는 날에는 목재와 돌계단, 이끼 낀 바닥이 젖은 질감으로 몸의 긴장을 불러일으킨다. 병산서원에서 촉각은 단지 표면의 질감을 읽는 것을 넘어, 시간이라는 존재를 손끝으로 감지하는 방식이다. 이곳의 공간은 오래된 것이 아니라 '깊은 것'이다.

만대루 난간 사진 : 공유마당

향기로 기억되는 공간 : 냄새가 환기하는 장소성

후각은 병산서원의 감각 가운데 가장 은근하지만, 가장 오래 지속되는 인상을 남긴다. 진입로를 걷다 보면, 대숲 사이로 퍼지는 풀 내음과 흙 냄새가 서서히 몸을 열어주고, 기와지붕이 젖은 날에는 송진과 습기의 냄새가 결합되어 마치 과거로 들어가는 문턱에 선 듯한 기분을 준다. 제향이 이루어지는 존덕사 주변에서는 백단향의 인공적 향기가 감각을 정돈하며 공간의 경건함을 더해준다. 이 향기들은 공간이 시간과 함께 숙성되며 자연스럽게 배어든 것들이며, 후각을 통해 장소의 정서가 오랫동안 기억 속에 남게 한다.

공간을 맛보다 : 오감이 응축된 지각의 요리

병산서원에서 '맛'은 음식의 맛이 아니다. 이곳의 미각은 오감의 총합이며, 감각의 결론이다. 대청마루에 앉아 차 한 잔을 마시는 순간, 바람의 촉감, 빛의 방향, 공간의 온도, 나무의 결, 풀내음과 같은 감각들이 한데 모여 입 안으로 스며든다. 차의 온기가 아니라, 공간의 분위기 전체가 '맛'이 되어 느껴지는 것이다. 병산서원은 그

(상) 병산서원 습지
(하) 병산서원 배롱나무 사진 : 공유마당

래서 하나의 건축이자 동시에 잘 조리된 감각의 요리다.

이곳은 건축의 눈으로 보기 이전에, 몸으로 기억되고 감각으로 각인되는 공간이다. 우리가 지금 여기서 말하는 '오감건축'의 철학이 시작되는 바로 그 원형, 그 맛의 출발점이 병산서원에 있다. 감각이 통합되어야 비로소 공간은 장소가 되고, 장소는 삶을 기억하는 그릇이 된다.

감각의 요리, 정원에 담긴 풍미 : 소쇄원의 오감 체험

자연과 건축이 정말 아름답게 만나면 어떤 맛이 날까?

조선 시대에 지어진 소쇄원瀟灑園은 그 질문에 한 잔의 맑고 은은한 국화차 같은 답을 건넨다. 전라남도 담양에 위치한 이 별서정원은 유학자 양산보1503~1557가 조성한 공간으로, 벼슬에서 물러나 자연과 벗하며 삶의 진경을 구하고자 만든 사유의 정원이다.

정원의 이름부터가 '맑고 깨끗한'이라는 뜻을 담고 있다. 그만큼 소쇄원은 복잡하고 인공적인 수사가 배제된 채, 자연 그 자체의 흐름에 순응하여 지어진 공간이다. 그러나 그 안에 담긴 감각적 풍미는 단순함을 넘어선 깊이를 품고 있다.

촉각 건축 광풍각의 모습 사진 : 소쇄원 홈페이지

풍경을 빌려 짓다 : 자연과 건축의 유기적 흐름

소쇄원의 공간은 자연을 거스르지 않는다. 오히려 자연의 결을 따라가며 건축의 틀을 열어둔다. 정문을 지나 대나무 숲 사이로 난 길을 걷노라면, 공기가 달라지는 것을 금세 알아챌 수 있다. 바람의 흐름이 촘촘히 엮인 대숲을 통과하며 몸과 마음이 자연스레 정돈된다. 물길과 사람길이 나란히 흐르며, 걷는 동안 시야와 청각, 촉각까지 자연과 조응하는 리듬으로 맞춰진다. 제월당과 광풍각으로 구성된 중심 건물군은 자연을 '차경借景'하여 마치 한 폭의 산수화를 집 안으로 끌어들인다.

특히 광풍각은 세 면이 트인 구조로 되어 있어, 계절과 시간에 따라 변화하는 정원의 풍경을 그대로 마루 위에서 경험할 수 있다.

이러한 건축적 개방성은 시각적 경험을 넘어, 자연과의 경계를 허물고 사용자의 감각을 자연의 흐름에 잠기게 만든다.

작은 폭포의 물소리 사진 : 김영훈

고요를 듣다 : 소리의 결로 짜인 정원의 리듬

소쇄원은 청각적 여백이 탁월한 공간이다. 대숲을 스치는 바람소리, 정원 곳곳을 흐르는 계류의 물소리가 공간의 리듬을 구성한다. 광풍각 앞 작은 폭포에서 떨어지는 물소리는 단조롭지 않다. 시간과 계절에 따라 수량과 속도, 음색이 달라지며, 그 변화가 공간 전체의 감각적 리듬을 이끈다. 마루 위에 앉아 가만히 귀를 기울이면 새소리, 물소리, 바람소리의 층위가 자연스레 드러난다. 그 속에서 인간의 목소리는 조용히 섞이며, 공간은 '소리를 담는 그릇'으로 변한다.

시간에 닿다 : 재료의 결을 만지는 감각의 정원

소쇄원에서 촉각은 매우 직접적이다. 마루에 앉아 손바닥으로 나무결을 쓰다듬으면, 시간의 흔적이 결마다 스며 있음을 느낄 수 있다. 여름의 마루는 뽀송하게 시원하고, 겨울의 마루는 온기를 머금은 듯 부드럽다.

돌계단을 밟거나 젖은 잔디밭을 걸을 때 발바닥으로 전해지는 감각도 오롯이 공간의 일부다. 비 온 뒤 젖은 대나무의 촉감, 이끼 낀 돌의 미끄러움까지도 정원의 리듬을 만들어 내는 중요한 촉각적 요소다.

향기로 기억되는 정원 : 시간과 계절의 향

소쇄원의 향은 계절마다 다르다. 봄이면 대나무와 진달래의 은은한

계류의 물을 담장을 열어 받아들이다. 사진 : 김영훈

향이, 여름이면 짙은 녹음의 풀냄새가, 가을이면 떨어진 낙엽의 향과 국화향이 공간을 감싼다. 겨울에는 맑은 한기와 나무의 메마른 향이 잔잔히 퍼진다. 특히 대숲에서 불어오는 송진과 대나무의 푸른 향은 이 공간의 감각적 정체성을 구성하는 인상적 후각적 요소이다.

공간을 맛보다 : 오감이 응축된 정원의 풍미

소쇄원에서 마루에 앉아 차 한 잔을 마시는 순간은 단순한 미각적 경험 이상의 의미를 가진다. 바람과 빛, 소리와 향기, 손끝의 촉감을 차의 맛과 함께 음미하게 되며, '공간의 맛'이 입 안 가득 퍼지는 순간이 된다. 이때 비로소 소쇄원은 단지 보는 정원이 아니라 몸으로 맛보는 정원으로 변모한다. 한 잔의 차 맛이 그러하듯, 소쇄원의 경험은 단순한 시각적 장면의 감상이 아니라, 오감이 완성해내는 종합적 감각의 체험이다.

시간이 완성한 도시의 풍미 : 힐사이드 테라스
감각은 시간을 먹고 자란다

도시에도 맛이 있다. 단번에 혀를 사로잡는 강한 맛이 있는가 하면, 몇 번을 거닐고 나서야 비로소 느껴지는 오래된 맛도 있다. 힐사이드 테라스는 후자다. 도쿄 다이칸야마의 중심, 빠르게 변화하는 도시 풍경 속에서 이곳은 오히려 천천히 우러난다. 도시를 음식에 비유한다면, 급하게 볶은 도시가 자극적인 맛만 남긴다면, 이곳은 서서히 끓인 육수처럼 깊은 풍미를 품고 있다. 건축가 후미히코 마키는 이 공간을 단번에 완성하지 않았다. 1969년부터 30년 넘는 시간 동안 일곱 개의 단계로 나뉘어 조성된 힐사이드 테라스는 도시 설계가 계획이 아닌 숙성의 과정임을 보여준다. 마키가 말한 '시간의 풍경 Landscape of Time'이라는 개념은, 이 공간의 감각적 깊이를 설명하는 또 다른 이름이다.

열림의 풍경 : 시선을 유도하는 도시적 틈

힐사이드 테라스의 가장 큰 설계 원리는 '풍경을 가두지 않는 것'이다. 건물은 하나의 오브제가 아니라, 시선이 흐르는 틈이 되고, 사람들이 머물다 지나갈 수 있는 길이 된다. 높은 벽으로 둘러싸기보다는 투명한 재료를 사용하여, 거리의 리듬은 열리고 닫히기를 반복하며 도시적 여백을 만든다.

중정에서 바라보는 하늘, 골목 끝에서 돌출되는 나무의 그림자, 건물 사이로 스며드는 빛의 각도는 모두 우연처럼 보이지만 치밀하게 설계된 감각의 연출이다. 걸을수록 시야는 넓어지고, 마주치는 장면은 반복되지 않으며, 그 변화의 리듬이 도시에 '맛'을 더한다. 보기 좋은 풍경이 아니라, '지속해서 보고 싶은 풍경'이 공간 안에 배치되어 있는 것이다.

도시와 가로에 열림의 풍경 사진 : 유재득(illo)

고요한 중첩 : 소리와 소리 사이의 공간

힐사이드 테라스에 들어서면 도쿄의 소음은 마치 필터를 통과한 듯 부드럽게 가라앉는다. 벽돌과 목재, 식재와 물이 구성하는 작은 마당은 소리를 반사하거나 흡수하며, 그 음향적 구성은 건축 그 자체의 또 다른 설계 언어가 된다.

마당에서는 카페의 잔잔한 대화 소리, 나뭇잎을 타고 흐르는 바람 소리, 분수대에서 흘러나오는 물소리가 서로 교차하며, 고요 속에 리듬을 만든다. 이 도시의 청각은 소음을 억제한 것이 아니라, 일상의 소리들이 중첩되며 부드러운 음향적 풍경을 만들어낸다.

시간이 정지된 듯 고요한 새벽, 혹은 비가 살짝 내린 오후의 힐사이드 테라스에서는 이 소리의 레이어들이 더욱 풍성해진다. 고요함이 음향의 배경이 되고, 그 배경 위로 사소한 소리 하나하나가 더욱 뚜렷하게 떠오른다.

(상) 비가 살짝내린 힐사이드 테라스
(하) 경사로로 공간의 흐름을 촉각으로 안내 사진 : 유재득(illo)

손끝에 쌓인 시간 : 촉각의 도시적 지층

힐사이드 테라스에서 걷는 일은 곧 만지는 일이다. 자갈길에서 나무 데크로, 벽돌 바닥에서 콘크리트 경사로로 바뀌는 바닥의 감촉은 공간의 흐름을 촉각으로 안내한다. 손에 닿는 담벼락의 질감은 단순한 재료의 표면이 아니라, 수십 년 간의 바람과 빛, 손길과 눈길이 축적된 시간의 흔적이다.

벽돌은 규칙적이지만 매끈하지 않고, 목재는 균열과 함께 색이 바래 있으며, 금속은 무광의 질감으로 공간의 긴장을 완화시킨다. 이 모든 촉각의 경험은 단지 물성을 인식하는 것이 아니라, 시간이 축적된 피부와 접촉하는 감각의 환기다. 힐사이드 테라스는 '손끝으로 읽는 도시'이기도 하다.

계절의 향, 일상의 냄새 : 후각의 풍경

시간의 흐름은 냄새로도 기록된다. 힐사이드 테라스의 후각적 풍미는 계절과 기후, 그리고 일상의 리듬에 따라 층을 달리한다. 봄에는 목련과 벚꽃이, 여름엔 짙은 초록의 풀향이 골목을 가득 메운다. 가을에는 낙엽과 흙냄새가 공기 중에 섞이고, 겨울엔 나무의 메마른 향이 벽돌 사이를 흐른다.

여기에 더해지는 건 인공적인 향이다. 커피숍에서 풍기는 에스프레소의 구수한 냄새, 빵집에서 흘러나오는 따끈한 향, 그리고 레스토랑의 허브와 양념이 어우러진 공기의 결. 이 모든 후각의 레이어들이 걷는 이의 기억 속에 켜켜이 스며들어, 공간을 다시 찾아오게 만드는 감각적 여운이 된다.

도시의 미각은 천천히 완성된다

이 모든 감각이 입 안으로 스며드는 순간은 언제일까. 아마도 골목을 한참 걷다가 문득 작은 찻집에 들어가 따뜻한 차 한 잔을 마실 때일 것이다. 향긋한 맛이 혀끝을 지나고, 차의 온도가 몸을 따라 흐르며, 창밖의 풍경과 조용한 소리, 따뜻한 질감이 함께 입안에 머문다. 이때 비로소 도시는 '맛'으로 기억된다.

힐사이드 테라스는 그런 도시다. 빠르게 경험되는 공간이 아니라, 천천히 머물며 감각을 쌓아가는 공간. 겉모습이 아닌 내면의 밀도로 완성되는 도시의 요리다.

여러 번 걷고, 다양한 계절과 시간 속에서 그곳을 경험해야 비로소 느껴지는 도시의 진짜 맛. 힐사이드 테라스가 보여주는 '맛있는 도시'는 단

자연의 흐름속에 찾아오는 감각적 여운 사진 : 유재득(Illo)

번에 느껴지는 것이 아니라, 천천히 우러나 완성되는 감각의 총체다.

느리게 발효된 도시, 깊게 우러난 감각

도시는 시간의 불 위에 놓여야 진짜 맛이 난다. 힐사이드 테라스는 그 진리를 보여주는 공간이다. 계획적이되 완결되지 않은 구조, 명확하되 유연한 흐름, 오래된 재료가 시간에 반응하며 만들어낸 감각의 농도. 후미히코 마키가 쌓아 올린 이 도시적 풍경은 시각과 청각, 촉각과 후각을 모두 동원하게 만들고, 끝내 하나의 맛으로 우리 안에 남는다.

그 맛은 한 입에 다 느껴지지 않는다. 천천히 걷고, 계절을 넘기고, 시간을 들여야 비로소 감각이 완성된다. 그것이 힐사이드 테라스가 보여주는 '도시의 미각'이다. 그리고 그런 도시만이 오래도록 기억된다.

골목길이 마을로 들어오다 : 8하우스

도시 위에 다시 놓인, 느린 길의 감각

도시의 고밀도는 때로 사람의 감각을 잃게 만든다. 빠르게 지나가는 자동차와 엘리베이터, 폐쇄된 복도와 수직 이동만으로 채워진 구조는 사람 사이의 관계를 단절시키고, 공간을 단순한 기능으로 축소 시킨다. 그런 도시 한복판, 덴마크 코펜하겐 외레스타드라는 대규모 개발지구에 건축가 비야케 잉겔스는 전혀 다른 제안을 꺼내놓는다. 코펜하겐 외곽에 자리한 8하우스8 House는 숫자 8을 눕힌 듯한 독특한 평면 구조를 가지고 있다. 동서 방향으로 길게 뻗은 매스는 중앙에서 교차하며 자연스

길을 중심으로 하는 전통적인 덴마크 주거단지
사진 : flick.com 생성형 AI로 재구성

럽게 하나의 고리를 이루고, 이 교차부는 동서남북 어느 방향에서도 진입이 가능한 9미터 폭의 통로로 구성된다. 단지 전체는 이 중심 통로를 따라 흐르듯 연결되며, 그 안에 두 개의 중정이 배치되어 있다. 이 중정은 단순한 비어 있는 공간이 아니다. 타운하우스의 진입 램프와 녹지를 중심으로, 커뮤니티를 품는 마당이자 주민의 일상이 교차하는 골목 같은 공간으로 계획되었다.

바로 '길'을 복원한 아파트, 8하우스. 건축가는 단지 고층의 주거 밀도를 수용하는 데 만족하지 않고, 마을이 품고 있던 감각, 골목이 기억하던 풍경, 마당에서 일어났던 관계의 온기를 다시 도시 속으로 끌어들이고자 했다. 단절된 도시에서 연결된 삶을 회복하고자 했던 감각적 도시 실험. 이곳을 걷다 보면, 우리가 잊고 지냈던 도시의 '맛'이 발끝에서부터 되살아난다.

8하우스의 가장 인상적인 장치는 경사로이다. 이 경사로는 1층의 상업시설에서 시작해 최상층까지 이어지고, 다시 내려오는 순환 구조를 가진다. 덕분에 주민은 자전거를 타고 옥상까지 오를 수 있고, 유모차를 끌고 산책하듯 단지를 따라 걸을 수 있다. 이 경사로는 단순한 이동 통로

눈 덮힌 8하우스의 전체 단지　사진 : BIG

가 아니라, 이웃을 만나고, 멈추고, 이야기를 나눌 수 있는 '도시의 골목길'을 아파트 안으로 들여온 실험이자 제안이다. 전통적인 수직형 아파트가 엘리베이터를 통해 단절된 공간을 만든다면, 이곳은 수평과 수직의 경계를 풀어 입체적으로 연결된 마을을 만든다. 이 건축은 하나의 질문에서 출발했다. "현대의 아파트는 왜 더 이상 마을이 될 수 없는가?" 덴마크도 한국과 마찬가지로, 엘리베이터를 중심으로 한 고층 주거가 일상화되면서 이웃과의 접촉은 사라졌다. 현관을 나와 누구와도 마주치지 않고, 엘리베이터 안에서도 고개를 들지 않은 채 스마트폰만 들여다보는 일상. 8하우스는 이 단절의 문제를 공간의 언어로 풀어내고자 했다. 수직에서 수평으로, 단절에서 흐름으로, 아파트에서 마을로. 공간을 다시 감각의 흐름 속에 배치한 결과, 이곳의 거주자들은 건물 속을 '걷는다'. 오르고, 내리고, 멈추고, 바라보는 동작이 자연스럽게 이웃과의 관계를 엮는다.

8하우스는 단지 하나의 아파트가 아니다. 이곳은 현대 주거가 다시 커뮤니티가 될 수 있다는 가능성을 보여주는 살아 있는 실험이며, 도시의 '길'이 건축 안으로 들어와 새로운 일상의 구조를 만들어내는 감각적 공간장치이다.

수직의 골목, 흐르는 풍경 : 길이 만든 시각적 리듬

8하우스에서 가장 먼저 감지되는 것은 시선의 흐름이다. 평면적 구획이 아니라, 비스듬히 기울어진 길이 만든 수직의 골목길. 이 경사로는 단순한 보행 통로가 아니다. 마을 골목을 닮은 이 길은 지상에서 출발해 옥상까지 이어지며, 도시적 파노라마와 이웃의 베란다, 중정과 마당, 그리고 건물 틈새의 작고 사적인 풍경들을 끊임없이 펼쳐낸다.

이곳의 시각은 고정된 파사드가 아니라, 계속해서 바뀌는 장면으로 구성된다. 걷는 이의 고도에 따라 풍경은 변하고, 골목의 굴절마다 시야는 다른 감각적 균열을 일으킨다. 8하우스는 하나의 건물이 아니라, 걸을수록 열리는 도시적 시각 경험의 연속체다.

생활의 소리, 관계의 결 : 청각이 만든 공동체의 음향

8하우스를 걷는 동안, 청각은 골목을 타고 함께 흐른다. 자전거 바퀴가 바닥을 미끄러지는 소리, 아이들의 웃음소리, 현관 앞에서 인사를 나누는 이웃의 목소리.

이 소리들은 도시에 묻히지 않는다. 건축의 경사와 구조가 그것을 모아주고 반사시키며, 골목마다 다른 음색을 만들어낸다. 고요한 아침이면 도시의 먼 소음이 배경처럼 깔리고, 저녁이면 테라스에서 울려 퍼지는 대화 소리가 마당을 채운다. 이곳의 소리는 고요와 소란 사이를 넘나들며, 관계의 결을 짠

좌우로 경사로가 보이는 8하우스 사진 : 유재득(illo)

다. 도시의 사운드가 아니라, 마을의 리듬이 공간의 청각적 맛으로 남는다.

발끝과 손끝, 감각으로 걷는 길

8하우스의 진짜 주인공은 건축물이 아니라 길이다. 이 길은 평평하지도, 수직적이지도 않다. 완만하게 휘어진 경사로를 따라 오르고 내리는 과정 속에서, 걷는 몸이 끊임없이 공간에 반응하게 된다.

발바닥은 벽돌의 질감과 목재 데크의 따뜻함을 감지하고, 손끝은 난간의 금속과 나무가 전하는 온도차를 느낀다. 그리고 걷는 동안 마주치는 이웃과의 교감, 서로를 향해 고개를 돌리게 만드는 시선의 교차가 촉각적 경험을 완성한다. 이곳에서는 길이 '몸'과 관계를 맺고, 감각은 그 길을 통해 각인된다.

골목의 향, 도시의 후각적 기억

길을 걷는다는 것은 결국 향을 걷는 것이기도 하다. 아침이면 빵 굽는 냄새가 골목을 타고 퍼지고, 오후엔 베란다의 화분에서 허브 향이 바람

(상) 단지 내 길에서 노는 아이들
(하) 단지 내 길과 개인 마당 사진 : BIG

을 타고 전해진다.

비 온 뒤의 콘크리트와 젖은 나무, 그리고 이끼 낀 테라스 바닥에서 스며 나오는 흙냄새는 이곳을 단순한 주거 공간이 아닌, '시간이 쌓이는 마을'로 만든다. 이러한 향들은 후각을 통해 감정과 장소를 연결시키고, 8하우스의 기억을 도시적 냄새의 레이어로 저장하게 만든다.

맛보다 : 감각이 완성한 도시의 풍미

8하우스의 '맛'은 음식을 넘어서 감각 전체를 통한 미각적 체험으로 완성된다. 길을 걷고, 테라스를 오르며, 골목 어귀 작은 카페에서 커피 한 잔을 마시게 될 때, 그 한 모금은 단지 입맛만을 채우지 않는다. 풍경과 소리, 향기와 온기, 그리고 곁에 있는 사람의 기척까지, 모든 감각이 함께 스며들며 도시의 풍미를 구성한다.

이곳에서는 도시가 '먹는 것'이 아니라, '맛보는 것'으로 다시 정의된다. 그 맛은 복잡하지만 부드럽고, 역동적이지만 따뜻하다. 무엇보다 오랜 여운을 남긴다.

공간을 맛보다 : 골목길 위의 도시적 풍미

8하우스는 기능의 건축이 아니라, 감각의 도시다. 높은 건물 위에 다시 길과 골목, 마당과 이웃을 복원한 이 실험은, 도시가 어떻게 더 인간적으로, 더 맛있게 구성될 수 있는지를 보여준다.

길을 걷고, 이웃을 마주치고, 마당에서 열리는 작은 축제를 경험하면서, 공간 전체가 하나의 도시적 맛으로 체화된다.

걷고, 마주치고, 냄새 맡고, 소리 듣고, 손끝으로 공간을 기억하는 이 경험은, 도시를 하나의 '살아 있는 장소'로 다시 요리해낸다. 8하우스가 보여주는 것은 단지 새로운 건축 형식이 아니라, 삶의 감각을 복원하는 도시적 방식이다. 8하우스는 단순한 고밀도 아파트가 아니다. 그곳은 도시 위에 다시 길과 마당을 놓고, 사람들의 촉각적이고 후각적이며 미각적인 일상을 가능하게 만든 '감각적 도시 실험'이다.

그리고 이 실험은 도시가 어떻게 더 맛있어질 수 있는지를 우리에게 생생히 보여준다.

그 길 위를 걷는 순간, 우리는 다시 묻는다. 도시는 어떻게 더 맛있어질 수 있을까?

중정 내부에서 본 8하우스, 1층에 개별마당과 길이 보인다.
사진 : 유재득(illo)

도시는 결국 맛으로 기억된다

감각의 결로 짜인, 기억의 장소

도시는 단순한 장면이 아니다. 도시의 진짜 얼굴은 풍경을 본 그 순간보다, 그곳을 떠난 뒤에도 여전히 마음에 남는 감각의 흔적에서 드러난다.

우리는 도시를 기억할 때, 그 도시의 이미지를 떠올리기보다는 그때 맡았던 냄새, 귓가를 스친 소리, 발끝의 감촉과 공기의 밀도를 떠올린다. 그 기억은 오히려 몸이 먼저 반응하는 기억이다. 눈이 아닌, 피부와 코와 귀, 그리고 입이 먼저 기억해낸다.

새벽의 차맛 같은 절제를 품은 병산서원, 사라졌던 골목의 흐름을 되살려 길 위에서의 삶을 다시 맛보게 하는 코펜하겐의 8하우스8 House, 시간과 계절이 덧입혀진 도시의 결을 차곡차곡 쌓아 감각의 결을 직조한 힐사이드 테라스, 인간의 감각이 자연의 리듬과 맞물릴 때 공간이 얼마나 고요하면서도 풍요롭게 기억되는지를 보여주는 소쇄원.

이 도시들은 시각적 인상을 넘어선다. 그 안에 머문 사람들의 움직임, 계절의 기척, 나뭇잎 사이로 떨어진 빛의 미묘한 떨림이 한 겹 한 겹 덧입혀져, 감각의 질감으로 응축된 장소가 되었다. 도시를 맛본다는 것은 그 공간을 사랑하게 되는 일이고, 그곳이 우리 안에 머무르게 되는 과정이다.

앞으로의 도시 설계는 이제 다시 물어야 한다.

사람들이 오래 머무르고 싶어 하는 공간, 다시 돌아오고 싶어 하는 장면, 그 모든 것을 하나의 질문으로 요약할 수 있다.

"우리가 만든 도시는 어떤 맛과 풍미가 있는가?"

이 질문에 망설임 없이 대답할 수 있다면, 그 도시에는 분명 누군가의 감각이 머무르고 있을 것이다. 그리고 그 감각은 오래도록 잊히지 않는 기억의 한 모서리를 차지하게 된다.

결국 도시는, 그렇게 맛으로 기억된다.

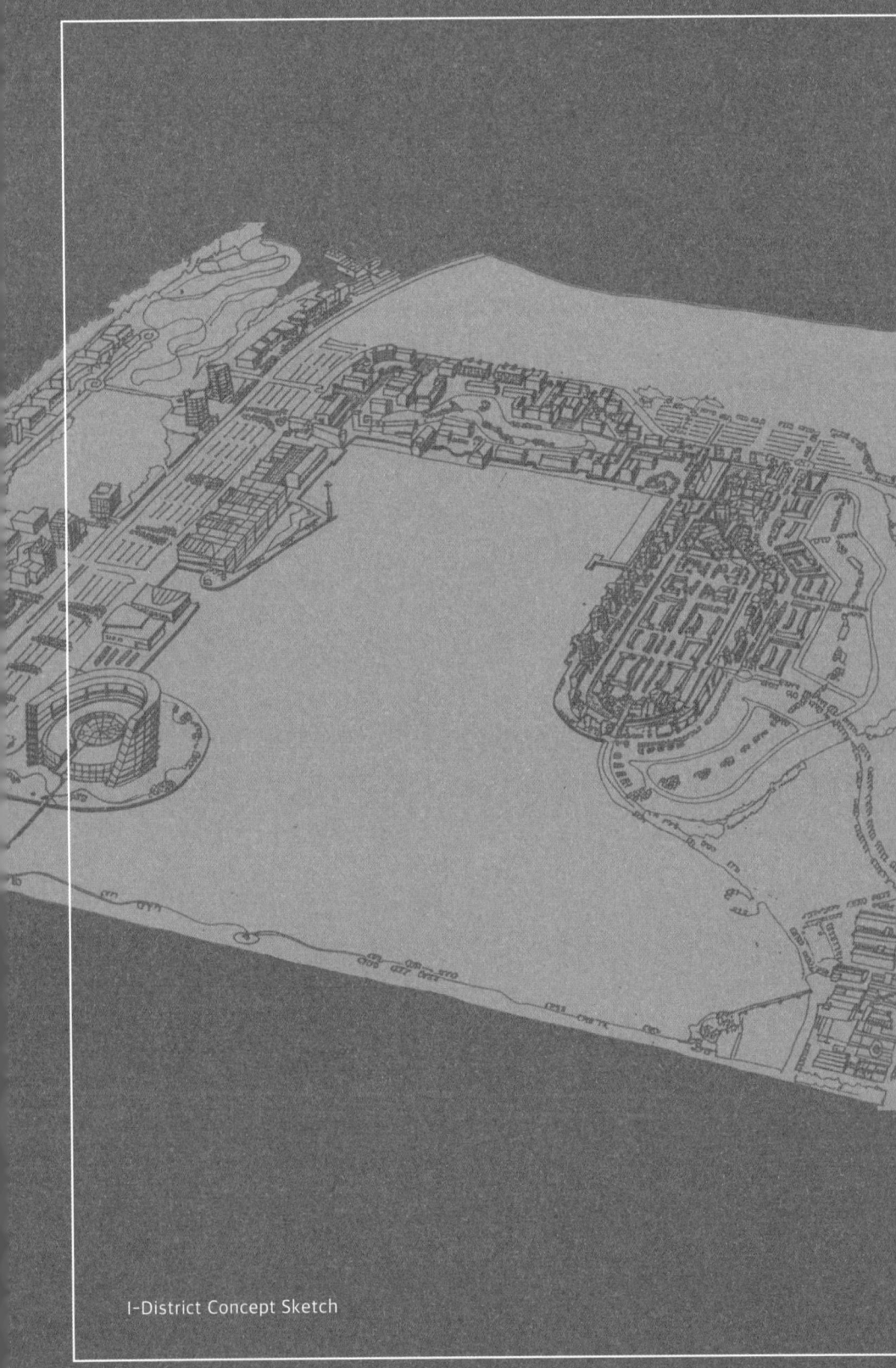
I-District Concept Sketch

도시와 건축은 단순한 물리적 구조물이 아닌, 감각을 통해 체험되고
기억되는 '살아 있는 장소'이다. 사람은 도시를 보고, 듣고, 만지고,
냄새 맡고, 맛보며 공간을 인식하고 해석한다.
이처럼 감각은 공간을 장소로 전환시키는 본질적 매개이며,
장소는 다시 그 공간을 의미와 기억의 층위로 성장시킨다.
오감건축은 이 감각의 흐름 속에서 공간을 설계하고 경험하는
새로운 방식이다. 감각은 도시를 구성하는 단순한 요소가 아니라, 삶과 정서,
관계를 담는 방식이며, 도시의 진정한 얼굴은 이 감각적 체험 속에서
드러난다. 결국 오감을 통해 공간은 장소를 낳고,
그 장소는 다시 공간을 살아 있는 존재로 성장시킨다.
이 장에서는 감각을 매개로 한 도시건축의 확장 가능성과 궁극적으로
오감건축은 도시와 건축을 '경험의 장소'로 재정의한다. 이는 도시가
단순한 기능의 집합이 아니라, 감각을 매개로 사람과 사람, 사람과 공간을 연결하는
매듭임을 의미한다. 이 장은 오감이 만들어내는 도시의 새로운 풍경을 상상하며,
감각이 도시를 어떻게 완성시키는지를 질문한다.
이제 우리는 묻는다 ― 당신에게 도시는 어떤 맛으로 남아 있는가?

PART 9

공간과 장소는 어떻게 도시를 성장시키나?

공간이 장소로 바뀌는 순간

공간은 인간의 감각 없이는 존재하지 않는다. 우리는 공간을 단순히 바라보는 존재가 아니다. 오히려 우리는 공간을 거닐고 만지며, 바라보고 들으며, 몸으로 느끼고 기억하는 존재다. 인간은 감각을 통해 공간을 인식하고, 그러한 인식의 축적은 곧 장소라는 정서적·문화적 개념을 생성해 낸다. 공간은 감각의 매개 없이는 장소가 될 수 없다.

공간은 우리에게 말을 건다

미국의 심리학자 제임스 J. 깁슨James Jerome Gibson은 인간이 세상을 지각하는 방식에 대해 새로운 관점을 제시했다. 그는 인간이 단지 눈으로 세상을 인식하는 것이 아니라, 몸을 움직이며 환경과 상호작용함으로써 지각이 이루어진다고 보았다. 이때 환경은 수동적인 배경이 아니라, 인간의 행위를 유도하고 가능성을 제시하는 능동적인 존재다. 깁슨은 이러한 가능성을 '어포던스affordance'라 불렀다. 예를 들어 계단은 단지 위로 쌓인 구조물이 아니라 '오를 수 있음'을 제안하고, 벤치는 '앉을 수 있음'을 직관적으로 제시한다. 공간은 이렇게 우리에게 말을 건다. 우리는 그것을 듣고 반응하면서 공간과 관계를 맺는다.

감각을 자극하는 공간이 장소가 된다

공간이 장소로 전환되는 순간은 언제나 감각의 개입을 통해 일어난다. 예컨대 도시 공원의 넓은 계단은 단지 오르내리는 경사 구조가 아니라, 사람들이 앉아 쉬고, 대화를 나누고, 사색하는 감각적 장소로 기능한다. 반대로, 좁고 어두운 골목은 경계와 긴장을 유도하며 우리의 보행 속도와 시선의 방향까지 바꾸어 놓는다. 결국 공간의 가치는 그것이 사람의 감각과 몸의 움직임에 어떤 방식으로 반응하는가에 따라 달라진다. 좋은 건축과 도시는 시각적인 형태 이전에, 사람의 몸이 어떻게 반응하고 기억하는지를 사려 깊게 설계한 공간이다.

공간과 감각의 대화 속에서 장소는 태어난다

건축과 도시 설계는 결국 감각을 조직하는 언어의 행위다. 인간은 단지 공간 속에 존재하는 것이 아니라, 공간과 끊임없이 '대화'하며 살아간다. 바닥의 질감, 벽의 온기, 바람의 흐름, 소리의 울림, 향기의 흔적, 이 모든 감각 요소는 우리가 공간을 해석하는 방식이며, 동시에 장소를 형성하는 기반이다. 감각이 개입되는 순간, 공간은 더 이상 추상적인 배경이 아니라 기억될 수 있는 장소가 된다. 그리고 그 장소성은 다시 공간을 의미 있는 존재로 성장시키는 토양이 된다. 감각은 공간을 살아 있는 장소로 전환시키는 가장 근본적인 매개이며, 도시와 건축의 본질은 바로 이 감각의 흐름 안에서 정의된다.

감각은 공간을 깨우는 첫 번째 숨결이다

도시를 걸을 때 우리는 항상 무언가를 '보고' 있다고 생각하지만, 사실 그보다 먼저 몸이 공간을 알아차린다. 발바닥이 바닥의 단단함이나 푹신함을 감지하고, 팔꿈치는 좁은 통로의 벽을 스친다. 무심코 지나친 바람의 방향이나 볕의 따사로움도 우리에게는 분명한 공간의 언어다. 이렇게 우리의 몸은 공간을 먼저 기억한다. 시각은 그 뒤를 따라오며 장면을 구성하고 해석할 뿐이다. 공간을 인식하는 가장 원초적인 방식은 결국 몸을 통해 일어난다. 사람은 가만히 보며 판단하는 존재가 아니라, 끊임없이 움직이고 접촉하며 공간과 관계를 맺는 존재다. 냄새가 방향을 바꾸게 만들고, 소리가 발걸음을 멈추게 하며, 거친 표면이 우리에게 거리를 두게 만든다. 이런 감각의 작용은 언제나 무의식적이고 즉각적이다. 그만큼 깊고 진하다.

공간은 이러한 몸의 감각에 의해 깨어난다. 의식적으로 명명되지 않아도, 그 감각적 첫인상은 우리의 감정과 기억에 선명하게 새겨진다. 그래서 어떤 공간은 설명 없이도 편안하고, 어떤 공간은 이유 없이 낯설다. 결국 장소란, 우리의 몸이 먼저 알아보고 기억한 공간의 흔적들로 이루어진다.

감각을 잃은 도시는 삶을 잃는다

니체는 인간이 시각에만 의존하게 되면서 다른 감각의 풍요로움을 상실하게 되었다고 지적했고, 사르트르는 시각 중심의 접근이 인간을 타

자화하며 '구경거리'로 만든다고 비판했다. 제인 제이콥스는 도시의 진정한 힘은 시각적 질서가 아니라 거리에서 벌어지는 일상의 감각적 경험과 인간관계에 있다고 보았다. 그녀는 골목길에서 벌어지는 대화, 우연한 마주침, 반복되는 소리와 냄새가 도시의 생명력을 구성한다고 강조했다. 이러한 시선은 도시를 기능이나 형식의 총합이 아닌, 감각적 층위와 관계의 축적물로 바라보게 만든다.

감각의 회복은 장소의 회복이다

오늘날 도시에서 점점 사라지고 있는 것은 단지 공간의 여백이 아니다. 그것은 사람과 장소 사이에 감각적으로 연결될 수 있는 '시간'이며, '관계'이고, '기억'이다. 리처드 세넷Richard Sennett은 이러한 도시를 '감각을 상실한 도시'라 부른다. 그는 현대 도시가 삶의 무대이기를 멈추고 기능의 조합으로만 운영되고 있다고 비판했다. 도시를 다시 감각의 장소로 회복하기 위해서는, 열린 광장과 같은 만남의 공간이 존재해야 하며, 바람, 소리, 냄새, 재질 같은 감각이 자연스럽게 경험되는 환경이 조성되어야 한다. 그리고 지역의 역사와 문화가 반영된 장면과 물성, 인간과 자연이 조화롭게 관계 맺는 생태적 공간이 필요하다. 이 네 가지는 도시가 장소성을 회복하기 위한 기본 조건이다.

감각으로 다시 쓰는 도시의 미래

이미 세계 곳곳에서는 감각을 회복하려는 도시적 실천이 시작되고 있다. 자동차 대신 사람 중심의 골목길이 복원되고, 소규모 광장이 다시 조성되며, 숲과 물이 흐르는 도심의 공원이 재조명되고 있다. 이들은 단지 사용되는 공간이 아니라, 머물고 싶은 장소, 다시 찾고 싶은 기억의 공간으로 작동한다. 도시 설계는 이제 기능적 질서를 넘어, 감각적 생태계를 설계하는 작업으로 확장되어야 한다. 사람은 감각으로 장소를 기억하고, 그 기억은 다시 도시의 정체성을 형성한다. 공간은 감각을 통해 장소가 되고, 장소는 공간을 확장시키는 씨앗이 된다. 도시의 미래는 효율이 아니라 감각에서 시작된다.

오감을 고려한 도시와 건축의 감성디자인

감각은 공간을 해석하는 언어다

　도시와 건축은 단지 콘크리트와 유리로 지어진 구조물이 아니다. 그것은 인간의 오감을 통해 경험되고 해석되는 감각의 무대다. 시각, 청각, 촉각, 후각, 미각은 단지 물리적 자극을 감지하는 감각기관이 아니라, 공간이 장소로 전환되는 데 관여하는 실질적인 매개다. 우리는 바다의 온도를 발로 느끼고, 건물 틈 사이로 스며드는 바람의 방향을 피부로 감지하며, 거리의 냄새와 소리를 통해 공간의 분위기를 해석한다. 도시의 '맛'은 이렇게 다섯 가지 감각이 겹쳐지며 구성된다.

　쾌적한 도시환경은 단지 기능의 충족으로만 이뤄지지 않는다. 그것은 오감의 조화를 통해 완성된다. 감각이 작동할 때, 우리는 공간을 '사용하는' 것이 아니라, 공간과 '관계'를 맺는다. 이는 도시 설계가 감각을 존중해야 하는 이유이며, 도시공간이 감정적 장소로 전환되기 위해 반드시 통과해야 할 과정이다.

다감각적 설계는 도시를 기억에 남게 만든다

　오늘날 도시와 건축 설계는 과거보다 훨씬 더 다차원적인 감각 요소를 고려하고 있다. 조경과 조명, 음환경과 향기, 바닥재의 촉감과 빛의 흐름까지 ─이러한 요소들은 이제 도시계획의 부차적 조건이 아니라 핵심 설계전략으로 작동하고 있다. 걷고 싶은 거리, 머물고 싶은 공간은 이처럼 통합적인 감각의 연출을 통해 만들어진다.

도시의 특정 장소가 오래도록 기억에 남는 이유는 단순히 형태가 아름답기 때문이 아니다. 바람 소리가 다르게 들리고, 나무 그림자의 흔들림이 마음을 흔들고, 낮은 담장 위로 풍겨오는 음식 냄새가 순간을 정지시키기 때문이다. 이처럼 감각을 기반으로 한 경험은 공간에 정서적 무게를 부여하고, 그곳을 장소로 변화시킨다. 감각의 설계는 곧 기억의 설계이기도 하다.

감성디자인은 공간과 감정의 연결 구조다

이러한 감각 중심의 접근은 '감성디자인'이라는 개념과 맞닿아 있다. 감성디자인은 인간의 감각, 감정, 기억을 자극하는 요소들을 디자인 언어로 번역하는 과정이다. 공간은 기능을 넘어서 감정을 이끌어내는 커뮤니케이션의 장치가 된다. 감성은 단순히 낭만적 분위기를 말하는 것이 아니라, 인간과 공간이 오감을 매개로 상호작용하며 생성되는 총체적 심리현상이다.

스티븐 홀이 말한 '공감각적 디자인'은 바로 이런 관점을 잘 보여준다. 그는 건축을 통해 빛과 그림자, 재료와 향기, 소리와 공간감을 하나로 엮어내며, 감각의 교차점을 경험의 밀도로 전환시켰다. 도시와 건축은 더 이상 눈으로만 소비되는 대상이 아니다. 그것은 모든 감각이 동시에 작동하는 유기적 생명체이며, 인간의 감정을 끌어들이는 공감각적 무대다.

길, 오감을 담는 도시의 감각적 장치

이러한 감성디자인이 가장 일상적으로 구현되는 도시적 장치가 바로 '길'이다. 우리는 길 위에서 바닥재의 촉감을 발끝으로 읽고, 바람에 실린 냄새와 창문 너머로 흘러나오는 음악 소리에 귀를 기울인다. 햇빛이 만들어내는 그늘과 따뜻한 햇살의 온도 차, 벽면에 닿는 손끝의 질감까지, 길은 오감이 가장 밀도 있게 작동하는 공간이다.

좋은 길은 단지 반듯한 선형 통로가 아니다. 그것은 감각을 자극하고, 발걸음을 멈추게 만들며, 때로는 천천히 걷게 만드는 힘을 가진다. 나무 아래의 그늘, 고운 자갈과 모래의 질감, 스쳐 지나가는 사람들의 냄새와 목소리는 길을 단순한 이동의 경로가 아닌 감각의 풍경으로 전환시킨다. 그래서 길은 도시의 '맛'을 구성하는 가장 중요한 장치이자, 감성디자인이 구현되는 가장 원초적이고도 일상적인 장소다.

도시 설계에서 '길을 잘 만든다'는 것은 결국 사람의 감각을 존중하고 풍요롭게 한다는 뜻이다. 그것은 오감의 공간을 열어주는 일이자, 도시를 다시 사람의 리듬에 맞춰 재구성하는 일이다. 길 위에서 경험되는 감각은 도시를 장소로 바꾸는 첫 번째 단서이며, 감성디자인은 그 단서를 놓치지 않고 공간 속에 구조화하는 전략이다.

감각적 건축 경험은 어떻게 만들어지는가

도시, 오감으로 구축되는 감각의 풍경

현대 도시는 더 이상 콘크리트 구조물과 인프라의 물리적 집합이 아니다. 도시는 인간의 오감에 의해 경험되고 해석되는 다층적인 환경이며, 그 감각의 총합을 통해 비로소 '장소'로 기억된다. 우리는 도시를 단지 '보는 공간'으로 인식하지 않는다. 걷고, 냄새 맡고, 들으며, 햇빛을 피부로 감지하고, 때로는 도시의 맛을 혀끝으로 기억한다. 감각은 도시를 생명력 있는 존재로 바꾸며, 건축과 도시공간은 이제 '보이는 대상'에서 '살아 있는 환경'으로 변화하고 있다.

이러한 전환은 제임스 깁슨이 말한 '능동적 지각' 개념과도 깊이 연결된다. 그는 인간이 환경을 인식할 때 단지 시각에만 의존하는 것이 아니라, 몸 전체를 움직이며 환경과 상호작용한다고 보았다. 이 관점은 도시와 건축이 단순한 시각적 질서가 아니라, 감각의 복합적 흐름 속에서 다시 설계되어야 함을 시사한다. 도시를 경험한다는 것은 곧, 감각으로 공간과 관계를 맺는 일이다.

오감이 중첩되는 도시 경험

도시의 공간은 오감을 위한 거대한 무대다. 광장 하나만 보더라도, 햇살의 따사로움, 바닥재의 거칠기, 사람들의 목소리와 스피커를 타고 흐르는 음악, 봄날 꽃이 풍기는 향기까지 —감각의 레이어들이 중첩되어 도시의 기억을 구성한다. 시각은 형태와 색을 통해 도시의 정체성을 부여하고, 청각은 리듬과 속도를 조절하며, 후각은 정서적 기억을 환기시키고, 촉각은 도시의 물성과 접촉을 가능하게 한다. 건축 역시 이러한 감각적 조건을 통해 살아 있는 장소가 될 수 있다. 재료의 물성과 온도, 빛의 농도, 공기의 흐름, 공간 간의 연결 방식 등은 우리의 감정에 직접 작용한다. 감각을 고려하지 않은 건축은 기능적으로는 완성되었을지 몰라도, 사람의 기억에는 남지 않는다. 반대로 감각이 구조화된 공간은 사람을 멈추게 만들고, 머물고 싶은 장소로 변모한다. 설계는 감각의 언어로 공간을 번역하는 작업이다.

변화하는 감각, 움직이는 도시

도시의 공간은 고정된 장면이 아니다. 시간, 계절, 날씨, 사람의 움직임에 따라 공간은 끊임없이 달라지고, 이 변화는 감각을 통해 비로소 인식된다. 오전의 광장과 해질녘의 광장은 같은 장소지만, 빛의 각도와 그림자의 길이, 주변의 소음과 공기 밀도의 차이로 완전히 다른 공간이 된다. 냄새는 계절을 알려주고, 바람은 공간의 방향성을 바꾸며, 소리는 공간의 크기를 감지하게 한다.

이처럼 도시는 단순한 구조물이 아닌, 시간과 감각이 함께 구성하는 유기체다. 변화와 움직임을 품은 도시, 감각으로 살아 있는 공간은 고정된 설계가 아니라, 유연하고 열려 있는 공간 구조를 요구한다. 감각을 중심에 둔 도시 설계는 아름다움이나 효율성을 위한 전략이 아니라, 사람의 존재를 존중하는 태도이자 철학이다.

감각은 공간을 장소로 성장시킨다

공간은 감각의 작용을 통해 장소로 진화한다. 다섯 감각이 동시다발적으로 작동하며 경험된 공간은, 단순한 사용을 넘어 정서적 의미를 갖는다. 그 공간은 누군가의 기억이 되고, 다시금 돌아오게 만드는 장소가 된다. 이 감각-공간-장소의 순환 구조는 도시가 단지 기능적 장치가 아니라, 감정이 머무는 풍경이라는 점을 보여준다.

미래 도시 설계는 이 감각 중심의 관점을 중심축으로 다시 짜야 한다. 심리학, 신경과학, 디자인과 인문학이 교차하는 지점에서, 공간은 더 이상 '보여주는 것'이 아닌, '살아가는 것'이 되어야 한다. 건축가와 도시 설계자는 이제 감각을 설계의 중심 언어로 삼아야 하며, 공간은 그 언어를 통해 장소로 번역되어야 한다. 공간은 감각을 통해 장소로 태어나고, 장소는 감각의 층위를 품으며 다시 공간을 살아 있는 장으로 성장시킨다. 감각의 도시란, 결국 인간의 삶이 조응하는 장소의 풍경이다.

감각으로 읽는 도시, 장소가 된 공간들

    도시와 건축은 단지 시각적으로 감상되는 대상이 아니다. 그것은 인간의 몸을 통해 다층적으로 경험되고, 오감을 통해 해석되며, 감정과 기억으로 전환되는 환경이다. 걷고, 보고, 만지고, 냄새 맡고, 듣는 일련의 감각적 흐름 속에서 우리는 공간을 인지하고, 그 인지가 지속될 때 비로소 그 공간은 '장소'로 진화한다.

    우리는 종종 도시를 효율과 기능, 혹은 상징과 이미지로만 이해하려 하지만, 실상 도시는 인간이 '살아가는 방식' 그 자체에 더 가깝다. 도시 공간은 우리의 감각을 자극하고, 감정을 환기하며, 기억을 만들어낸다. 결국 도시와 건축을 구성하는 진짜 힘은 물성과 형태가 아니라, 그것을 수용하고 해석하는 인간의 감각에 있다.

    이러한 관점에서 도시와 건축을 바라보면, '좋은 장소'란 감각이 풍부하게 작동하는 환경이라는 사실을 확인하게 된다. 시각은 색과 빛으로 장면을 만들고, 청각은 공간의 리듬과 크기를 전하며, 후각은 장소를 감정적으로 각인시키고, 촉각은 거리와 친밀감을 설정하며, 미각은 도시의 삶을 풍미로 전환시킨다. 이처럼 오감은 도시를 경험하는 다섯 갈래의 길이며, 우리가 공간을 통해 삶과 연결되는 다리이다.

    이제부터 소개할 사례들은 바로 이러한 관점에서 도시와 건축을 다시 바라보게 만든다. 각각의 공간은 어떻게 감각을 존중하며, 인간의 오감을 매개로 공간을 '장소'로 변화시켰는가? 또 그 장소성은 어떻게 다시 주변의 공간들을 변화시키고 확장시키는 토양이 되었는가?

　미야시타 공원의 변화된 거리, 코단CODAN에서의 공동체적 감각, 써클 브릿지의 움직이는 장소성, 그리고 슈퍼킬렌Superkilen 공원이 보여주는 다문화적 감각의 공존. 이 사례들은 공간이 감각을 통해 태어나고, 장소로 성장하는 과정을 구체적으로 보여주는 살아 있는 도시건축의 단면이다. 결국 도시는 인간이 오감으로 살아내는 풍경이며, 건축은 그 감각을 구조화하는 언어다. 도시를 구성하는 진짜 설계는, 사람의 감각이 어떻게 공간 속에서 반응하고 머무르고 다시 돌아오게 되는지를 설계하는 일이다. 이 장에서 소개할 사례들은 바로 그런 감각적 도시건축의 가능성을 실천적으로 보여준다.

스쳐 지나던 공간에서 감각의 장소로 : 미야시타 공원

미야시타 공원의 진입부, 우측엔 선술집이 입지한다.
사진 : 유재득(illo)

　도시를 걷다 보면, 이상하게도 발걸음이 점점 빨라지는 공간이 있다. 위험한 것도, 특별히 불편한 것도 아닌데, 마치 누군가 등을 떠미는 것처럼 그 자리를 빨리 벗어나고 싶어진다. 반대로, 아무 기능도 없고 목적도 없는 장소에서 괜히 발걸음을 늦추고 싶어질 때도 있다. 그 차이는 결국 공간이 우리 몸의 감각을 어떻게 받아들이느냐, 그리고 그 감각이 어떤 식으로 사람의 마음에 머무느냐에 달려 있다.

  도시 공간도 사람과 닮았다. 감각이 깨어 있는 공간은 자연스럽게 우리의 몸과 마음을 붙잡는다. 미야시타 공원은 그 감각의 전환이 만들어 낸 대표적인 장소 중 하나다. 이곳은 한때 시부야의 철도 고가 옆, 복잡한 도심의 틈새에 얹혀 있던 옥상 공원이었고, 낡고 기능을 상실한 채 사람들의 기억 속에서조차 흐릿해져 가던 공간이었다. 누군가에게는 단순한 통과 지점이었고, 누군가에게는 주차장 위에 존재하던 익명의 장소였을지도 모른다. 그러나 지금의 미야시타 공원은 다르다. 도시의 수직적 구조 안에서 감각을 통해 장소로 다시 태어난, 입체적 도시 공간의 사례가 되었다.

  이 공원의 시작은 다소 생소한 '입체도시공원'이라는 제도에서 출발한다. 땅 위에 공간이 없다면, 도시의 공공성을 공중에 띄우겠다는 발상이었다. 민간이 공공의 용적률을 활용하되, 일정 부분을 시민을 위한 공공 공간으로 되돌려주는 방식이다. 이 전략은 도시가 비좁아졌다는 문제에 대한 물리적 대응이면서도, 도시의 틈을 감각의 무대로 바꾸는 실험이기도 했다.

  전체 건축물은 지하 2층부터 지상 18층까지 수직적으로 구성되어 있으며, 그 안에는 상업시설과 호텔, 그리고 옥상 공원이 층층이 쌓여 있다. 도시의 층을 기능별로 분리하기보다는, 감각의 밀도에 따라 공간을 겹쳐낸 구조다. 1층부터 3층까지는 시부야 특유의 에너지를 품은 상업공간이 밀집해 있으며, 사람들은 이 구간에서 시각과 청각, 후각을 중심으로 도시의 감각을 소비한다. 패션 매장, 음식점, 카페, 라이브 공연장이 혼재된 이 공간은 도시의 리듬이 가장 빠르게 흐르는 층이다.

4층의 옥상공원, 이벤트 공간으로 활용된다. 사진 : 유재득(illo)

그러나 4층에 도달하면 분위기가 달라진다. 여기에는 약 10,740㎡ 규모의 옥상 공원이 펼쳐지며, 스케이트보드장, 암벽등반장, 잔디광장과 산책로, 벤치 등 다양한 공공 프로그램이 배치되어 있다. 땅이 아니라 하늘 위에 자리한 이 공원은 오히려 지상의 공원보다 더 자연스럽게 느껴진다. 발끝으로 느껴지는 잔디의 부드러움, 바람에 흔들리는 나무의 소리, 그늘 아래 잠시 머무는 따뜻한 햇살까지—이 공간에서는 시각, 청각, 촉각이 동시에 작동하며, 공원이라는 장소의 감각을 완성한다.

그 위층은 호텔이다. 이곳에서 사람들은 도심의 전경을 조망하며 일상의 시야를 확장시킨다. 도시의 밀도에서 벗어나 감각의 농도가 옅어지는 대신, 새로운 시점을 획득하게 된다. 아래층의 역동성과 대비되는 고요함이, 또 다른 감각의 층위를 만들어낸다. 공간은 기능적으로 나뉘어 있는 것이 아니라, 감각의 흐름에 따라 분절되고 연결되며, 사람의 리듬을 조율하는 방식으로 구성되어 있다.

이 모든 것이 가능했던 배경에는 공공과 민간의 협력 모델이 존재한다. 시부야구는 도시의 설계 틀을 제공했고, 민간은 그 안을 감각의 풍경으로 채워 넣었다. 공원과 호텔, 상업시설이 하나의 구조물 안에서 유기적으로 얽혀 있는 이 구성은, 도시의 물리적 경계를 허물고 감각의 흐름을 따라가도록 설계되었다. 특히 상업공간과 공원 사이를 잇는 공중 브릿지는 기능과 감각을 넘나드는 상징적 구조다. 약 15미터 폭의 도로를 가로지르는 이 통로는 단순히 '이동'을 위한 통로가 아니라, 도시의 빠른 리듬에서 느림의 장소로 전환되는 경계이자 문턱이다. 브릿지를 건너는 순간, 공간의 속도감이 변하고 감각의 밀도가 바뀐다. 도시의 감각을 해체하고 다시 조율하는, 감각의 리셋 버튼 같은 존재다. 이 공원의 진짜 힘은 시설의 다양성에 있지 않다. 그보다는 공간 속에 감각을 어떻게 조직했는지에 있다. 잔디밭의 촉감, 아이들의 웃음소리, 나무 그늘 아래 머무는 시간, 스쳐 지나가는 냄새와 사람들. 이 모든 것이 이곳에 '장소성'을 불어넣는다. 어떤 이는 커

시설과 시설을 연결하는 공중 브릿지 사진 : 유재득(illo)

도시 공간에서 본 미야시타공원의 외관 사진 : 유재득(illo)

피를 마시고, 어떤 이는 반려견과 걷고, 어떤 이는 아무것도 하지 않고 하늘을 바라본다. 특별한 이벤트 없이도 사람을 머무르게 하는 힘, 그것이 바로 감각이 구조화된 공간의 힘이다. 도시의 틈은 그냥 두면 비워진 공간으로 남는다. 하지만 그 안에 감각이 채워지면, 그 공간은 '장소'가 된다. 미야시타 공원은 도시 위의 틈을 감각으로 채운 설계적 응답이다. 기능과 밀도를 넘어 감정과 기억을 담아낸 이 입체적 공공 공간은, 도시의 흐름에 새로운 리듬을 불어넣는 하나의 실험이며, 감각이 도시를 바꾸는 방식을 가장 설득력 있게 보여주는 사례이기도 하다. 공간은 감각을 품을 때 장소가 되고, 그 장소는 도시를 기억 가능한 풍경으로 만든다. 미야시타 공원은 단순한 도시재생을 넘어, 감각을 기반으로 도시를 재구성하는 새로운 공공성의 가능성을 보여준다.

마음을 연결하는 집, 커뮤니티로서의 도시 주거 : 코단CODAN

도시에서의 '집'은 점점 고립되고 있다. 주거는 안전하고 효율적으로 분리된 개인의 공간이 되었고, 그만큼 공동체는 점점 멀어졌다. 하지만 우리는 여전히 혼자 살 수 없는 존재다. 혼자 살지만, 함께 있고 싶다. 코단CODAN은 바로 그 모순된 욕망을 도시의 언어로 풀어낸 실험이다. 도쿄 시노노메 워터프런트에 위치한 코단은 단지 주거 단지를 설계한 것이 아니다. 이것은 '어떻게 도시 속에서 함께 살 것인가'라는 질문에 대한 건축적 응답이었다. 일본의 대표 건축가 리켄 야마모토를 중심으로, 도요 이토, 쿠마 켄고 등 일본을 대표하는 건축가들이 참여한 이 프로젝트는, 각기 다른 블록을 설계하면서도 하나의 도시적 감각을 공유했다.

이 주거 단지의 핵심은 '지역사회권'이라는 개념이다. 건축가는 기존의 획일적이고 폐쇄적인 아파트 평면인 '51C형일본 공공주택의 전후 고도성장기 표준형 평면'을 해체하고, 사적 공간전용면적은 줄이고 공공 공간복도, 마당, 테라스, 커뮤니티은 넓힌 새로운 도시 주거 모델을 제안했다. 이 개념은 집을 하나의 기능적 셀cell로 취급하지 않고, 사람들이 살아가며 관계를 맺는 '사회적 플랫폼'으로 보는 시각에서 출발한다. 집이 도시가 되고, 도시가 집처럼 느껴지는 구조다.

코단의 공간 구조는 이 철학을 그대로 담고 있다. 6개의 블록으로 구성된 단지는 중앙의 커뮤니티 광장과 수로를 중심으로 배치되며, 블록 사이에는 직선이 아닌 곡선형 커뮤니티 도로가 흐른다. 이 길은 빠르게 이동하는 통로가 아니라, 우연한 만남이 자주 발생하는 감각적 장치다. 걷는 속도가 자연스럽게 느려지고, 시야는 열리며, 사람들은 서로를 인식하게 된다.

건물의 배치나 내부 구성 또한 감각을 자극하는 방향으로 계획되었다. 각 주거 유닛에는 '포이어룸'이라 불리는 반공개형 공간이 딸려 있다. 이 공간은 공유 작업장, 아이 돌봄 공간, 간이 카페, 또는 단순한 마주침의 장소로 사용되며, 개인의 삶이 이웃과 맞닿을 수 있도록 설계되었다. 특히 이 공간은 이동식 목재 패널을 통해 프라이버시와 개방감을 동시에 조절할 수 있어, 사용자의 의도에 따라 감각의 밀도를 변화시킬 수 있다.

코단의 진짜 매력은 이런 공간적 장치가 단지 기능을 넘어 감각의 흐름을 만들어낸다는 점이다. 건물의 입면은 유리와 목재가 결합되어 시각적 투명성과 온기를 동시에 전달하고, 테라스와 공용 발코니는 수직적으로 층층이 배치되어 서로 다른 높이에서 시선과 소리가 교차하게 만든다. 주방과 욕실이 외부를 향하도록 배치되어 있는 것도, 내부 생활이 외부 감각과 연결되도록 하기 위한 전략이다.

이 감각적 연결은 단지 내부에만 머물지 않는다.

(상) 커뮤니티 도로에는 생활서비스 시설이 배치되어 있다.
(하) 데크레벨에서 바라본 단지 사진 : 유재득(illo)

커뮤니티 도로를 따라 소규모 상점, 카페, 유치원, 놀이터가 자연스럽게 배치되어 있고, 이들은 단지 외부의 공공 공간과도 연계되어 있다. 이처럼 주거와 커뮤니티, 공공과 민간, 안과 밖이 유기적으로 흐르는 구조 속에서, 사람들은 이동하면서도 머무르고, 혼자 있으면서도 연결된다.

코단은 도시 안에 또 다른 도시를 만든 시도였다. 하나의 아파트 단지를 넘어선, 하나의 감각적 생활권이다. 도시 안에서 단절된 공간이 아니라, 사람과 삶을 매개하는 공간. 주거가 곧 커뮤니티의 중심이 되는 구조. 이런 도시 주거 모델은 단순히 공급의 효율성을 따지는 기존 아파트 시스템과는 출발점부터 다르다.

결국 코단은 우리가 도시에서 '함께 살아간다'는 감각을 어떻게 회복할 수 있을지를 묻는다. 이곳에서는 청각, 시각, 후각, 촉각이 일상의 리듬 속에서 작동하고, 그 감각은 공동체를 구성하는 정서적 토양이 된다. 아이들의 웃음소리, 열린 창문을 통해 새어 나오는 요리 냄새, 나무데크 위를 걷는 발소리, 커뮤니티 카페 앞의 인

(상) 데크 하부에 커뮤니티도로와 상점들이 입지한다.
(하) 다양한 단지의 입면과 중정 사진 : 유재득(illo)

사 한마디. 이런 장면들이 쌓여 공간은 장소가 되고, 장소는 도시의 감각을 다시 일으킨다.

미야시타 공원이 도시의 여백을 감각으로 채워 도시의 리듬을 바꿨다면, 코단은 도시의 주거를 감각의 공동체로 확장한 실험이다. 이 두 사례는 공통적으로, 공간을 기능으로 설계하지 않고 감각으로 구성함으로써, 그 공간이 '장소'가 되는 순간을 보여준다. 그리고 장소가 형성되었을 때, 그곳에서 사람과 관계가 자라나고, 결국 도시 자체가 성장할 수 있다는 사실을 말해준다.

코단은 단순히 '어떻게 지을 것인가'가 아니라, '어떻게 살아갈 것인가'를 묻는 공간이다. 도시 주거의 구조 속에 감각을 되살리고, 사람 사이의 거리를 좁히는 것. 그것이 지금 우리가 회복해야 할 도시의 감성이다.

물을 건너고 만나는 마법의 장소 : 써클 브릿지 Circle Bridge

도시에서 '다리'는 보통 지나치기 위한 구조물로 인식된다. 기능 중심의 도시에서는 다리는 가능한 한 짧고 곧아야 하며, 물리적 연결의 효율성을 위해 설계된다. 대부분의 다리는 멈춤 없이 통과하는 곳, 도달을 위한 경유지일 뿐이다. 하지만 코펜하겐의 써클 브릿지 Circle Bridge는 그 통념을 감각적으로 흔들어 놓는다. 이 다리는 단순한 교량이 아니라, 도시의 흐름 속에서 감각을 되살리는 '머무는 장소'다.

덴마크 출신의 예술가 올라퍼 엘리아슨 Olafur Eliasson은 이 작은 보행자 다리를 단순한 기능적 인프라로 보지 않았다. 그는 크리스티안스하운Christianshavn 운하 위에 다리를 놓는다는 사실 자체보다, 그 다리를 통해 도시에서 어떤 '경험'을 할 수 있는지를 더 중요하게 여겼다. 그렇게 탄생한 써클 브릿지는 곡선을 따라 배열된 5개의 원형 플랫폼이 리듬처럼 이어지며, 수면 위에 정박한 배들을 연상시키는 형태로 완성되었다. 위에서 내려다보면 도시는 마치 정지된 음악처럼 고요한 움직임을 품고 있고, 다리 위를 걷는 사람들은 이 원형의 리듬 안에서 이동이 아닌 '체험'을 시작하게 된다.

엘리아슨은 이 다리를 "속도를 늦추기 위한 장소"로 구상했다고 말한다. 곡선으로 이어진 원형 플랫폼은 걷는 사람의 발걸음을 자연스럽게 늦추고, 그 틈에서 시선은 멈춰 주변의 풍경을 받아들인다. 공간의 형식이 감각의 흐름을 전환시키는 것이다. 곧은 다리는 빠른 이동을 유도하지만, 원형의 반복은 사람의 동선을 잠시 휘게 하고, 그 휘어진 궤도 안에서 감각은 다시 깨어난다. 써클 브릿지의 핵심은 기능이 아니라 감각이다. 시각적으로는 플랫폼마다 각기 다른 방향에서 운하와 도시의 풍

써클 브릿지, 배의 돛대를 연상시킨다 사진 : Alamy, 생성형 AI로 재구성

경이 펼쳐진다. 낮에는 햇살이 수면에 반사되어 다리 위에 일렁이는 물빛을 드리우고, 밤에는 조명이 다리의 구조선을 따라 부드럽게 이어지며 도시의 또 다른 풍경선을 만들어낸다. 바람은 운하를 따라 흐르고, 잔잔한 물결 소리와 자전거 바퀴가 닿는 금속 난간의 울림은 도시의 청각적 배경을 구성한다. 손끝에 닿는 금속의 차가움, 나무 바닥의 미세한 결, 날씨에 따라 변하는 온도는 이곳을 촉각적 장소로 변모시킨다.

이 다리는 단지 '건너는 곳'이 아니라, '머무는 곳'이다. 도시의 흐름을 단절시키기보다는 잠시 느리게 만드는 장치다. 우리는 일상의 경로 속에서 무심코 이동하지만, 이 다리를 건너는 순간 그 경로의 리듬이 바뀐다. 누군가는 다리 위에서 이야기를 나누고, 누군가는 음악을 연주하며, 또 누군가는 조용히 멈춰 물결을 바라본다. 다리는 사람을 만나게 하고, 풍경을 바라보게 하며, 도시 속에서 감각이 회복되는 틈을 만든다.

써클 브릿지는 도시가 반드시 거대하고 복잡한 인프라로만 완성되는

보트를 타고 써클 브릿지를 지나가며 보는 풍경, 강 건너 왕립도서관이 보인다.
사진 : 유재득(illo)

것이 아니라는 점을 보여준다. 작은 구조물이지만, 그 안에는 도시적 관계와 감정의 밀도가 응축되어 있다. 미야시타 공원이 도시 위에 감각의 공공 공간을 구성하고, 코단이 주거의 일상에 공동체의 감각을 되살렸다면, 써클 브릿지는 도시의 '이동'이라는 당연한 행위를 감각의 체험으로 바꾸어낸다. 그것은 구조물로서의 교량이 아니라, 사람과 사람 사이의 감정적 플랫폼이다.

결국 이 다리는 도시의 섬과 섬을 연결할 뿐 아니라, 사람과 사람의 감각을 연결하는 매개체가 된다. 일상 속 짧은 여정이 감각의 체류가 되는 이 작은 다리에서, 도시는 더 이상 통과의 배경이 아니라 잠시 멈춰 설 수 있는 풍경으로 전환된다. 공간은 감각을 통해 장소가 되고, 그 장소는 다시 도시의 기억을 확장시키는 토대가 된다.

써클 브릿지는 '공간은 장소를 낳고, 장소는 공간을 성장시킨다'는 이 장의 주제를 가장 압축적으로 실현한 사례다. 직선적이고 기능 중심이던 다리를 감각의 매개로 바꾸면서, 이 작은 구조물은 도시가 진정 살아있기 위해 필요한 것이 '효율'만이 아니라 '감각'이라는 사실을 조용하게, 그러나 강력하게 이야기한다.

이민자가 설계한 모두의 공원 : 슈퍼킬렌 파크 Superkilen Park

도시가 다양해진다는 것은 축복일까, 아니면 갈등의 씨앗일까. 인구가 다문화적으로 구성될수록 언어, 가치관, 음식, 풍경이 달라지고, 도시는 점점 더 다양한 삶의 방식이 교차하는 무대로 변한다. 그만큼 소통은 더 중요해지고, 공간은 더 섬세한 연결을 요구받는다. 그런데 문제는, 도시의 공간이 때로 사람들 사이의 차이를 묶는 것이 아니라 오히려 단절시키는 방식으로 설계되어 왔다는 데 있다. 코펜하겐의 슈퍼킬런 파크 Superkilen Park는 바로 그 지점에서, 도시를 구성하는 감각과 관계의 구조에 질문을 던진 프로젝트였다.

코펜하겐의 뇌레브로Nørrebro는 덴마크에서도 가장 다문화적인 지역이다. 과거 이민자 밀집 지역이었던 이곳은 한동안 범죄와 폭동, 도시 소외의 상징처럼 여겨졌다. 슈퍼킬렌Superkilen은 바로 이 지역의 중심을 가로지르며 조성된 800미터 길이의 선형 공원이다. 처음부터 특별한 공원을 만들겠다는 발상이 아니라, 오히려 서로 다른 배경을 가진 사람들이 '만날 수 있는 틈'을 도시 안에 열겠다는 감각적 시도였다. 도시를 감각으로 다시 엮고, 갈등의 장소를 기억과 공감의 장소로 바꾸려는 이 실험은, 건축가 비아이지BIG, 예술가 올라퍼 엘리아슨, 그리고 조경가 토포텍1Topotek 1이 함께 참여한 협업이었지만, 진짜 설계자는 다름 아닌 지역 주민들이었다.

슈퍼킬렌의 핵심은 '절대적 참여absolute participation'라는 개념에 있다. 공원에 놓일 오브제들은 각국의 이민자 주민들이 자신이 자라난 고향에서 기억하고 싶은 사물들을 제안하고, 투표로 선정했다. 그렇게 선정된 놀이기구, 간판, 정자, 벤치, 조형물 등은 총 59개국에서 모여들었고, 그 수는 108개에 이른다. 이 오브제들은 단지 장식물이 아니라, 문화적 기억의 조각들이며, 도시 위에 감각적으로 펼쳐진 하나의 다문화 지도와 같다. 공원이 아니라, 살아 있는 세계문화박물관이자, 감각으로 엮인 공동체의 풍경이라고 말해도 과하지 않다.

공원은 감각별로 구획된 세 가지 공간으로 구성되어 있다. 붉은 광장 Red Square은 시각 중심의 공간이다. 선명한 빨간색 포장, 다양한 기하학적 오브제와 조형물이 공간의 시선을 사로잡으며, 도시의 에너지를 시각적 자극으로 전달한다. 검은 광장 Black Square은 청각과 후각, 촉각이 작동하는 일상형 공간이다. 바비큐장, 분수, 체육 공간, 놀이터 등이 혼재하며, 사람들이 몸으로 공간과 접촉하는 환경을 만든다. 마지막으로 녹색 공원 Green Park은 걷고 쉬는 감각을 위한 자연 중심의 공간이다. 잔디밭과 산책로, 나무와 벤치가 감각을 안정시키며, 도시에서의 일상적 휴식이 가능하게 한다.

(상) 붉은광장 내 도서관과 자전거
(하) 식사의 장소로서 공원 사진 : 유재득(illo)

슈퍼킬렌이 특별한 이유는 단지 오브제가 다양하다는 데 있지 않다. 이 공원은 과거 물리적으로 단절되어 있던 두 주거 지역을 잇는 공간으로, 도시

(상) 만남의 장소로서 공원
(하) 놀이 장소로서의 검은광장 사진 : 유재득(illo)

안의 '틈'을 연결하는 감각의 실험장이기도 하다. 공원은 경계를 허물고, 걷는 사람들의 이동과 우연한 마주침을 유도하며, 심리적 거리감을 줄여나간다. 도시의 구조적 분절을 감각의 흐름으로 치유한 사례라고 할 수 있다.

물론 이 프로젝트에 대한 비판도 존재한다. 다문화 오브제가 시각적 장식에 그쳤고, 실질적 상호작용의 구조는 부족하다는 지적이다. 그러나 그럼에도 불구하고, 슈퍼킬렌은 도시의 공공 공간이 단순히 조경적 미감을 제공하는 공간을 넘어, 삶의 방식과 관계의 가능성까지 설계할 수 있다는 사실을 보여준다. 도시를 바꾸는 것은 하드웨어가 아니라, 감각을 매개로 한 사람들의 행동과 관계라는 점을 설득력 있게 제시한 것이다.

이 공원이 진짜 전환시킨 것은 도시의 경계가 아니라, 공간을 해석하는 방식이다. 이질적인 것들을 감각의 무대 위에 병치함으로써, 도시 안에서의 차이가 문제이기보다 '자원이 될 수 있다'는 가능성을 시각화한 셈이다. 도시의 다양성은 혼란이 아니라 풍경이 되며, 그 풍경은 각자의

검은광장에서 쉬는 시민들 사진 : 유재득(illo)

기억을 품은 장소로 변모한다.

　미야시타 공원이 도시 위의 여백을 감각의 광장으로 바꾸고, 코단이 주거의 틈에서 공동체를 회복했으며, 써클 브릿지가 이동의 흐름을 감각의 체험으로 전환시켰다면, 슈퍼킬렌은 도시의 차이를 감각적으로 포개어 하나의 장소로 통합한 사례다. 이곳에서는 도시가 더 이상 기능의 총합이 아니라, 감각과 기억이 축적된 정서적 지도라는 사실이 드러난다.

　결국 슈퍼킬렌은 "공간은 장소를 낳고, 장소는 공간을 성장시킨다"는 원리를 가장 사회적이고 집단적인 차원에서 실현한 성공적 실험이다. 이 공원은 도시 공간이 시각적 경관을 넘어서, 사람과 사람 사이를 감각적으로 이어주는 장치가 될 수 있다는 가능성을 보여준다. 그리고 그 장치는 때론 단 한 개의 벤치, 하나의 테이블, 하나의 그네로도 충분히 시작될 수 있다.

장소는 어떻게 도시를 성장시키는가?

기능의 언어가 아니라, 감각으로 다시 짓는 도시

　도시는 단순히 효율적으로 기능하는 기계가 아니다. 잘 만든 도시란, 보고, 걷고, 만지고, 맛보고, 생각하게 만드는 도시다. 바꿔 말하면, 좋은 도시란 결국 인간의 오감이 자유롭게 펼쳐지는 무대이자, 감각이 살아 숨 쉬는 장소다. 그래서 도시를 구성하는 모든 공간은, 사람의 감각을 중심으로 설계되어야 하며, 그 감각이 작동하는 순간 공간은 비로소 '장소'가 된다.

　우리가 지금껏 만들어온 도시는 기능의 언어로 짜인 경우가 많았다. 자동차의 흐름, 건폐율과 용적률, 속도와 효율. 하지만 도시의 진짜 얼굴은 그런 지표에서가 아니라, 골목 어귀에서 풍겨오는 음식 냄새, 공원의 벤치에 앉아 듣는 아이들 웃음소리, 손끝으로 느껴지는 나무 난간의 거친 결, 바람 따라 달라지는 가로수의 움직임, 그리고 오래된 식당의 국물처럼 켜켜이 쌓인 기억 속에서 드러난다. 결국 도시는 감각의 켜로 구성된 기억의 풍경이며, 장소는 그 감각이 응결된 결정체다.

　미야시타 공원은 공중에 떠 있는 플랫폼을 다시 사람의 감각이 깃드는 광장으로 바꾸었고, 코단CODAN은 익명적인 아파트를 공동체와 감정의 온기가 머무는 주거지로 전환했다. 써클 브릿지는 단순한 이동을 멈춤과 사유의 체험으로 바꾸며, 도시의 리듬에 여백을 만들어냈다. 그리고 슈퍼킬렌Superkilen은 각기 다른 문화적 감각을 한 공원 위에 병치함으로써, 도시의 '차이'를 감각의 언어로 해석하는 실험을 완성했다. 이 네 개의 장소는 도시를 다시 사람의 감각으로 번역해낸 공간이자, 기능에서 체험으로, 공간에서 장소로 이동한 증거다.

도시란, 공간을 준비하고 사람을 기다리는 그릇이다

그 안에서 사람들이 활동하고, 우연히 마주치며, 서로의 온도를 나누는 사이, 비어 있던 공간은 서서히 의미를 얻는다. 그리고 그 의미는 다시 도시의 정체성을 만든다. 좋은 도시는 그 과정을 잘 조직한 도시이며, 그 속에서 우리는 감각을 잃지 않고 살아갈 수 있다. 물리적 디자인의 완성도보다 중요한 것은 감각적 가능성의 설계다. 거리의 표면이 어떤 질감을 가졌는가, 공공 공간의 소리는 얼마나 부드럽게 번지는가, 바람이 지나갈 수 있는 틈은 충분한가 ―이러한 사소한 감각의 조건들이 도시의 본질을 좌우한다.

도시는 이제 가상현실, 메타버스와 같은 비물리적 공간과 경쟁해야 하는 시대에 들어섰다. 클릭 한 번으로 모든 것이 가능한 세계에서, 도시는 어떻게 살아남을 수 있을까? 그것은 더 빠르고 편리한 시스템이 아니라, 더 감각적이고 더 인간적인 공간을 통해서다. 다시 말해, 손으로 만질 수 있고, 숨을 쉴 수 있으며, 몸을 기대어 쉴 수 있는 도시 ―오감이 반응하는 도시가 결국 남는다.

도시를 다시 짓는다는 것은 벽돌을 쌓는 일이 아니라, 감각을 되살리는 일이다. 오감을 통해 공간은 장소가 되고, 그 장소는 다시 도시의 삶을 밀도 있게 성장시킨다. 이것이 바로 우리가 이 장에서 되새겨야 할 가장 본질적인 도시의 진화 방식이다. 감각이 배제된 도시에는 기억이 머무르지 않고, 기억이 없는 도시에는 정체성이 자라지 않는다. 그래서 도시를 설계한다는 것은 결국, 사람을 설계하는 일이기도 하다.

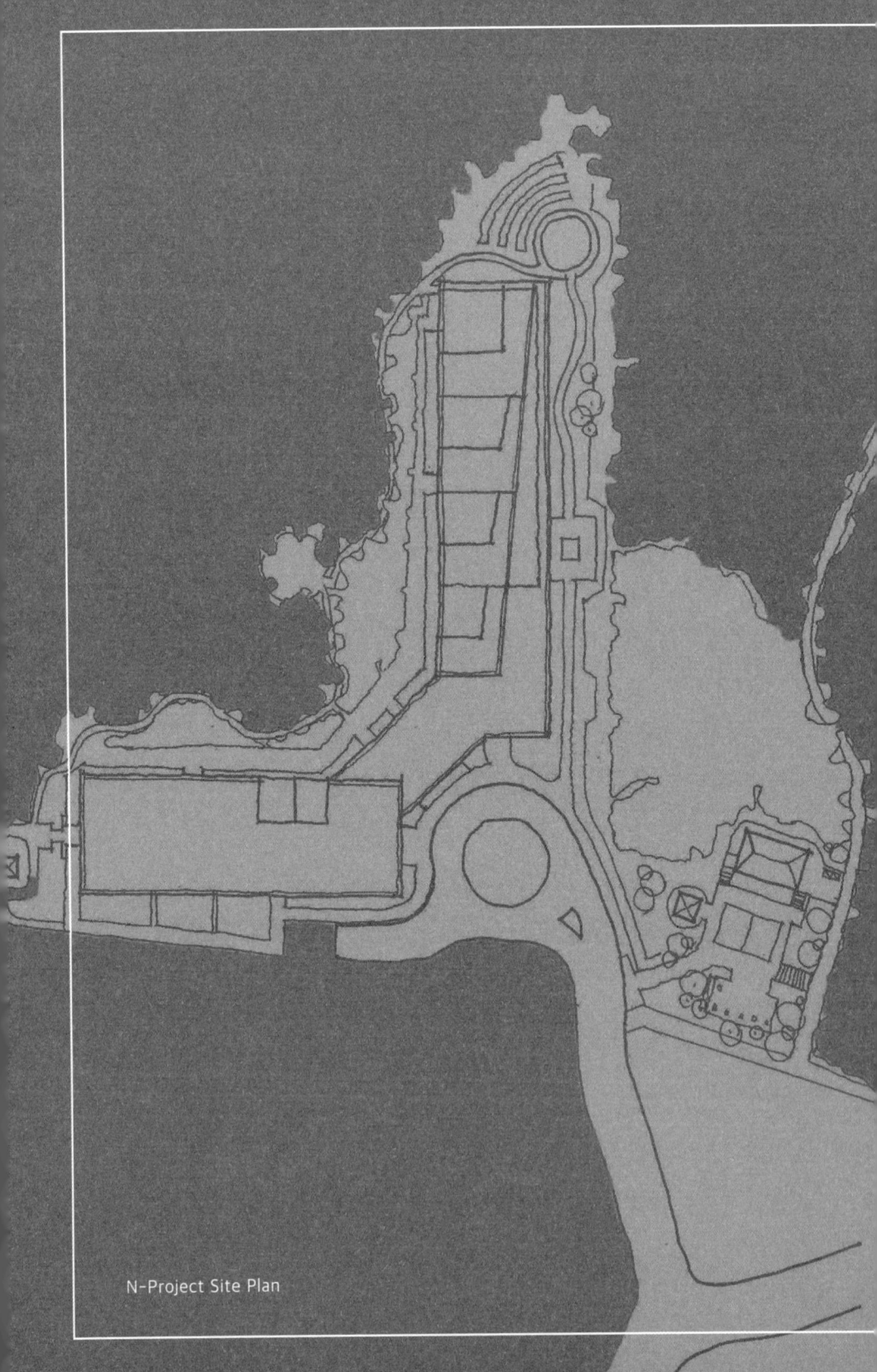

이 장에서는 오감건축을 통해 도시와 건축이
사람들에게 어떻게 더 따뜻하고 매력적인 환경을 제공할 수 있을지에
대해 다룬다. 특히, 걷고 싶은 길, 열려 있지만 닫혀 있는 공간,
골목을 살리는 방법 등 도시의 구조와 분위기를 변화시키는 방향을
제시한다. 도시를 걷는 경험이 단순한 이동을 넘어서 삶의 질을 높이는
중요한 요소가 된다는 점을 강조하며, 도시에서의 '맛'을 느끼고,
감각적으로 풍요로운 환경을 만들어가는 방법을 탐구한다.

미래도시공간에 대한 논의와 새로운 도시와 건축의 가능성과 한계를
고민하고자 한다. 또한 미래 건축이 나아가야 할 지속가능한 해법에 대한 고민을 함께
하고자 한다. 미래의 공간은 더 따뜻하고 똑똑한 방향으로
진화해야 하며, 이는 사람들에게 '온도'를 전달하는 중요한 역할을 한다.
오감을 통한 삶의 온도를 높이는 도시건축이 우리가 살아가는 공간을
더욱 살기 좋고, 감각적으로 풍성한 곳으로 만들어갈 수 있는
미래의 길에 대해 알아 본다.

PART 10

따뜻한 건축,
똑똑한 도시를
향하여

길 위에서 다시 시작하다

길은 도시의 감각을 여는 문

도시와 건축은 도면에서 시작되지만, 우리의 삶은 길 위에서 시작된다. 우리가 도시에 첫발을 딛는 순간 마주하는 것은 거리이고, 우리가 도시를 기억할 때 떠올리는 것도 거리다. 길은 도시에서 가장 오래된 건축 요소이자, 가장 일상적인 공간이다. 동시에 길은 오감이 가장 밀도 높게 작동하는 감각의 통로다. 햇빛과 바람이 피부를 스치고, 카페의 향기와 빵 굽는 냄새가 코를 자극하며, 건물 사이로 흐르는 음악과 사람들의 목소리가 귀에 들어온다. 발밑의 바닥 질감은 촉각의 지도를 그리고, 한 걸음마다 시선은 건축의 틈새를 지나간다. 이처럼 '길'은 도시의 감각을 온몸으로 받아들이는 무대이며, 도시를 경험하는 가장 본질적인 장소다.

길은 단순한 이동 경로가 아니다. A에서 B로의 효율적 이동을 위한 '도로Road'가 아니라, 삶의 이야기와 감정이 축적되는 감각의 장소, '가로Street'다. 우리는 걷는 동안 도시의 표면을 리듬으로 읽고, 시간의 결을 따라 흐르며, 공간을 눈이 아닌 몸으로 체험한다. 길은 인간과 도시가 다시 감각적으로 만나는 가장 원초적이고도 진실한 장면이며, 그 자체로 하나의 건축이다.

머무름과 교류가 있는 길

좋은 길은 동선을 안내하는 선이 아니라, 감각을 이끄는 흐름이다. 나무 아래에 드리운 그늘, 벤치 옆에 피어난 꽃의 향기, 창문 사이로 흘러나오는 음악과 대화, 아이들이 뛰노는 골목, 느리게 지나가는 자전거의 타이어 소리. 이 모든 것들이 쌓여 도시의 '맛'을 형성한다. 도시의 맛은 음식의 맛처럼 즉각적이지 않지만, 삶의 기억 속에 오래도록 남아 도시를 사랑하게 만드는 감각의 풍미다.

길은 또한 머무름과 교류의 장소다. 걷는 행위는 도시를 관통하지만, 머무는 행위는 도시를 느끼게 만든다. 거리 공연이 열리는 작은 광장, 노천카페가 열린 골목길, 젊은 세대의 문화가 스며든 플리마켓, 마을 행사가 벌어지는 동네길. 이 모두는 길이 단지 통과되는 경로가 아니라, 삶이 펼쳐지는 장면이자 도시 공동체가 형성되는 무대임을 보여준다. 좋은 길은 단순한 기능을 넘어, 감정이 머무는 '여백'을 가진다.

그렇다면 이러한 길을 어떻게 만들 것인가. 오감건축의 실천은 길 위에서 구체화된다. 자전거 도로와 보행자 공간을 분리하되 시각적으로 유기적으로 연결하고, 차량의 속도를 조절하며, 보행의 연속성과 일관성을 확보하는 디자인 전략은 도시를 감각적으로 회복시키는 중요한 설계언어다. 무엇보다 보행자가 우선시되는 공간구성은 도시가 사람 중심으로 재편되는 출발점이다. 길은 가장 민주적인 공간이어야 하며, 모두가 안전하고 자유롭게 감각을 펼칠 수 있는 장이어야 한다.

도시의 미래는 길에서 시작

길의 설계는 곧 도시의 정체성을 설계하는 일이다. 그 정체성은 공공성 위에 세워진다. 길은 혼자 걸을 수 있지만, 결코 혼자의 공간은 아니다. 우리는 항상 누군가와 함께 그 길을 걷고 있으며, 그 안에서 타인의 존재를 인식하며 도시와의 관계를 형성한다. 걷는다는 것은 단순한 이동이 아니라, 도시의 공공성과 접속하는 행위다. 이동은 효율을 향하지만, 걷기는 깊은 사유를 부른다. 따라서 길은 이 두 가지 속성을 균형 있게 담아야 한다. 기능과 감성, 효율과 여백, 동선과 정서의 공존이 바로 길을 감각적으로 완성하는 조건이다. 결국 도시의 미래는 길에서 시작된다.

우리는 길을 걸으며 도시를 맛보고, 만지고, 바라보고, 듣고, 냄새 맡으며, 그 과정에서 도시는 단지 기능적 구조물이 아니라, 감각의 생태계가 된다. 오감건축의 진정한 출발점은 바로 여기에 있다. 사람의 감각이 회복되고, 그 감각이 도시를 다시 살아있는 장소로 되돌리는 것이야말로 도시를 지속가능하게 만들고, 삶의 온도를 높이는 길이다.

열려 있지만 닫혀 있는 작은 길, 골목의 가능성

골목은 이제 어디로 사라져 버린 걸까? 한때 골목은 사람들의 감정이 머물던 공간이었다. 기다림의 설렘, 우연한 마주침, 가벼운 인사, 이별의 장면까지도 골목길 위에 겹겹이 쌓였다. 골목은 단순한 통로가 아니라, 사적인 삶과 공적인 장소를 잇는 전이의 공간이자, 도시의 정서적 밀도를 구성하는 가장 인간적인 장소였다. 우리는 낮은 담장 너머 이웃의 화분을 보며 안정을 느꼈고, 창문에서 흘러나오는 음악 소리에 위로받았으며, 튀김 냄새와 자갈길의 발바닥 감촉에서 도시의 일상을 체화했다. 이처럼 골목은 시각과 청각, 후각, 촉각, 미각을 자극하는 오감의 풍경이자, 장소의 기억을 저장하는 감각의 밀도 높은 공간이었다.

하지만 오늘날의 도시개발은 이 감각을 지워가고 있다. 넓은 도로와 고층 건물은 골목의 여백과 관계를 대체하고, 익명의 도시 구조 속에서 골목은 점점 잊혀진다. 1997년 독일의 일간지 「디 벨트」는 서울의 매력을 도심의 대로가 아니라 그늘진 골목에서 찾았다. 우리의 정겨운 서울 도심 내 골목은 어디로 갔을까? 피맛골과 같은 역사적 골목은 높은 빌딩 숲 속 내부에 그 흔적만 남아 있을 뿐이다.

골목은 도시가 도시다울 수 있는 최소 단위이자, 문화적 잠재력과 장소성을 품은 공간이다. 감각이 살아 있는 골목은 단지 지나가는 길이 아니라, 도시의 본질이 움트는 장소인 것이다.

골목이 품은 오감의 풍경과 공동체의 기억

골목은 도시에서 가장 감각적으로 접속되는 공간이다. 골목 어귀에 핀 벚꽃 향기, 구멍가게에서 튀겨지는 간식 냄새, 손끝으로 닿는 벽의 질감과 발밑의 울퉁불퉁한 바닥은 도시를 살아 있는 풍경으로 만들어준다. 한옥의 마당과 이어지는 골목은 이웃 간의 대화를 가능하게 했고, 달동네의 비좁은 골목길은 서로를 배려하며 살아가는 공동체 감각을 길렀다. 그 골목에는 사람의 손때와 이야기가 스며 있었고, 아이들의 웃음소리와 구멍가게 주인의 목소리가 공기를 채웠다. 골목은 도시의 시간과 감정이 비벼진 살아 있는 장소였다.

이러한 감각은 도쿄의 야나카 긴자처럼 도시 재생의 가능성으로 이어질 수 있다. 야나카 긴자는 전통적인 골목의 정취를 보존하면서 그것을 새로운 도시문화와 접목시킨 사례다. 작은 상점과 낮은 건물, 좁지만 살아 있는 거리의 흐름은 지역 공동체를 회복시켰고, 연간 약 1,000만 명이 찾는 명소로 성장했다. 베니스의 골목들이 관광지가 되는 이유는 단순한 미로 구조 때문이 아니라, 골목이라는 공간이 품은 감각적 긴장과 서사, 그리고 사람과 사람 사이의 '밀도' 때문이다. 부산의 감천문화마을 또한 골목이 품은 감각과 이야기를 되살린 대표적 사례다. 원래 피난민들이 모여 살던 산비탈 마을이었지만, 가파르고 좁은 골목길, 계단식 주거지의 독특한 구조가 오히려 마을 고유의 풍경과 문화를 만들었다. 도시 재생 과정에서 주민과 예술가들이 협력해 담장과 벽을 알록달록한

부산 감천마을 골목길과 담벼락 사진 : 유재득(illo)

색으로 채우고, 집과 골목 사이에 작은 전시공간과 카페를 만들었다. 감천마을의 골목에서는 바닷바람이 스치는 소리, 담벼락에 그려진 벽화의 색감, 그리고 계단을 오르내리는 발걸음의 리듬이 함께 어우러져 다층적인 감각 경험을 선사한다. 동시에 주민들이 직접 골목을 가꾸고 방문객과 소통하면서 공동체의 기억과 연대가 다시 살아났다.

우리의 골목 역시, 무수한 감각과 이야기, 그리고 공존의 기술을 품고 있는 살아 있는 장소다. 골목이 복원될 때, 그것은 단순한 물리적 통로가 아니라 도시가 잃어버린 온기와 밀도를 회복하는 매개가 된다.

골목은 도시를 되살리는 감각의 문턱이다

골목은 열린 듯하지만 무한히 개방되지 않는다. 그것은 외지인에게는 낯설고, 주민에게는 익숙한 '속도와 리듬'으로 열리고 닫히는 공간이다. 이중적인 구조야말로 골목이 도시의 '장소'로 기능하게 만드는 중요한 특성이다. 골목은 보편적이면서도 구체적이며, 개인의 삶이 도시와 맞닿는 작은 접점이다. 그렇기에 골목을 재생한다는 것은 단순한 물리적 정비가 아니라, 사람의 감각을 되살리고 관계를 회복하는 일

부산 감천마을 전경 사진 : 유재득(illo)

이다.

　골목의 회복은 도시의 감성을 회복하는 일이며, 도시를 '기억할 수 있는 장소'로 되돌리는 설계이다. 이를 위해서는 주민 참여형 설계, 전통 요소의 현대적 재해석, 지역문화가 녹아든 프로그램 도입이 필요하다. 골목은 도시가 감각적으로 살아 움직이는 장소이며, 인간적이고 따뜻한 도시를 만드는 데 있어 가장 작고 강력한 공간 단위다. 우리가 골목을 다시 걷는다는 것은 단순한 회귀가 아니다. 그것은 감각을 회복하고, 삶의 온도를 높이며, 도시를 사람의 시간과 기억으로 되돌리는 행위다. 골목은 더 이상 과거의 잔재가 아니다. 그것은 도시의 미래로 통하는, '열려 있지만 닫혀 있는 감각의 문턱'이다.

도시의 맛을 어떻게 설계할 것인가?

감각으로 구조를 체험하자

도시는 단순히 구조물의 집합이 아니다. 우리는 도시를 '눈'으로 보는 것처럼 보이지만, 실제로는 귀로 듣고, 손끝으로 만지고, 코로 향기를 맡고, 때로는 그 도시의 '맛'을 느끼며 살아간다. 여기서 말하는 도시의 맛은 음식의 풍미를 넘어서는 개념이다. 그것은 도시 구조와 삶의 리듬이 오감을 통해 체화된 결과이며, 미각은 그 모든 감각의 총합으로 작동하는 하나의 '감각적 기억'이다.

걷는다는 것은 도시를 맛보는 가장 일상적인 방식이다. 사람은 길을 걸으며 도시의 피부를 발로 읽고, 햇빛과 바람, 건물 사이의 그림자, 자갈과 흙, 식물의 향기, 창문 틈새로 스며드는 음악 소리 속에서 도시를 '감각적으로 체험'한다. 도시는 몸으로 읽는 텍스트이자, 오감으로 체험되는 풍경이다. 따라서 '도시의 맛'은 단지 특정 장소에서 음식을 먹는 행위가 아니라, 도시 전체가 감각의 식탁으로 차려지는 경험이다.

감각을 중심에 둔 도시 구조를 만들자

이러한 감각 중심의 도시 경험은 최근 도시계획의 구조적 전환을 요구하며, '15분 도시'라는 개념으로 구체화 되고 있다. 이 모델은 일상생활의 모든 기능주거, 교육, 일, 여가, 의료을 도보나 자전거로 15분 안에 접근할 수 있도록 도시를 재편성하자는 접근이다. 다시 말해, 도시를 빠르게 통과하는 공간이 아니라, 천천히 걸으며 '맛보는' 공간으로 전환하려는 시도다. 도시의 리듬을 자동차의 속도가 아니라, 사람의 걸음에 맞추겠다는 이 개념은 세계 여러 도시에서 실천되고 있다. 스페인의 바르셀로나는 '슈퍼블록Superblock' 프로젝트를 통해 도심의 차량 흐름을 외곽으로 제한하고, 블록 내부는 보행자 중심의 공공 공간으로 재구성했다. 호주의 멜버른은 '20분 이웃'을 추진하며, 각 거점에 '액티비티 센터'를 설치해 모든 일상 활동을 지역 내에서 해결할 수 있도록 했다. 우리나라 서울은 '보행일상권'이라는 개념으로, 걸어서 모든 도시 서비스를 향유할 수 있도록 계획하고 있다. 이러한 시민의 일상을 중심으로 한 도시계획적 변화는 "도시를 작고 느린 속도로 재편"하며, 삶을 보다 가까운 곳에서, 다양한 감각으로 경험하게 만든다. 걷는 거리마다 다르게 펼쳐지는 빛, 냄새, 소리, 표면의 질감은 도시를 마치 '재료'로 구성된 요리처럼 느끼게 만든다. 기능과 효율 중심의 도시에서 자연과 인간의 교감을 바탕으로 한 감각을 최대한 일깨울 수 있는 보행중심의 도시구조를 만들자.

맛있는 도시는 감각과 구조가 함께 빚어낸다

도시의 맛은 결국 구조가 만들어낸다. 도시 구조는 단순히 길과 건물을 배열하는 기하학이 아니라, 사람의 삶과 감각을 담는 틀이다. 우리는 길에서 풍기는 냄새, 대화 소리, 계절에 따라 변하는 식물 향기, 햇살이 깃든 벤치, 바닥의 질감과 마찰력을 통해 도시를 맛본다. 도시 구조는 이 모든 감각을 가능하게 하거나 차단하며, 감각이 흐를 수 있는 경로를 설계하는 보이지 않는 주방장 같은 존재다. '맛있는 도시'란 시각적으로 아름다운 도시가 아니라, 오감이 머무를 수 있도록 설계된 도시다. 그곳에서는 사람의 속도와 감정, 기억이 공간 안에 자연스럽게 녹아들고, 삶의 리듬이 공간과 어긋나지 않는다. 감각을 위한 도시 구조란, 곧 사람을 위한 도시 구조이며, 지속가능한 도시의 핵심 조건이다. 결국 도시의 맛을 설계한다는 것은, 오감을 통합하여 삶의 온도를 높이는 구조를 짓는 일이다. 도시계획은 더 이상 기능과 효율의 언어에만 머물 수 없다. 감각이 살아 있는 구조, 그 안에서 사람과 삶이 잘 익어가는 도시. 그것이 '맛있는 도시'이며, 우리가 오감도시건축을 통해 지향해야 할 도시의 미래다.

기술과 감각이 교차하는 도시의 미래

기술의 발전은 도시 공간을 단지 물리적 인프라가 아닌, 실내로 들어온 도시공간을 통해 감각적 경험의 장으로 바꾸어놓고 있다. 특히 기존의 실외 활동이 실내로 옮겨지는 현상은 단순한 기능의 전환이 아니라, 감각 체험의 구조 자체를 바꾸는 실험적 흐름이다. 이는 도시 안에 '제2의 자연', 혹은 감각적으로 재현된 환경을 만들어냄으로써 새로운 공간 경험을 창출한다는 점에서 오감 건축의 진화된 형태라고 볼 수 있다.

대표적 사례인 티지엘 TGL, The Golf League은 실내 골프 리그로, 증강현실AR, 몰입형 사운드, 인터랙티브 필드 등 디지털 기술을 융합하여 실제 골프장 이상의 감각 몰입을 실현한다. 이 경기가 열리는 SoFi 스타디움은 반개방형 구조와

(상) TGL 골프장 개념도
(하) TGL Stadium 사진 : TGL Hompage

ETFE 투명 지붕을 통해 자연광과 바람을 실내로 들이며, 도시의 밀도 속에서 자연의 감각을 재현한다. 그린존Green Zone은 실시간 지형 조작이 가능한 600개의 스마트 모듈을 통해 그린의 경사도를 변화시키고 시각과 촉각, 균형 감각을 자극하며, 이는 도시건축이 감각의 총합을 매개하는 장치가 될 수 있음을 보여준다. 이처럼 기술은 공간을 대체하는 것이 아니라, 감각을 확장하는 방식으로 공간을 재구성하고 있다.

예술과 공공 공간으로 확장되는 감각 실험

예술을 통한 감각 중심의 도시 공간은 스포츠를 넘어 예술과 공공 공간으로도 확장된다. 도쿄의 팀랩 플래닛teamLab Planets은 물과 빛, 움직이는 디지털 이미지 속을 직접 걸으며 경험하게 만드는 몰입형 전시 공간이다. 물속을 맨발로 걸으며 전시를 감상하고, 거울과 안개로 구성된 공간을 통과하는 관람객은 단순한 시각적 경험을 넘어 감각의 경계를 넘나드는 다층적 체험을 경험한다.

팀랩 보더리스 사진 : 김동근

뉴욕의 리틀 아일랜드Little Island는 허드슨강 위에 인공적으로 떠 있는 공공 공간으로, 곡선형 구조와 자연요소의 조화가 도시와 자연, 기술과 감각을 한데 묶는다. 이곳은 단순한 공원이 아니라, 시각과 청각, 촉각이 유기적으로 통합된 감각적 풍경이다. 공연장, 산책로, 전망대가 유기적으로 엮인 이 공간은 도시를 다시 '느끼는' 장소로 바꾸는 방식의 감성적 도시 설계이다.

이 두 공간은 도시 공간이 단지 '있는' 것이 아니라, '느끼는' 곳으로 전환되어야 함을 상징적으로 보여준다. 특히 오감의 통합을 통해 도시 공간은 더 이상 기능 중심이 아닌 감성 중심의 플랫폼으로 진화를 상징적으로 보여준다.

감각 중심 도시공간의 미래: 가능성과 조건

실내화된 공간은 한정된 도시 면적을 유연하게 활용하고, 기후 변화 대응, 접근성 개선, 에너지 효율 등에서 분명한 장점을 지닌다. 기술은 감각을 증폭시키는 촉매이며, 실내 스포츠 공간이나 디지털 미디어 환경은 사람의 감각을 다층적으로 자극하며 도시공간의 가능성을 확장시킨다. 실내 골프장, 실내 서핑장, 스마트 기후 시스템을 갖춘 체육관 등은 감각 중심 설계가 단지 외부 자연의 대체를 넘어 새로운 감각적 경험의 재구성이라는 방향으로 진화하고 있음을 보여준다. 그러나 이러한 기술 진보에 기반한 실내화의 확장은 여전히 한계를 안고 있다.

인위적으로 구성된 환경은 자연의 예측 불가능성과 생태적 감각을 완전히 대체할 수 없다. 물, 빛, 공기, 바람 같은 자연 요소는 단순히 기능적 제공이 아닌, 정서적 풍요로움을 전달하는 중요한 감각 자원이다. 실제 자연이 주는 우연한 변화—계절에 따라 바뀌는 바람의 방향, 구름에 따라 변하는 빛의 색감, 공기 중 습도의 차이 같은 것들—는 기술적으로 모사할 수 있을 지언정, 감정과 감각의 깊이까지는 결코 완전하게 재현될 수 없다.

더불어 완전히 통제된 실내 공간은 감각의 획일화를 초래할 가능성이 높다. 감각이 정형화된 디지털 시나리오 안에 갇힐 경우, 우리는 오히려 감각을 잃어버리게 될 수도 있다. 사람 간의 자발적 상호작용 또한 줄어들고, 감각의 다양성은 기술의 매뉴얼 속에 억제될 위험이 있다.

따라서 실내화된 공간이 진정한 오감건축이 되기 위해서는 기술 중심의 몰입을 넘어, 비정형성과 우연성, 자연성과의 관계 회복이 반드시 병행되어야 한다. 감각은 통제하는 대상이 아니라, 예측할 수 없기에 더 생생한 것이다. 진정한 감각적 도시공간은 '어떻게 구현되었는가'의 기술적 정교함보다, '어떻게 느껴지는가'의 정서적 깊이에 의해 완성된다.

TGL, SoFi 스타디움, 팀랩 플래닛, 리틀 아일랜드는 모두 기술과 감각이 교차하는 지점에서 도시의 새로운 가능성을 실험하고 있다. 이 실험들이 성공적인 사례로 기억되기 위해서는 기능의 혁신뿐 아니라, 감각의 회복을 고민해야 한다.

미래 도시공간은 이제 감각 없이 존재할 수 없다. 도시의 진화는 더 이상 물리적 성능만으로 설명되지 않는다. 감각이 도시를 살아 있게 만들고, 기술은 그것을 새롭게 느끼게 하는 도구가 된다. 그 교차점에서, 우리는 다시 인간 중심의 도시건축을 시작할 수 있다.

미래도시를 위한 질문, 다시 사용할 수 있는가?

미래를 위한 건축, 다시 분해할 수 있어야 한다.

지속 가능한 미래 도시를 위한 건축은 더 이상 '완성된' 구조물이 아니다. 그것은 끊임없이 변화하고 적응하며, 환경과 사회, 기술의 흐름에 따라 유연하게 재조립되고 재구성될 수 있어야 한다. 바로 '해체 가능한 건축Demountable Architecture'이 그 해답이 될 수 있다.

건축의 전통적 사고방식은 '짓는 것'에 집중되어 있었다. 그러나 이제는 '어떻게 해체할 것인가', '그 이후에도 재사용 가능한가'라는 질문이 중심이 되어야 한다. 네덜란드 암스테르담 사이언스 파크에 위치한 매트릭스 원Matrix ONE은 이러한 해체 가능한 건축의 대표적인 사례로, 건물 부재의 90% 이상을 재사용할 수 있도록 설계된 건축물이다. 이 건물은 단순한 설계와 조립, 나사와 볼트를 이용한 간단한 연결 방식 등을 통해 모듈화된 구조를 갖추고 있다. 여기에 더해, 약 120,000개의 자재 요소들은 온라인 데이터베이스에 기록되어 있으며, 향후 재사용이 가능하도록 재료 여권Material Passport 시스템이 적용되었다.

이러한 방식은 단지 자원을 절약하는 수준을 넘어, 탄소 배출을 줄이고 순환경제를 실현하는 구체적인 실천으로 이어진다. 건물의 철거는 막대한 에너지 소비와 폐기물을 동반하며, 환경적 피해를 수반한다. 반면, 해체 가능한 건축은 최소한의 에너지로 자재를 회수하고, 새로운 건

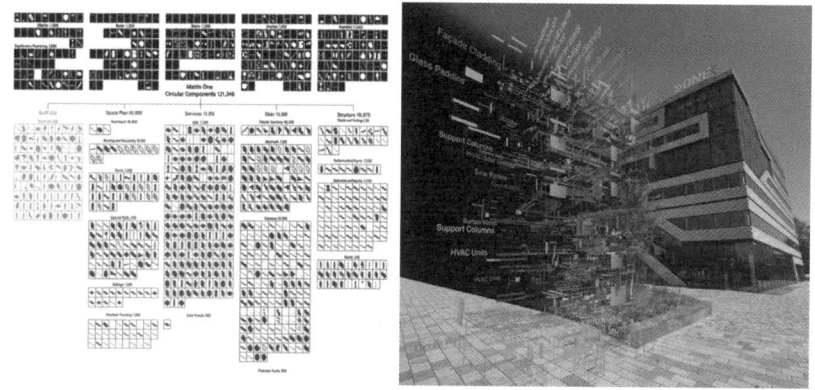

매트릭스 원의 12만 개 부재요소 도해 사진 : MVRDV 유튜브 캡처 후 생성형 AI로 재구성

축물에 재투입함으로써 환경 영향을 줄인다. 이처럼 '해체를 위한 설계'는 지금 건축계가 마주한 기후위기 시대의 핵심 전략이 되고 있다.

지속가능한 미래, "다시 사용할 수 있어야 한다"

건축은 더 이상 영구적인 구조물이어서는 안 된다. 변화하는 시대에 건축도 함께 변화하고, 재구성되며, 반복적으로 사용되어야 한다. 이제 건축은 하나의 '완제품'이 아닌, 살아있는 시스템으로서 설계되어야 한다. 해체 가능한 건축은 자원의 순환과 도시의 지속 가능성을 실현하는 핵심 전략이며, 미래 도시의 환경적·사회적 책임을 실천하는 구체적 방법이다.

앞으로의 도시건축은 "무엇을 짓는가"보다 "어떻게 지속시킬 것인가", 그리고 "어떻게 다시 사용할 수 있을 것인가"에 대한 물음에 응답해야 한다. 건축의 미래는 해체로부터 시작된다.

이러한 매트릭스 원의 접근 방식은 다른 건축물에서도 적용 가능하다. 예를 들어, 모듈식 설계를 채택하면 건물의 용도 변경이나 이전이 용이해지며, 해체 가능한 연결 방식을 사용하면 건물의 수명이 다했을 때 재료를 쉽게 분해하고 재사용할 수 있다. 또한, 프리패브 콘크리트 슬래브를 활용해 고정 연결을 최소화하면 건물 해체 시 바닥 재료를 다시 사용할 수 있다. 재료 여권 시스템을 통해 사용된 재료와 제품을 체계적으로 관리하고 추적할 수 있으며, 유연한 내부 공간 설계로 변화하는 요구 사항에 대응할 수 있다. 지속 가능한 에너지 시스템을 통합해 에너지 효율을 높이고, 건물 사용자의 건강을 위한 설계로 계단 사용을 장려하고 사회적 공간을 제공한다면, 건물은 단순한 구조물을 넘어선 지속 가능한 공간으로서의 가치를 지니게 된다.

물리적 도시를 넘어, 따뜻하고 똑똑한 도시를 향하여

감각의 회복을 통해 시작한다

　도시는 인류가 이룩한 가장 위대한 집합체이자, 수많은 기술과 창의력이 축적된 삶의 그릇이다. 좋은 도시건축은 눈에 보이는 형태가 아니라, 몸으로 경험되는 구조를 설계하는 일이다. 오감건축은 도시를 다시 듣고, 냄새 맡고, 만지고, 맛보고, 바라보는 방식으로 재구성하는 실천이다. 도시가 살아 있는 장소가 되기 위해서는 사람의 감정이 머물고, 감각이 기억되는 공간이어야 한다.

　이러한 감각의 회복은 기술과 무관하지 않다. 도시의 스마트함은 감성을 품을 때 진정한 온기를 지닌다. '해체 가능한 건축'처럼 도시도 유연해야 하며, 규칙은 절대가 아니라 예외를 품는 유기적 원칙이어야 한다. 기술은 감각을 확장시키는 도구로 작동하고, 프로그램은 삶의 다양성과 공동체성을 담는 감각적 플랫폼이 되어야 한다. 결국, 도시건축은 감각을 회복하는 기술이어야 하며, 이는 오감의 언어로 다시 도시를 구성하는 실천이다.

　따라서 기존의 일반적인 건축의 자연과 소통방식이 극복 가능한 분리된 대상이 아니라, 프로그램 또는 매개공간을 통해 건축 시설에서 자연의 오감 체험을 극대화 시키는 방향으로 발전해야 한다. 이를 통해 건축과 사람, 자연을 통합시킬 수 있다. 도시는 결국 사람을 위한 무대이며,

건축은 그 무대 위에서 사람의 삶을 담는 그릇이다. 그러나 우리는 오랫동안 기능과 효율, 속도와 경제성에만 집중해 도시와 건축을 다뤄왔다. 그 결과, 편리하지만 감각이 닫힌 공간들이 너무 쉽게 만들어졌다. 도시가 사람에게 말을 걸지 못하고, 건축이 사람의 몸을 기억하지 못할 때, 그곳은 더 이상 '장소'가 아니라 단지 소비되고 잊혀지는 배경으로 남는다. 오감의 도시, 오감의 건축은 이 잊혀진 감각을 다시 깨우고자 한다. 공간은 우리의 몸과 감각을 통해서만 진정한 경험이 되고, 그 경험이 쌓여야 장소가 된다. 그리고 장소가 모여야 비로소 살아있는 도시가 된다.

자연을 통해 감각을 열자

공간이 감각을 깨우는 첫 번째 조건은 자연이다. 바람이 스치고, 햇살이 쏟아지고, 비가 내려 흙 냄새가 피어오를 때 우리는 공간을 '몸으로' 인식하게 된다. 자연은 힐링의 배경이 아니라, 우리의 감각을 깨우는 가장 본질적인 매개체다. 좋은 공간은 자연을 단지 바라보는 풍경으로 두지 않는다. 그 안에는 시선의 방향, 공기의 흐름, 빛의 깊이가 설계되어 있어야 한다.

나무 한 그루, 바람이 통과하는 골목, 물소리가 들리는 얕은 수로는 사람의 시선과 귀와 손끝을 열어준다. 그렇게 열리는 감각은 공간을 단순한 기능의 집합이 아닌 살아 있는 장소로 변화시킨다. 자연은 도시에 쉼을 주는 동시에, 감각의 문을 여는 통로가 된다. 도시의 일상 속에서 감각의 복원을 꿈꾼다면, 가장 먼저 자연과 다시 연결되어야 한다. 자연은 도시에 감각의 시간과 감성의 공간을 회복시킨다.

건축을 통해 자연을 품자

건축은 자연을 막아서는 벽이 아니라, 자연을 담아내는 그릇이 되어야 한다. 우리는 때로 건축이 자연과 무관한 독립된 오브제처럼 존재한다고 믿지만, 좋은 건축은 언제나 자연의 리듬과 호흡 속에서 작동한다. 실내와 외부의 경계가 부드럽게 이어질 때, 우리는 공간 안에서 계절을 느끼고, 건축 속에서 바람의 결과 햇살의 궤적을 경험할 수 있다.

건축은 자연과 인간 사이의 감각적 필터이며, 동시에 매개이다. 돌과 나무, 빛과 그림자, 바람과 소리가 함께 얽히는 순간, 건축은 주변 환경과 하나의 장면을 이룬다. 그 장면 안에서 감각은 확장되고, 공간은 장소로 거듭난다. 인공과 자연을 대립하는 구도가 아니라, 서로를 감싸 안는 관계로 바라볼 때, 건축은 더 이상 폐쇄적인 시스템이 아니라 감각이 흐르는 살아 있는 구조가 된다. 건축은 그 자체로 자연을 경험하는 창이 되어야 한다.

사람과 건축의 이야기를 만들자

공간은 사람이 머무를 때 비로소 완성된다. 건축은 사람의 오감을 강화하고, 그 오감의 경험 속에서 문화가 자란다. 우리가 손끝으로 만지고, 눈길을 두고, 발걸음을 옮기며 몸으로 기억하는 공간은 기능적이기 이

전에 정서적이다. 경험이 누적된 공간은 기억을 품게 되고, 그 기억은 이야기가 되어 세대를 잇는다.

좋은 건축은 단지 기능을 담는 그릇이 아니라, 사람과 끊임없이 대화하는 장치다. 동선이 머무름을 유도하고, 구조가 시선을 이끈다. 작은 벤치 하나, 걸터앉을 수 있는 담장, 기대어 설 수 있는 기둥은 모두 공간이 사람에게 말을 거는 방식이다. 사람이 머물며 느끼고, 그 느낌이 다시 이야기가 되어 전해질 때, 건축은 단순한 구조물이 아니라 기억의 장소가 된다. 그 안에서 문화는 자라고, 삶은 층위를 가진다. 이것이 사람과 건축의 진정한 관계다.

우리의 전통 건축 속에 오감의 맛을 찾자

우리가 추구하는 오감의 도시와 건축은 전혀 새로운 개념이 아니다. 오히려 그 시작은, 우리 고유의 전통 속에 이미 깊이 스며 있다. 소쇄원의 정원은 발걸음의 속도에 따라 시선이 열리고, 물소리가 흐르며, 햇살과 그늘이 시간의 결을 만들어낸다. 병산서원의 마루에 앉으면 나무결의 따뜻한 감촉과 함께 강 바람이 몸을 감싸고, 눈앞에는 풍경이 차례로 열리며 마음까지 비워낸다. 이러한 전통 공간들은 단지 미적인 유산이 아니라, 오감을 통해 공간을 경험하게 하는 지혜의 집약체였다.

한옥은 자연을 단절하지 않고 받아들이며, 사람의 몸이 공간과 관계 맺는 방식을 알고 있었다. 작은 창 하나, 깊은 처마, 몸을 낮추는 마루의 높낮이 하나하나에 오감의 감각이 깃들어 있다. 이런 공간은 사용자를 수동적 소비자가 아닌 능동적 체험자로 만든다. 우리는 이 유산을 다시 돌아보고, 그 안에 담긴 감각적 통찰을 현대 도시와 건축에 맞게 재해석해야 한다.

오감건축은 단절이 아닌 계승에서 출발해야 한다. 전통이 품은 지혜를 현재의 재료와 기술로 번역하고, 현대의 삶 속에서 다시 살아 숨 쉬도록 만드는 것. 이것이야말로 우리가 나아가야 할 진정한 길이다. 우리의 도시적 정체성과 감각적 경험의 미래는, 과거로부터의 단절이 아니라, 그 유산 속에 숨겨진 이야기들을 새롭게 읽어내는 데서 비로소 시작될 수 있다.

삶의 온도를 높이자

좋은 도시는 온도가 있는 도시다. 여기서 말하는 온도는 단지 섭씨 몇 도의 물리적 수치가 아니라, 관계의 밀도, 감정의 농도, 공간의 결이 만들어내는 정서적 따뜻함이다. 기술은 이 온도를 보완하는 수단일 수 있지만, 따뜻함 자체는 감각의 작용 속에서 비로소 탄생한다.

건물의 그늘 아래 멈춰 선 사람들, 아침 햇살이 닿은 벽돌의 표면, 벽을 타고 흐르는 담쟁이 잎사귀의 촉감 —이런 모든 요소들이 도시의 온도를 높여주는 감각적 재료다. 좋은 도시는 바로 이러한 감각들이 자연스럽게 작동하고, 사람의 일상 속에서 소소한 공감과 기억을 만들 수 있도록 설계된 도시다. 앞으로의 도시는 더 똑똑해져야 하지만 동시에 더 따뜻해져야 한다. 기술은 오감을 대체하는 것이 아니라, 그 오감을 더욱 정밀하게 확장하고 조율하는 수단이어야 한다. 진정한 스마트시티는 인간의 오감을 되살리고, 감각을 통해 공동체의 정서적 회복력을 만들어 가는 도시다.

'기술의 감각화', '공간의 감성화', '경험의 도시화'. 이 세 가지는 따뜻하고 똑똑한 도시를 위한 핵심 전략이 된다. 오감의 도시건축은 이러한 전환의 중심에 있으며, 기술과 감성이 공존하는 도시의 미래를 여는 실천적 대안이 될 것이다.

기술과 감성이 공존하는 도시

디지털 전환과 함께 스마트시티의 개념은 점점 더 현실화되고 있으며, 도시 곳곳에는 IoT, AI, 빅데이터, 자동화 시스템 등이 촘촘하게 스며들고 있다. 그러나 스마트함 만으로는 충분하지 않다. 기술로만 이루어진 도시는 쉽게 차가워지고 비인간적으로 변모할 수 있다. 진정한 스마트시티는 기술을 넘어 인간의 삶을 감싸 안는 '감성의 도시'로 진화해야 한다. 이때 핵심이 되는 것이 바로 '오감의 회복'이다.

기술이 촘촘히 짜인 도시의 인프라에 감각과 감성을 덧입힐 때, 도시는 비로소 살아 있는 장소가 된다. 도시에서의 냄새, 소리, 촉감, 빛의 변화, 사람들이 공유하는 맛과 기억 —이 모든 감각적 요소는 기술이 구현할 수 없는 인간 고유의 경험이다. 스마트 기술은 이 감각적 경험을 보완하고 증폭시켜 줄 수 있는 수단이 되어야 한다.

도시는 텍스트가 아니라 텍스처로 읽혀야 한다. 우리가 살아가는 도시의 맥락은 단절이 아니라 연결을 전제로 한다. 시민들이 도시를 거닐며 과거와 현재, 미래의 이야기를 감각적으로 체험할 수 있어야 한다. 이는 문화 자원의 네트워크화, 자연의 회복력 있는 도입, 커뮤니티 중심의 공간 배치 등을 통해 구현될 수 있다.

기술이 아무리 발달해도 그것이 도시를 감동적으로 만들지는 않는다. 우리가 스마트시티의 진화에 있어 반드시 기억해야 할 점은, 기술은 감각과 감성의 연장선상에서 작동해야 한다는 것이다. '정확한 센서'보다 중요한 것은 '깊이 있는 공감'이며, '빅데이터'보다 의미 있는 것은 '작은 냄새와 기억'이다.

따뜻한 건축, 똑똑한 도시를 향하여

결국 오감을 위한 공간 설계는 자연과 사람, 건축과 자연, 그리고 사람과 건축의 관계를 다시 짓는 일이다. 이 관계들이 서로를 가로막지 않고 열어줄 때, 도시는 다시 살아 있는 감각의 장으로 변화한다. 도시의 골목과 광장, 건물과 여백이 사람의 몸과 감각을 중심으로 재구성될 때, 도시 공간은 기능을 넘어서 감정과 기억을 품는 장소가 된다.

우리가 만들어야 할 도시는 더 스마트하면서도 더 따뜻해야 한다. 더 효율적이면서도 더 감각적이어야 한다. 기술과 데이터로만 완성된 도시가 아니라, 몸으로 느끼고 기억할 수 있는 도시, 사람과 자연이 함께 숨 쉬는 도시여야 한다.

앞으로의 과제는 그 철학을 실제 공간으로 구현하는 일이다. 도시의 길, 광장, 건물, 그리고 그 사이사이의 작은 틈까지도 오감을 통해 경험될 수 있도록 계획해야 한다. 그래야만 공간은 단순한 기능을 넘어 사람들의 삶과 문화를 품는 장소로 거듭난다.

미래의 도시와 건축은 더 이상 눈으로만 소비되지 않을 것이다. 그것은 냄새가 있고, 소리가 있으며, 손끝에 감촉이 남고, 입안에서 문화의 맛을 느낄 수 있는 장소가 되어야 한다. 그리고 그 모든 감각이 모여 우리의 삶을 더 깊고 풍요롭게 할 것이다.

이제 우리는 다시 질문해야 한다.

"당신이 만드는 공간은 사람의 오감을 열어주는가?"

그 질문에 답하는 순간부터, 진정한 오감의 도시와 건축이 시작될 것이다.

바람이 머무는 길, 빛이 춤추는 마당, 이야기가 피어나는 골목.

그 모든 순간이 모여 도시는 장소가 된다.

우리가 만드는 다음 한 걸음이, 사람의 삶을 더 따뜻하게, 더 깊게, 더 아름답게 만드는 오감의 장소가 되기를 희망한다.

그래서 나는 오늘도 도시·건축을 오감五感 한다.